2nd edition

네일(미용사) 국가자격증 대비

# 네일케어&아트

## Nail Care & Art

김효정·김미영·강미영·김연우·이소흔·김민정

청구문화사

# 머리말

뷰티산업은 글로벌시대를 맞아 빠른 변화와 발전을 보이고 있는 산업입니다. 그 중에서도 네일아트 산업분야는 고부가가치산업으로 발전되면서 뷰티산업의 꽃이라 불릴만큼 급속도로 성장하고 있는 미용분야입니다.

네일분야는 그동안 각 협회를 중심으로 민간자격증으로 자격검정시험을 시행하였기 때문에 합법적인 보호나 인정을 받지 못하다가 2014년 11월 필기시험을 시작으로 네일(미용사) 국가기술자격증으로 분리되었습니다.

이에 따라 네일(미용사) 국가기술자격증 취득을 원하는 많은 미용인들을 위해 한국산업인력공단에서 제시한 네일개론, 피부학, 공중위생관리학, 화장품학, 미용기술과목에 대해 이제까지의 노하우를 바탕으로 이론과 실기를 구성하였습니다. 실기는 스텝 바이 스텝으로 이해하기 쉽게 구성하였으며 출제예상문제와 기출문제를 수록하였습니다.

최근 네일산업 분야가 고부가가치산업으로 발전하면서 관련학문과 기술수준이 향상되었고 다양한 기술이 요구되고 있으며, 산업현장에서 네일전문가로서의 직무능력을 갖출 것을 요구하고 있습니다. 이런 사회 변화의 흐름에 따라 학생과 일반인이 네일(미용사)국가자격증을 준비함과 동시에 현장실무에서 활용할 수 있는 네일아트 기술을 익히는데 도움이 되도록 네일케어 & 아트를 출간하게 되었습니다.

네일케어 & 아트는 네일리스트들의 꿈을 가지고 도전하는 이들과 네일(미용사) 국가자격증에 도전하는 이들에게 함께 할 길잡이가 될 것입니다.

여러 차례 원고를 수정하고 최선의 노력을 기울이지만 정리를 끝내고 나면 항상 미흡한 마음을 감출 수 없습니다. 앞으로 지속적으로 다듬고 수정, 보완해 나갈 것을 다짐하며 여러분들의 따뜻한 애정과 관심을 부탁드립니다.

끝으로 이 책이 출간될 수 있도록 도와주신 여러분들과 출판을 맡아 수고하신 청구문화사 이상태 사장님과 임직원 여러분들께 진심으로 감사를 드립니다.

2019년 1월

저자 일동

# Contents

## Chapter 3. 공중위생관리학

## Chapter 4. 화장품학



## Chapter 5. 네일미용 기술

## 네일기출문제

# Chapter 1

# 네일개론

# 01 네일미용의 역사

## 1. 네일의 정의

### 1) 매니큐어(Manicure)의 정의

라틴어에서 유래된 것으로 'manus(손, hand)'와 'cura(관리, care)'의 합성어로 '손을 관리하다'라는 전체적인 의미를 가지고 있다. 매니큐어의 가장 기본이 되는 손과 손톱 주변의 청결을 포함하여 아름답게 다듬어진 세련된 네일 모양을 만들어 각 개인의 개성을 살리는 것으로 손톱 모양 정리, 큐티클 주변의 정리, 손 마사지, 컬러링까지 포함한다.

## 2. 외국 네일미용의 역사

네일의 역사는 B.C 3000년경 이집트와 중국의 상류층에서 시작된 것으로 전해지며 5000년에 걸쳐 변화하고 발전해 왔다. 네일아트는 신분의 표시, 승리를 갈망하는 주술적인 행위, 아름다움을 표현하는 장식적인 수단으로 행해져 왔으며 현대에 이르러서는 토탈 코디네이션의 완성을 표현하는 뷰티패션의 마무리를 장식하고 있다.

### 1) 고대이집트

헤나(Henna)라는 식물에서 붉은 오렌지색을 추출하여 손톱에 염색하였다. 높은 지위를 가진 왕족은 짙은 색으로 그보다 낮은 지위를 사진 사람은 옅은 색으로 물들여 신분의 차이를 두었다. 여성뿐만 아니라 남성들도 전쟁에 나가기 전에 손톱과 입술에 같은 색으로 칠하여 용맹함을 나타냈다고 한다.

기원전 3500년경 이집트 왕비 무덤에서 금속으로 만들어진 우드스틱이 발견되었으며, 기원전 2000년경 손톱을 보라색으로 코팅한 시녀 미이라가 있었다. 또한, 왕족만을 위한 네일리스트가 있었다.

B.C. 1400년 이집트 중기 왕조인 네페르티티 여왕은 청색 아이라인과 함께 손톱과 발톱까지도 빨강색으로 치장하였다.

## 2) 중국

중국의 전통적인 화려함과 함께 중국의 귀족들은 금색과 은색의 색상을 15세기에 들어와 흑색과 적색을 섞어 사용하였다. 시대별로 다양한 색상을 나타내며 특권층에서는 밀랍이나 난백을 사용하여 색을 내어 신분을 표시하였다. 특히, 홍화를 재배하여 연지를 만들고 더불어 손톱에도 연지를 칠하여 조홍이라고 하였다.

B.C.3000년 밀납이나 달걀흰자를 사용하여 네일 페인트를 했었고, 기원전 6000년경 위족들은 금색과 은색을 칠하였다. 15세기 및(Ming)왕조들은 흑색과 적색을 칠하였다.

손톱을 연유로 길렀으나 손놀림이 부자연스러워 나중에 새끼손가락만을 전시적으로 손질했으며 나머지 손가락은 짧게 깎았고, 특별한 행사 때에는 과장된 가짜손톱을 끼웠다. 붉은 색이 악귀를 막아준다는 주술적인 뜻이 있었다.

### Tip. 고대 주술적 기능

(1) 이집트, 바빌론 그리고 로마: 전쟁터에 나가기 전에 손톱을 입술연지와 같은 색조로 물들였다.

(2) 아프가니스탄: 아이들의 손톱을 깍은 부스러기를 빵 위에 얹은 다음 그것을 나무 아래에 묻었다.

(3) 뉴질랜드 마오리족: 손톱과 발톱을 묘지에 숨겼다.

(4) 마다가스카르의 베스틸레로족: 라만고(ramango)라는 직책을 가진 자를 두어, 왕족의 손톱과 발톱을 먹어 없애게 하였다.

(5) 페루의 잉카족이나 아르메니아족: 손톱과 발톱을 집이나 교회의 벽 등에 보존했다.

## 3) 17C 인도

손톱 피부 밑에 있는 조모(네일 매트릭스)에 색을 주입시켜 문신을 하여 신분을 나타내는 표시로 사용되었다.

### 4) 그리스 로마 시대

기원전 500년경 유적에는 고대 그리스인들이 바킹 도구를 사용한 흔적이 남아있다. 그리스 시대에는 이집트에 비해 화려한 색채나 인공적인 아름다움이 배재되었다.

3세기 로마시대 귀족 계급과 왕족만을 전문으로 하는 궁중 네일리스트가 존재 했고, 손톱과 발톱을 예쁘게 자르고 섬세하게 유능ㄹ 내고 분홍색으로 칠하였다.

로마시대에는 머리카락과 수염을 잘 다듬고 손과 발톱을 깨끗이 정리하였다.

### 5) 중세

종교의 영향으로 손으로 식사하여 손과 손톱의 위생을 중요시 하였고, 르네상스시대에는 미인의 기준과 미용법을 소개하였다.

중국의 양귀비는 손톱 염색 풍습을 형성하였고, 15세기 명나라 귀족은 손톱에 빨간색과 검정색을 사용하였다.

### 6) 근대

이탈리아에서는 설탕에 절인 레몬이나 얼음사탕을 기초로 한 방법과 저녁에 꿀, 겨자, 쓴 편도를 섞어 장갑 안쪽에 발라 끼는 방법이 권유되었다.

17세기에는 부의 상징으로 약 5인치의 손톱을 기르고 손상 방지를 위해 정교한 보석으로 치장된 금이나 대나무 부목으로 손톱을 보호하였다.

18세기에는 가발이 최고의 지위를 차지하였고, 손톱은 모조품 예술의 발전에서 멀어져 오로지 짧고 둥글게 깍기만 하였다.

19세기에는 순결한 우윳빛 손과 투명한 분홍빛 손가락을 가지려는 노력이 있었다.

· 프랑스 루이 14세는 문을 긁어 방문을 알림
· 로코코(18세기): 손톱을 짧고 둥글게 하였고, 간혹 손톱에 초상을 그리기도 함
· 18세기 중반: 산업혁명으로 네일 제품 개발이 활성화

동양에서는 17세기 부의 상징으로 약 5인치의 손톱을 기르고 손상방지를 위해 정교한 보석으로 치장된 금이나 대나무 부목으로 손톱을 보호하였다.

중국 청나라(19세기)때 중국 서태후의 손톱 미용법 기술이 있었다.

### 7) 1800년도

1800년도 이후로 네일 관리가 특정한 계급을 위한 것이 아닌 일반인들에게도 대중

적으로 되었고 아몬드 모양의 짧고 뾰족한 모양의 손톱이 강조되었다. 빨간 기름을 발라 염소가죽의 일종인 Chamois로 광택을 냈다.

- 1830년 - 오렌지우드 스틱을 네일 케어에 사용
- 1885년 - 필름형성제로 사용되는 니트로셀룰로스라는 네일 에나멜의 주원료 개발
- 1896년 - 규모가 있는 매니큐어 영업소가 많이 있었음에도 'visiting manicures'(방문 네일리스트)들의 활발한 영업으로 방문 영업 성행

## 8) 1900년도

마릴린 먼로를 비롯한 헐리우드 스타들이 인조손톱과 진한 컬러를 씀으로써 네일 관리는 섹시 어필을 위한 중요한 관리가 되었다.

60년대를 대표하는 모델 트위기의 등장으로 서리와 같이 창백한 느낌의 립스틱과 손톱이 유행하였다. 1970년대 초 가수 바바라 스타라이샌드는 길이가 긴 베이지 색상의 인조손톱을 했고 이 시기에 스퀘어 손톱모양이 유행하였다.

1970년대는 디스코 열풍으로 글리터가 유행해 손톱에도 반짝이는 펄이 표현되었다.

- 1900년 - 여성들은 화려한 순은과 순금 가위와 금속파일을 사용해 손톱을 자르고 모양을 다듬은 후 염료가 든 크림이나 파우더로 손톱 관리
- 1910년 - 매니큐어 제조회사 플라워리(Flowery)가 뉴욕시에 세워져 금속파일과 사포로 된 파일이 제작
- 1916년 - 주 에센스 추출로 우윳빛 네일 에니멜 출시
- 1925년 - 네일 폴리쉬 산업이 본격적으로 시작되면서 상점에서 에나멜을 구입할 수 있게 되었으나 색상은 투명한 자연색으로 한정되어 다양하지 않고 손톱의 중앙에만 바르거나 루눌라와 양쪽 가장자리는 바르지 않음. 투명한 장밋빛 네일 폴리쉬가 생기면서 반월과 네일 프리엣지를 뺀 나머지 네일베드의 핑크부분만을 바르는 'moon manicure'가 유행
- 1927년 - 흰색 에나멜과 큐티클 리무버, 탈색 크림이 출시되었고, 프렌치 매니큐어(French Manicure)에 사용되는 흰색 폴리쉬와 큐티클 크림(Cuticle cream), 큐티클 리무버(Cuticle remover)가 제조됨
- 1930년 - 제나(Gena)연구팀에 의해 네일 폴리쉬 리무버(Nail polish remover), 워모로션(Warmer lotion), 큐티클 오일(Cuticle oil)이 최초로 등장하였으며 다양한 빨간색이 출시
- 1932년 - 최초의 염료가 들어간 네일 폴리쉬 발명. 레브론(Revolon)사에서 최초

로 립스틱과 잘어울리는 색상의 네일 폴리쉬를 출시

· 1934년 - 캘리포니아의 Anna Hamburg는 자연손톱에 무해하며 탈부착이 쉬운 인조손톱에 대한 특허 획득
· 1935년 - 인조손톱이 등장
· 1940년 - 여매우 리카 레이워드에 의해 빨간색을 꽉 채워 바르는 방법이 유행하였고 이발소에서 남성들의 손톱관리 시작
· 1945년 - Max Factor가 빨강, 분홍 등 여러 가지 색의 액상 네일광택제를 향상시킴
· 1950년 - 네일 팁(Tip)의 사용이 현저히 증가. 당시 패티네일(petinail)이라고 불렸던 호일을 이용한 아크릴릭 네일 시술이 최초로 행새졌으며 근대적인 패디큐어가 등장. 자연네일에 가까운 자연적인 색상이 유행하였고, 처음에는 헬렌 굴리(Helen Gouley)가 미용학교에서 네일 케어를 가르치기 시작하였다.
· 1957년 - Thomas Slack 은 '플렛폼'이라는 제품을 만들어 특허 획득
  지금은 '네일폼'이라고 불리고 있는 제품을 사용해서 처음으로 자연 네일을 넘어 아크릴릭으로 연장이 가능하게 됨
· 1960년 - 검은색 계열 외 거의 모든 색상의 폴리쉬가 개발. IBD에서 네일 접착제와 접착식 인조네일 개발. 네일 전용의 아크릴릭 제품 개발. 종이 랩 보다 훨씬 강한 린넨 랩 개발(인조 손톱의 활성화)
· 1967년 - 손과 발의 관리가 널리 시행되었다.
· 1970년 - 네일리스트라는 직업의 위치 확립. 인조 손톱은 부와 사치의 상징이 됨
  수백 종류의 폴리쉬 컬러는 길고 두껍고, 불투명한 네일을 완성시킴.
· 1974~1975년 - 올리 인터내셔널 회사에서 에나멜, 리퀴드 파이버 랩(liquid fiber wrap), 릿쥐필러(ridge filer), 프라이머(primer), 베이스코트(base coat) 등이 제조됨
· 1976년 - 스퀘어 네일이 유행했고 파이버 랩이 등장하였으며, 네일아트가 미국에 정착함
· 1981년 - 에시(Essie), 오피아이(OPI), 스타(Star) 등의 제조회사에서 건성, 지성용 베이스코트와 향기가 있는 탑코트, 손 관리를 위한 네일 전문제품과 핸드제품이 출시되었으며 네일 액세서리도 등장함.
· 1982년 - 미국의 매니큐어리스트(manicurist)인 테미 테일러(Temmy Taylor)가 파우더, 프라이머, 리퀴드, 아크릴릭 등의 네일 제품을 개발했다.
· 1983년 - Harper's Bazaar는 손톱이 자연적으로 잘 길러지지 않은 여성들에게 팁, 실크랩, 스캅춰 등을 추천했음. 당시 미국에는 약 13,345개의 네일 샵과 80,000명

의 네일 전문가가 종사함

- 1989년 - 세계경제의 성장과 함께 네일 산업이 급성장함
- 1990년 - 1980년대에 이미 네일 산업이 급성장되어 많은 네일 제품들이 개발 1990년대에는 보다 체계화, 고급화 되는 시기로 칼라 아크릴릭, U.V. 칼라 젤 등 새로운 재료가 출시되어 화려한 네일아트 기술들이 쏟아짐
- 1992년 - 인기스타들에 의해 대중화되기 시작함
- 1994년 - 라이트 큐어드 젤 시스템(light cure gel system)이 등장했으며 뉴욕주에서 처음으로 네일 테크니션 면허 제도를 도입함

### 9) 2000년도

인조 손톱 서비스를 원하는 고객층의 증가로 팁 오버레이, 아크릴릭, U.V젤 시술로 다양한 재료와 디자인으로 네일 서비스 문화의 다양성을 보여주고 있다. 1990년 중반에 시작된 U.V.젤은 미국, 일본, 유럽, 한국, 중국, 동남아시아에 걸쳐 발전했다.

## 3. 한국 네일미용의 역사

우리나라의 네일은 신분을 나타내는 수단과는 다른 의미가 있었다. 봉선화라는 이름은 군방보의 기록에서 유래한다. 즉 군방보에서는 '줄기와 가지사이에 꽃이 피어 머리와 날개, 꼬리와 발이 우뚝하게 일어서서 봉황새의 형상을 닮아서 봉선화란 이름이 생겼다.'고 한다. 봉선화의 원산지는 인도, 말레이시아 및 중국으로 우리나라에 전래된 연대는 확실하지 않지만 퍽 오래된 것으로 짐작된다.

우리나라 문헌에서 봉선화가 처음 등장한 것은 강희안의 '화목구품'이다.

조선시대 세시풍속집인 '동국세시기'에는 "젊은 각시와 어린이들이 봉선화를 따다가 백반에 섞어 찧어서 손톱에 물을 들이다"라고 나와 있다.

현대에 들어서는 1992년 이태원에 최초의 전문 네일 샵인 그리피스 네일살롱이 개업하였고 1996년 압구정동에 있는 백화점에 네일 코너가 입점하면서 일반인에게 네일아트가 알려지기 시작하였다. 미국 키스사 제품이 국내에 수입 소개되었고 압구정동에 네일 전문살롱인 세씨네일, 헐리우드네일 등이 문을 열었다.

미국 네일아트 시장 성장과 함께 미국으로 이민을 간 한국인들의 네일 샵 창업과 취업률이 높아지며 한국의 네일 산업도 상승하게 되었다. 미국에서 네일 살롱을 경영하거나 라이센스를 획득한 네일 리스트들이 한국에서 살롱이나 학원을 경영하기 시작하면서 급성장하기 시작하였다. 1998년 민간 자격 시험제도가 도입 시행되었으며 본

격적인 단독 네일 샵이 오픈되기 시작하였다. 또한 네일 관련한 협회들이 결성되어 네일 종사자들의 결속력을 다져 갔으며 네일전문업체, 네일전문학원, 미용학교, 대학에서의 네일학과 등 본격적으로 체계적인 네일 교육이 시작되었다. 국제 네일조직연맹에 가입하고 각종 국제대회를 유치하였으며 세계대회에서 우리나라 네일리스트들의 입상을 통해 세계가 인정하는 기술력 보유국으로 눈부신 성장을 하고 있다.

**• 표 1-1 한국 네일미용의 발달 •**

| 시대 | 내용 |
|---|---|
| 삼한시대 | 바닷가 사람들은 바다에 들어가기 전 쪽으로 손과 발에 물감을 들이고, 산촌사람들은 산에 가기 전 손톱 발톱에 붉은 칠을 함 |
| 고려시대 | 봉숭아를 손톱에 물들임 |
| 조선시대 | 잡귀나 병이 들지 않도록 손톱에 물을 들임 |
| 1988년 | 이태원에 최초의 전문 네일살롱인 그리피스 네일살롱 개업 |
| 1994년 | 조옥희가 국내 최초로 '동아문화센터'에 네일강좌 개설 및 전문서적 발간 |
| 1995년 | 네일 전문 교육기관인 '조옥희 네일 아카데미' 개설 |
| 1996년 | 압구정동에 있는 백화점에 네일 코너 입점<br>압구정동에 네일 전문살롱 '세씨네일', '헐리우드 네일' 개업 |
| 1997년 | 미국 '레브론' 계열사인 '크리에이티브 네일 사'가 한국 독점 계약 체결로 전문가 용품의 다영화와 양질의 서비스로 대중화에 기여<br>일본의 나까소네 사찌고 '저팬(NSI)학원'이 한국에 분교 설립 |

# 02 네일미용 개론

## 1. 네일미용의 이해

### 1) 네일미용의 안전관리

① 모든 재료의 뚜껑은 반드시 닫아서 보관한다.
② 솔벤트, 프라이머, 아크릴 관련 제품이 눈에 들어가지 않도록 주의한다.
③ 흡습성이 뛰어난 타월은 적당한 크기로 잘라 둔다.
④ 페이퍼 타월이나 솜은 뚜껑이 있는 휴지통에 버려야 한다.
⑤ 이물질이 호흡기나 눈에 들어가지 않도록 마스크를 착용한다.
⑥ 환기와 통풍이 용이하도록 하고 통풍구나 필터는 시술 전에 켜두고 필터는 정기적으로 교체해주는 것이 환기에 도움이 된다.
⑦ 분진과 이물질 차단을 위해 보안경을 착용한다.
⑧ 모든 도구는 소독하여 보관, 시술한다.(70% 알코올과 자외선 소독기 사용)
⑨ 1회용도구(에머리보드, 오렌지우드스틱 등)은 재사용하지 않는다.
⑩ 전기를 이용하는 기기들은 사용하지 않을시 반드시 코드를 빼놓는다.
⑪ 모든 용기에는 라벨을 부착한다.
⑫ 라벨과 MSDS(물질안전보건자료)를 각 위험 화학제품에 표시해 둔다.
⑬ 구급용품을 항상 구비한다.
⑭ 화재 위험성이 있으므로 실내에서는 흡연을 피한다.
⑮ 패디큐어를 위한 족탕기와 콘커터, 패디화일의 소독을 철저히 하여 감염을 방지한다.

⑯ 시술 전 알레르기 여부를 확인하고 알레르기가 생기는 경우 시술을 중단하고 치료를 권유한다.
⑰ 시술 시 상처로 인한 감염의 위험이 있으므로 출혈이 생기지 않도록 주의한다.

## 2) 네일미용인의 자세

① 위생적이고 단정한 옷차림을 하고 복장과 머리, 손을 항상 청결하게 유지한다.
② 시술 전, 후 고객과의 상담을 통하여 고객카드를 작성한다.
③ 화학제품 사용시 피부와 눈을 만지지 말고, 사용 후 반드시 손을 씻는다.
④ 고객 시술 전 도구 및 재료 등을 청소, 소독하고 관리한다.
⑤ 고객의 손의 피부와 손톱의 건강여부, 신체질병, 알레르기, 생활습관 등을 파악하여 시술한다.

## 3) 네일의 구조와 기능

· Nail은 손톱(Finger nail)과 발톱(Toe nail)을 의미한다.
· Nail은 피부의 일부이며 피부나 머리카락과 같은 케라틴으로 만들어져 있다.
· Nail은 조기질(Matrix)에서 만들어지며 매트릭스는 매우 단단하면서도 유연성이 탁월한 케라틴 세포로 구성되어 있다.
· 조기질의 세포들은 조상(Nail bed)을 따라 조판(Nail body)의 앞쪽으로 자라며 점차 각질화 된다.
· Nail은 3개의 층으로 이루어져 있다. 맨 윗층은 촘촘한 배열로 밀집된 조직층이며 중간층은 섬유조직과 같은 모양의 층이며 맨 아래 층은 얇은 조직으로 구성되어있다.
· 루눌라(Lunula)는 매트릭스 일부로 육안으로 볼 수 있는 매트릭스이다.
· 루눌라의 모양은 전체 손톱의 모양을 결정한다. 또한 많이 사용하는 손의 루눌라가 사용하지 않는 손의 루눌라에 비해 크다.
· Nail은 수분(12%~18%)과 지방(0.15%~0.75%)을 함유한다.

## (1) 네일의 구조

### · 손톱자체

① 네일바디, 조체(Nail body) : 네일 플레이트(Nail plate) 라고도 한다. 조판이라고도 하며 네일 자체를 의미한다. 네일바디는 상식과는 달리 산소를 필요로 하지 않으며 신경이나 혈관 또한 없으며 다만 네일 베드를 보호하는 역할을 한다. 여러 개의 겹으로 이루어져 있는 각질 세포로서 제일 아랫부분은 부드러우며 위로 올라갈수록 단단하다.

② 네일루트, 조근(Nail root) : 네일이 자라기 시작하는 곳이다. 이곳은 손톱의 근원이 되는 곳으로서 피부 밑에 묻혀 있다. 얇고 부드러우며 새로운 조직을 형성하는 곳이다.

③ 후리엣지, 자유연(Free edge) : 네일 끝부분으로서 피부와 떨어져 있고 그 길이를 자유롭게 잘라 낼 수 있다.

### · 손톱 밑

④ 네일베드, 조상(Nail bed) : 네일바디 밑에 있는 피부를 말하며 네일 바디를 받쳐주는 역할을 하고 혈관과 신경이 있는 곳으로서 네일이 자라는 영양과 수분공급을 한다.

⑤ 매트릭스, 조모(Matrix) : 손톱의 뿌리에 해당되는 곳으로 캐라틴 생성을 한다. 네일루트 밑에 위치하고 림프관과 혈관 그리고 신경이 있는 곳으로서 네일의 세포를 생성하며 네일의 성장을 조정한다. 네일의 부분 중에서 가장 예민한 곳으로서 손상을 입으면 네일이 불균형하고 비정상적으로 자랄 수 있다. 따라서 강한 압박을 주지 않도록 각별히 주의해야 한다.

⑥ 루눌라, 반월(Lunula) : 케라틴화가 완전히 되지 않은 여린 부분이며 유백색의 반달모양을 하고 있다.

### · 손톱 주위의 피부

⑦ 큐티클, 조소피(Cuticle) : 네일 주위를 덮고 있는 신경이 없는 피부를 말하며 미생물 등 병균의 침입으로부터 보호해주는 보호막과 같은 역할을 하며 정상적인 큐티클은 어느 정도의 수분과 탄력이 있어야 하며 갈라짐이 없어야 한다.

⑧ 하이포니키움, 하조피(Hyponychium) : 후리엣지 밑부분의 피부로서 박테리아 침입으로부터 네일을 보호하는 역할을 한다.

⑨ 에포니키움, 상조피(Eponychium) : 새롭게 자라난 네일 바로 위를 덮고 있는

피부이며 큐티클 밑의 얇은 막을 말한다.

⑩ 네일글루브, 조구(Nail grooves) : 손톱을 따라서 자라는 양쪽 홈을 말한다.

⑪ 네일월, 조벽(Nail wall) : 네일을 따라서 자라는 네일 베드의 양쪽 면을 말한다.

⑫ 스트레스포인트(Stress point) : 외부의 충격을 가장 많이 받는 곳으로 손톱이 피부와 분리되기 시작하는 곳이다.

⑬ 옐로우라인(Yellow line) : 스마일 라인이라 한다. 네일과 네일베드의 경계선이다.

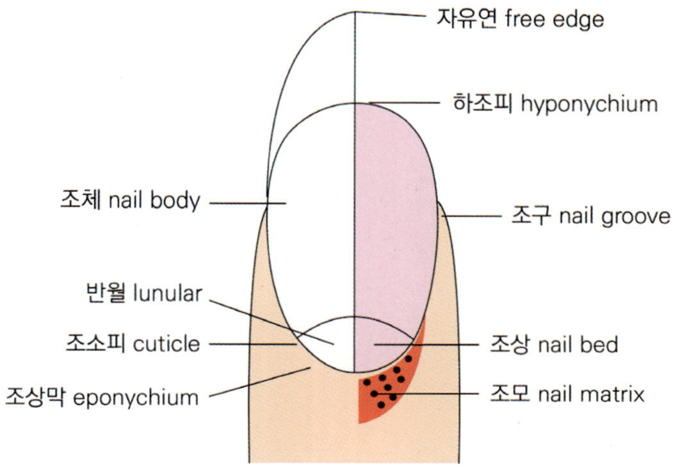


**손톱 주위의 피부**

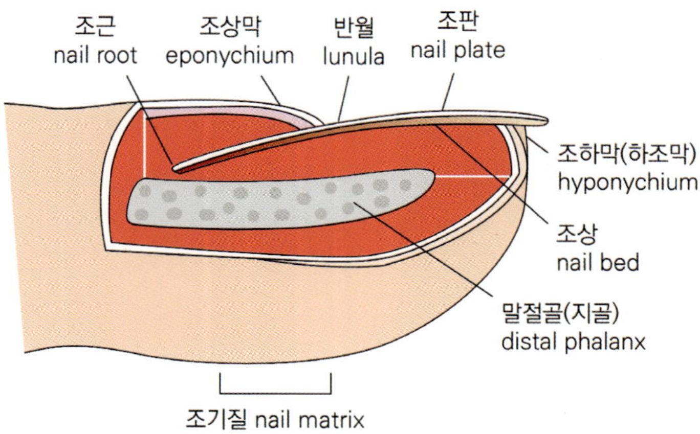


**손톱의 내벽**

**• 그림 1-1 손톱의 구조 •**

## 2. 네일의 특성과 형태

### 1) 네일의 역할

- 물건을 잡는다.
- 방어와 공격을 한다.
- 손끝과 발끝을 보호한다.
- 긁기 위해 쓰인다.
- 모양을 구별할 수 있는 기능이 있다.
- 장식의 기능을 한다.

### 2) 네일의 특성

- 1일에 0.1mm~0.15mm(한 달에 3mm~5mm) 자란다.
- 케라틴으로 이루어져 있다.
- 땀을 배출하지 않는다.
- 산소를 필요로 하지 않는다.

### 3) 네일의 성장

- 손톱의 완전 재생에는 4~6개월이 소요된다.
- 발톱의 완전재생은 12~18개월 소요된다.
- 중지가 가장 빨리 자라며 소지가 가장 늦게 자란다.
- 손톱보다 발톱의 성장이 늦다.
- 임신 후기로 갈수록 빨리 자란다.
- 여름엔 20% 정도 빨리 자란다.
- 남성이 여성보다 빨리 자란다.

### 4) 이상적인 네일

- 내구력이 강해야 한다(유연성과 강도).
- 네일베드에 단단히 부착되어 있으며 매끄럽고, 광택이 나며 반투명한 무색을 띄어야 건강한 네일이다.

## 5) 네일의 형태

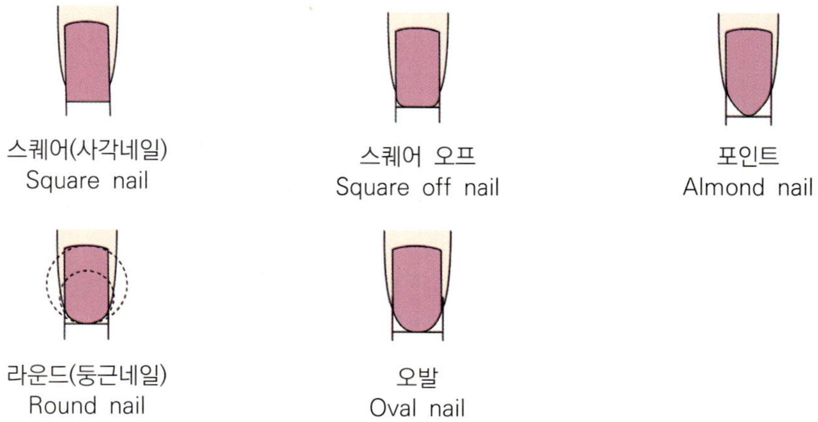


· 그림 1-2 네일의 형태 ·

· **스퀘어(Square nail)**

- 강한 느낌의 모양으로 네일의 양끝 모서리 부분이 사각의 형태
- 아티휘셜네일의 대회에서 많이 활용

· **스퀘어오프(Square off nail)**

- 사각네일에서 양끝 모서리만을 부드럽게 만든 것
- 손, 발톱의 형태에 많이 활용
- 세련되고 도외적인 느낌

· **라운드(Round nail)**

- 스트레스포인트에서부터 직선이 살아 있는 것이 포인트
- 원의 일부를 갖다놓은 듯한 모양
- 정리된 듯 아름다운 느낌으로 가장 많이 활용

· **오발(Oval nail)**

- 손이 길어 보이는 여성스러운 느낌
- 우아한 아름다움

· **포인트(Almond nail)**

- 손이 길고 가늘어 보임
- 약함

# 3. 네일의 병변

## 1) 이상손톱

- 질병이나 몸의 불균형, 또는 손톱의 상처 등으로 인하여 손톱이 비정상 상태로 변한 것이다.
- 손톱은 모낭이나 땀샘, 피지선과 같이 피부의 부속물 중 하나이기 때문에 피부의 질환과 관련이 깊다.
- 네일 아티스트는 이러한 비정상적인 상태의 손톱은 병원치료를 권유하여 치료를 받게 하든지 미용적 방법으로 아름답게 교정할 수 있어야 한다.

## 2) 서비스 할 수 있는 이상 손톱

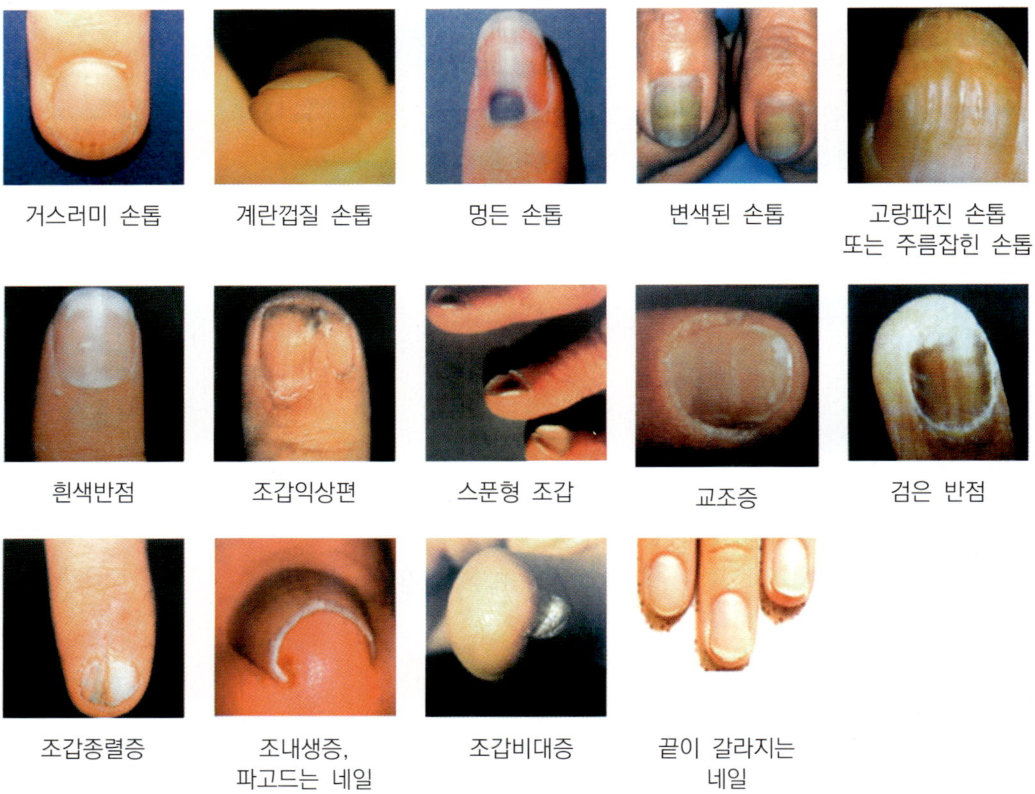


• 그림 1-3 서비스 할 수 있는 이상 손톱 •

### (1) 위축된 네일(오니코아트로피 Onychoatrophy 조갑위축증)

손톱이 없어지는 증상으로 광택이 없어지고 오므라들며 떨어져 나가는데 심하면 완전히 없어질 수 있음

### (2) 물어뜯긴 네일(오니코파지 Onychophagia, 교조증)

손톱을 물어뜯는 증상

### (3) 청색으로 변하는 네일(오니코싸이아노시스 Onychcyanosis, 조갑청맥증)

손톱색이 푸르스름하게 변하는 증상

### (4) 혈액이 응고됨 네일(헤마토마 Hematoma, 혈종)

네일 베드의 혈액이 응고되어 전체가 시커멓게 변하거나 플레이트에 퍼런 멍이 반점처럼 나타나는 증상

### (5) 주름지고 고랑파진 네일(퍼러우 & 커러제이션 Furrow & Corrugation nail)

퍼로우(가로주름)-전염병 발병 후 또는 고열, 임신, 아연결핍으로 생기는 일시적인 각질형성 이상장애와 피부질환, 당뇨병, 비타민A 결핍증으로 가로모양의 홈이 나타남

커러제이션(세로주름)- 선천적, 후천적 발생, 조모세포의 손상, 건강이 안 좋을때, 호르몬 및 순환기에 이상, 노화현상으로 나타남

### (6) 얇아지는 네일(에그쉘 네일 Eggshell nail, 조갑연화증)

후리엣지 부분이 휘면서 전체적으로 얇고 약해지며 흰색을 띈다. 식습관, 질병, 신경성에서 비롯됨

### (7) 부서지거나 깨지기 쉬운 네일(브리틀 네일 Brittle nail)

선천적 이상, 불규칙한 식생활, 다이어트, 강한 세제 등 요인

### (8) 파고드는 네일(인그로, 오니코크립토시스 Ingrown, Onycocryptosis, 조내생)

네일의 벽쪽으로 손, 발톱이 자라는 증상

### (9) 큐티클 과잉성장 네일(테레지움 Ptrygium, 조갑익상편)

손톱이 자라면서 큐티클이 네일 플레이트 위로 같이 자라는 증상

### (10) 거스러미 네일(행네일 Hang nai)

손톱의 부분이 갈라져서 일어나는 현상l

### (11) 길이, 두께 과다 성장 네일(오니콕시스 Onychauxis, 조갑비대증)

신체 내의 질병이나 상해로 인하여 유발되는 증상

### (12) 두껍고 건조한 네일(세클라오니키아 Secleronychia, 조갑경화증)

질병이나 상해로 인하여 유발되는 네일 표면의 증상

### (13) 세로로 갈라지고 찢어지는 네일(오니코렉시스 Onychorrhexis, 조갑종렬증)

손톱이 갈라지거나 부서지는 상태, 세로로 골이 파인다. 손톱의 상해, 부주의한 손질, 큐티클 용해액, 빈, 화학제품 사용, 갑상선 기능 저하증, 비타민 A, B결핍에 의해 유발

### (14) 백색의 점(루코니키아 Leuconychia, 조백반증)

: 손톱에 백색의 반점이나 흰줄이 생기는 현상

### (15) 움푹 들어간 손톱(피티드 네일 Pitted nail)

: 손톱표면이 곰보처럼 움푹 들어간 손톱, 건선이나 피부염에 의해 생김

## 3) 서비스할 수 없는 이상손톱

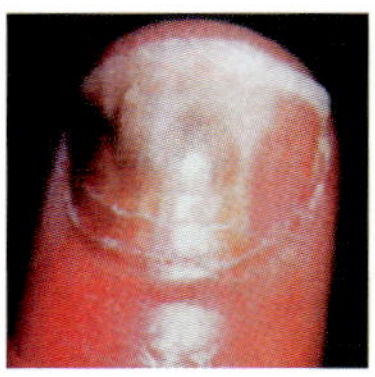
사상균증

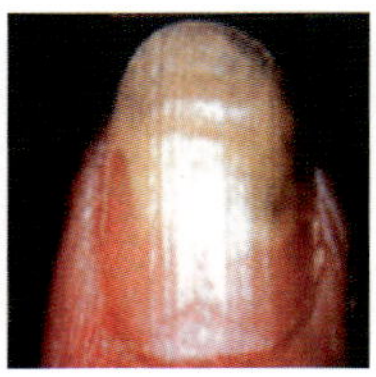
조염

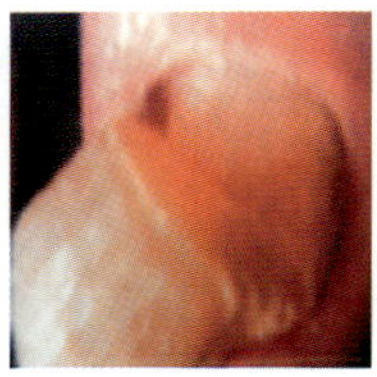
조갑구만증

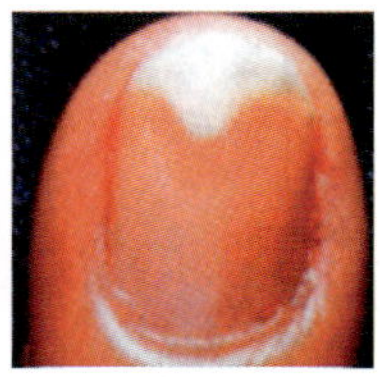
조갑박리증

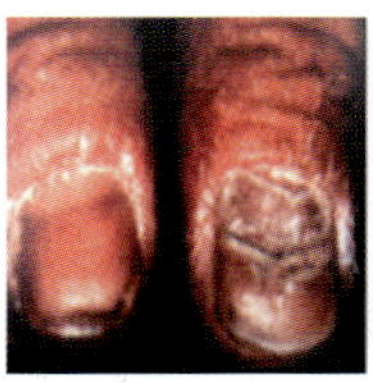
조갑탈락증

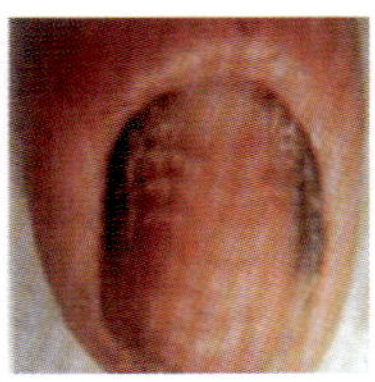
조갑주위염

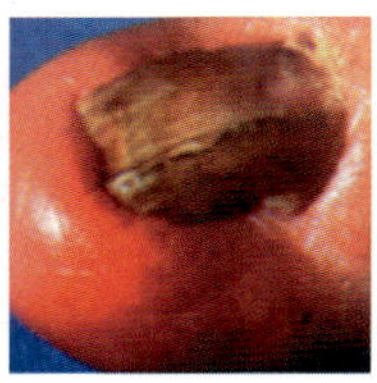
화농성 육아종

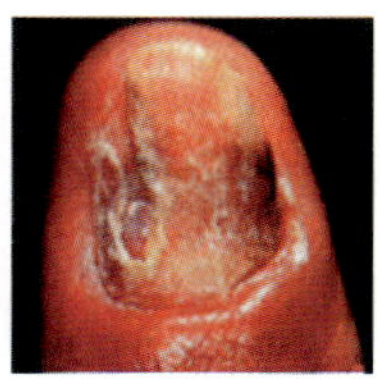
조갑진균증

• 그림 1-4 서비스 할 수 없는 이상 손톱 •

### (1) 무좀 & 진균증(티니아패디스 & 오니코마이코시스 Tinea pedis & Onychomycosis, 조갑진균증)

진균 감염으로 발바닥 전체나 발가락 사이에 붉은 색의 물집이 잡히거나 여러 군데에 핑크빛 점이 생김, 손톱이 백선균에 의해 감염되며 손톱표면에 불규칙한 백색 반점이 생김

### (2) 휘고 팽배한 네일(오니코그리포시스 Onycho gryposis, 조갑구만증)

네일이 매우 두껍고 발가락 사이나 손가락 쪽으로 심하게 휘는 현상

### (3) 네일의 탈퇴 현상(오니콥토시스 Onychoptosis, 조갑탈락증)

매독, 당뇨에 의해 유발, 한 개 이상의 손톱이 빠지는 증상

### (4) 네일이 벌어지는 현상(오니코리시스 Onycholysis, 조갑박리증)

후리엣지 아래의 네일 베드에서 시작하며 네일이 빠지지는 않으나 반달 모양의 루눌라 쪽으로 번지는 증상

### (5) 매트릭스 감염(오니키아 Onychia, 조갑염, 조상염)

네일 베이스 부분의 근육 조직에 염증과 고름이 생기는 증상

### (6) 파로니키엄 감염( 파로니키아 Paronychia, 조갑주위염)

네일 주변과 베이스의 외피, 내피까지의 염증, 박테리아에 의한 질환

### (7) 곰팡이균에 의한 질환(티니아 Tinea)

기생 곰팡이균에 의한 피부질환을 모두 지칭하며 일반적으로 '백선'으로 더 잘 알려져 있으며 매우 전염성이 높음

### (8) 일어나는 네일(오니코포시스 Onychophosis)

네일 및 부분의 피부층이 두꺼워지면서 네일 밑에 축적되어 네일 베드에서 네일이 일어나게 됨

### (9) 사상균증(몰드 Mold, 조갑사상균증)

곰팡이균에 의해 손톱이 감염되어 발생하며, 초기 증상에서 황색이지만 치료를 방치하면 검은색으로 변하고 악취가 남.

# 4. 네일 기기 및 재료

## 1) 네일 기구

한번 구입하면 빨리 소모되지 않고 오랜 기간 동안 사용 가능한 것을 기구라 한다.

① 네일 테이블 : 재료를 보관 할 수 있는 견고하고 청결한 서랍이 부착된 테이블이 좋다. 고객과 테크니션의 간격이 너무 멀지 않도록 해야 한다.

② 네일 테크니션 의자 : 가능하면 바퀴가 달린 것이 시술하기 용이하다.

③ 고객의자 : 네일 테크니션과 같은 것이 좋고 팔걸이가 있으면 고객이 편안할 수 있다.

④ 램프 : 눈을 보호하기 위해서는 각도 조절이 가능한 40W 이상의 램프가 필요하다.

⑤ 습식소독기 : 네일 도구의 소독이나 살균을 위해 필요하며 반드시 뚜껑이 있어야 한다.

⑥ 에나멜 드라이어 : 에나멜을 빨리 건조시키기 위한 기구이다.

⑦ 각탕기 : 발마사지나 페디큐어를 할 때 발의 피로를 풀어주며 피부를 부드럽게 해주며 혈행 촉진에 도움을 주는 기구이다.

⑧ 패디 스파 : 발 관리 시술시 편안한 시술을 위해 설계된 의자로 등받이에서는 진동을 주고 스파에는 바이브레이션 기능이 있어 혈행을 촉진시키고 피로를 풀어주는 기구이다.

⑨ 왁싱워머 : 제모시 왁스를 녹여주어 온도를 일정하게 유지시켜 주는 기구이다.

⑩ 핑거볼 : 습식 매니큐어 시술시 고객의 자연 네일을 물에 담글 수 있는 기구로 플라스틱, 유리, 도자기 등의 재질로 되어있다.

⑪ 팔 받침대 : 고객의 손 거치용이다.

⑫ 솜 용기 : 깨끗한 솜을 청결하게 보관할 수 있는 용기로 반드시 뚜껑이 있어야 한다.

⑬ 재료 받침대 : 네일 시술시 필요한 재료를 얹어 놓을 수 있는 받침대이다.

## 2) 네일 도구

매니큐어 시술을 하는 동안에 사용하는 것으로서 반드시 소독, 처리하는 것을 도구라 한다.

| 도구명 | 내용 |
|---|---|
| 실크가위 | 네일 위에 랩핑할 실크, 린넨, 화이버 글래스 등 랩을 자를 때 쓰는 작은 가위이다. |
| 클리퍼 | 손톱과 발톱, 네일의 길이를 자르는 데 사용하며 일자형과 둥근형이 있다. |
| 디스펜서 | 리무버를 손쉽게 펌프해서 사용할 수 있는 용기이다. |
| 크레도 | 발바닥의 굳은살을 제거할 때 사용한다. |
| 메탈푸셔 | 주변 굳은살이나 각질을 밀어 올리는데 사용한다. |
| 스톤푸셔 | 메탈푸셔 사용 후 네일 표면과 거스러미를 좀 더 깨끗하게 제거하고자 하는데 효과적이다. |
| 니퍼 | 손톱 주위의 거스러미나 큐티클을 잘라 낼 때 사용한다. 스테인레스와 니켈, 코발트 등의 금속 도금제품이 있으며 1/2좌와 1/4좌가 있다. |
| 팁커터 | 팁의 길이를 자를 때 사용한다. |
| 더스트 브러쉬 | 파일링 시 먼지나 가루를 털어 낼 때 사용하며 언제나 위에서 아래로 한 방향으로만 사용한다. |
| 핑거볼 | 습식관리 시 큐티클을 부드럽게 불리기 위해 손을 담그는 용기이다. |
| 다펜디쉬 | 아크릴릭 네일을 시술할 때 리퀴드를 조금씩 덜어 사용하는 용기이다. |

### 3) 네일 재료

시술 시 사용되는 소모품을 재료라 하며 소독이 불가능하고 사용 후 위생을 위해 폐기 처분한다. 파일 종류와 오렌지우드스틱, 샌딩블록 등의 일회용 제품 등이 있다.

| 재료명 | 내용 |
| --- | --- |
| 오렌지우드스틱 | 오렌지나무로 만든 스틱으로 도구 끝에 솜을 말아 조구에 묻은 팔리쉬를 제거할 때 등 여러 가지 용도로 사용한다. |
| 디스크 패드 | 여러 가지 모양으로 손의 거스러미 제거 시 다양하게 사용한다. |
| 아크릴릭 종이 폼 | 팁없이 아크릴 파우더 연장 시 손톱을 받쳐 주는 역할을 한다. |
| 샌딩블록 | 버퍼라고도 하며 네일 표면을 매끄럽게 정리할 때 사용한다. |
| 광버퍼 | 네일 표면에 광을 낼 때 사용한다. |
| 토우세퍼레이터 | 페디큐어 시 발가락 사이에 끼워서 사용한다. |
| 인조 팁 | 짧은 자연 네일 위에 접착하여 손톱의 길이를 늘릴 때 사용한다. |
| 우드파일 | 나무색을 띄고 있어 우드파일이라 하며 앞뒤와 그릿수가 달라 용도에 맞게 사용한다. |
| 패디파일 | 발 관리 시 각질제거에 사용한다. |
| 글루 | 팁을 붙일 때 사용한다. |
| 필러파우더 | 랩이나 네일팁을 튼튼하게 해 주거나 네일 표면을 메울 때 또는 실크익스텐션 시술 시 사용한다. |
| 네일 팔리쉬 | 니트로셀룰로오스 휘발성 용해액으로 용해시킨 것이다. |
| 베이스코트 | 손톱 표면에 착색을 방지하며 함유된 송진성분은 팔리쉬의 밀착력을 더한다. 팔리쉬를 바르기 전에 바른다. |
| 탑코트 | 니트로셀룰로오스 성분의 함유로 팔리쉬를 보호하며 코팅 역할을 하며 광택을 준다. |
| 핸드크림 | 손이나 발을 마사지할 때 보습을 주기 위해 사용한다. |
| 글루드라이 | 글루나 젤을 빨리 건조시켜 주는 촉매제 역할을 한다. |
| 젤글루 | 글루보다 접착력이 뛰어나 랩이나 팁을 오래 유지시켜 주며 주로 글루를 도포 후 덧바른다. |
| 실크 랩 | 자연네일이 갈라지거나 찢어지는 것을 방지하거나 보수할 때 사용하며 랩을 접착한다. |
| 파일 | 손톱의 모양을 잡아 주거나 인조네일 시술 시 사용한다. 파일 거칠기의 정도는 그릿번호로 구분하며 번호가 높을수록 부드러운 파일이다. |

| 재료명 | 내용 |
|---|---|
| 큐티클오일 | 큐티클 주위에 발라 큐티클을 제거하거나 손톱에 광택을 준다. |
| 지혈제 | 손, 발 시술 과정에서 출혈 시 사용한다. |
| 프라이머 | 자연손톱에 PH밸런스를 맞추고 접착력을 강화하는 것으로 피부에 묻으면 가렵거나 껍질이 벗겨질 수 있다. 자연손톱에 아크릴릭 제품이 접착되도록 도와준다. 에칭해야 하는 프라이머와 에칭하지 않아도 되는 프라이머 2종류가 있다. |
| 팔리쉬 리무버 | 팔리쉬를 지울 때 사용한다. |
| 퓨어 아세톤 | 100%원액으로 인조네일을 제거 할 때 사용한다. |
| 아크릴 리퀴드 | 아크릴 파우더를 녹여 원하는 모양을 만들 때 사용한다. |
| 아크릴 파우더 | 손톱을 연장하거나 아름다운 디자인을 하기 위해 사용한다. |
| 브러쉬 클리너 | 아크릴 브러쉬의 파우더를 녹여 브러쉬를 깨끗하게 해 준다. |
| 큐티클 리무버 | 큐티클이 아주 딱딱한 사람에게 사용하면 좋은 제품으로 큐티클오일보다 농도가 짙어 짧은 시간에 큐티클을 부드럽게 하는 데 사용한다. |
| 손 소독제 | 시술 전 시술자와 고객의 손을 소독하는 손 소독제이다. 관리사의 손을 항상 시술 전 먼저 소독한다. |
| 아크릴 브러쉬 | 아크릴 파우더와 리퀴드를 혼합하여 네일에 시술할 때 사용한다. |
| 손톱 보강제 | 자연네일이 약한 고객의 손톱에 발라 찢어지거나 갈라지는 것을 방지한다. 베이스 코트를 바르기 전에 사용한다. |
| 손톱 표백제 | 과산화수소 또는 구연산을 함유하고 있어 누렇게 변색된 자연네일에 효과적이다. |

## 5. 고객관리

### 1) 전문인으로서 고객에 대한 자세

① 단정한 용모로 고객에게 좋은 인상을 주며 청결하고 깔끔한 이미지로 고객이 서비스를 받는 동안 편안한 마음으로 네일 아티스트를 신뢰할 수 있도록 한다. 네일 아티스트는 특히 건강해 보이며 잘 정돈된 큐티클과 손톱을 고객에게 보이는 것이 전문가의 기본적인 자세이다.

② 고객과의 약속시간 전에 도착하여 고객을 기다리며 고객이 도착하기 전에 필요한 물건들과 도구, 재료들을 준비하여야 한다.

③ 하루의 일과를 계획성 있게 메모하여 점검하고 고객과의 약속을 잊는 일이 없도록 해야 한다.
④ 언제나 친절하고 상냥한 태도로 고객을 맞는다.
⑤ 전문인으로서의 자부심과 긍지를 갖도록 노력한다.

## 2) 상담과 진단

네일 시술 서비스를 하기 전에 반드시 고객과 상담하여 고객관리카드를 작성하고 진단에 의한 서비스를 실시한다.
① 고객의 피부와 손톱의 타입을 알아본다.
② 고객에게 약품에 대한 알러지 반응에 대해 알아본다.
③ 고객의 생활 양식은 어떠한가 알아본다.
④ 고객이 받고 싶어 하는 서비스는 어떤 것인가 알아본다.
⑤ 고객이 최종적으로 선택한 서비스는 어떤 것인지 파악한다.

## 3) 고객카드 작성하기

① 고객의 인적사항(성명, 전화번호, 생년월일)
② 손을 사용하는 취미나 기타 다른 사항
③ 고객이 어떤 운동을 하는가
④ 집안일은 고무장갑을 끼고 하는가
⑤ 자신의 손톱을 관리하는 데 일주일에 얼마나 시간을 소요하는가
⑥ 얼마나 자주 네일 서비스를 받는가
⑦ 고객의 의료기록(관절염, 심장질환, 암, 고혈압, 당뇨, 알러지)
⑧ 고객이 좋아하는 팔리쉬 컬러는
⑨ 고객의 피부타입은
⑩ 방문날짜, 시술내용, 가격, 비고

# 03 해부 생리학

## 1. 세포의 구조 및 작용

세포는 생명체의 기본 단위이다.

① 세포는 단백질과 지질 이중층으로 구성된 세포막으로 둘러싸여 있다. 세포막은 내부와 외부의 경계면이 되고 이를 통해 세포활동에 필요한 물질을 교환한다.

② 세포는 유전물질로 DNA를 포함하고 있으며 세포활동에 필요한 모든 유전정보가 DNA에 내장되어 있고 RNA체계를 거쳐 단백질로 변환된다.

③ 대부분의 세포는 단백질 합성 기구를 가지고 있으며 대사활동의 산물로 단백질을 합성한다.

④ 세포는 생명을 유지하고 그 기능을 수행하기 위해 에너지가 필요한데. 세포는 에너지 전환 장치를 가지고 있기 때문에 ATP라는 형태로 에너지를 저장하고 전달하여 사용한다.

### 1) 세포막

① 개념 : 세포와 세포 사이의 경계를 구분짓는 막으로, 원형질막이라고도 한다.

② 구조 : 두께 5nm정도의 얇은 지방 2중층으로, 지질. 단백질. 탄수화물로 구성되어 있다.

③ 역할

- 세포막은 세포 내의 물질들을 보호하고 물질이 세포 안팎으로 통과하는 것을 조절한다.
- 인지질은 막의 구조적 역할을 하며, 한쪽 끝은 친수성을 띠고 다른 한쪽 끝은 소수성을 띠는 부분으로 구분된다.

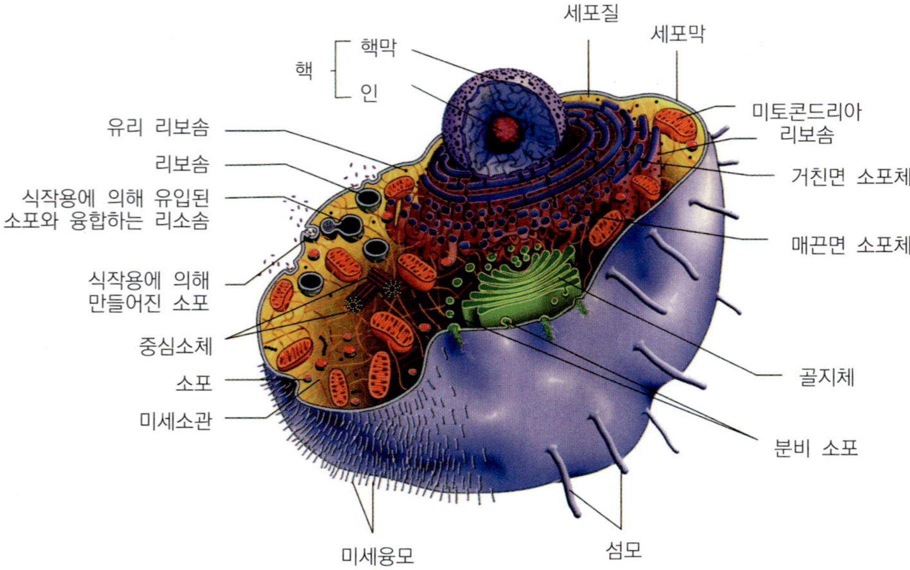


• 그림 1-5 세포의 구조 •

- 지질층은 기름과 같기 때문에 지질층 사이에 있는 단백질이 유동성 있게 떠다니는데, 이러한 모델을 유동 모자이크 모델(Fluid Mosaic Model)이라고 한다.
- 단백질은 세포 내외에 걸쳐 있기 때문에, 통로를 형성하여 물이나 이온 등이 세포막 안팎을 통과할 수 있도록 하며, 특별한 화학 반응을 촉진시키기도 한다.
- 탄수화물은 단백질이나 지질과 결합하여 각각 당단백질 또는 당지질을 형성하며, 세포와 세포 사이의 인지과정에 중요한 역할을 한다.
- 세포막은 작은 분자와 극성이 작은 지용성 물질만을 쉽게 통과시키기 때문에 그 외의 다른 필요 물질을 투과시키기 위해 수동 수송뿐만 아니라 능동 수송을 진행시킨다.

## 2) 핵

① 핵의 기능 : 핵은 인체를 구성하는 세포 중 가장 중요한 요소로서 유전자를 복제하거나 유전 정보를 저장, 단백질의 합성, 성장, 분열을 조절하는 기능을 한다.

② 핵의 구성 요소

- 핵막 : 핵을 둘러싸고 있는 이중 구조의 얇은 막으로 물질의 이동 통로 역할을 하는 핵공이 있다.

- 핵산 : 모든 생물의 세포 속에 들어 있는 강한 산성을 띈 고분자 유기물로 DNA와 RNA가 있다.
- 핵소체 : 단백질과 RNA로 구성되며 각종 RNA를 합성하는 기능을 한다.
- 핵질 : 핵형질이라고도 하며 리보솜과 DNA가 존재한다.
- 염색질 : DNA와 염기성 단백질로 구성되어 있으며 개체의 특성을 결정하는 정도를 저장한다.

### 3) 세포질

핵을 둘러싸고 있는 투명한 젤리 형태의 물질로서, 세포의 형태 및 항상성을 유지하는 등의 역할을 한다. 한편, 세포질은 세포핵을 제외한 수분, 효소, 미토콘드리아 같은 세포속 소기관을 이루는 분자 등으로 구성된다.

① 미토콘드리아 : 사립체라고도 하며, 세포의 에너지 생성과 세포 호흡의 주된 기관으로서 내막과 외막의 2중막으로 구성되는데 특히 내막의 안쪽에는 많은 효소와 핵산 등이 있고 DNA와 리보솜이 존재한다.

② 형질내서막 : 세포 내부와 외부를 연결하는 교통로로서 망상구조를 하고 있으며 조면소포체와 활면소포체로 분류한다.

- 조면소포체 : 표면에 리보솜이 붙어 있는 소포체로 리보솜에 의해 단백질을 합성한다.
- 활면소포체 : 표면에 리보솜이 없는 소포체로 독성 약품이나 알코올 등에 대한 해독작용, 스테로이드 호르몬 합성 등의 기능을 한다.

③ 골지체 : 편평한 자루 같은 모양으로 처음 발견한 이탈리아의 카밀로 골지의 이름을 따서 지었다. 지질 및 단백질 등을 받아들이고 세포내로 수송하는 일에 관여하며 리소좀 및 소화에 관여하는 세포소기관을 만드는데 도움을 준다.

④ 리소좀 : 막으로 둘러싸인 둥근 주머니형태로 가수분해효소를 많이 함유하고 있어 세포의 노폐물을 분해, 처리하는 역할을 한다. 용해소체라고도 한다.

⑤ 리보솜 : 크고 작은 두 개의 단위체로 구성된 과립형으로 RNA와 단백질로 구성되어 있다. 조면소포체 표면에 부착되어 있거나 세포질에 흩어져 있으며 주된 기능은 단백질 합성이다.

⑥ 중심소체 : 짧은 원통 모양으로 두 개가 서로 직각으로 배열된 기관이다. 단백질 섬유로 이루어졌으며 세포의 유사분열시 주된 역할을 담당한다.

⑦ 과산화소체 : 직경 0.5nm인 구형의 막성기관으로 간장이나 신장의 세포에 풍부하며 과산화수소의 발생을 촉진시키는 과산화효소를 함유한다.

## 2. 조직의 구조 및 작용

구조와 기능이 비슷한 세포와 물질들이 특수한 목적을 위해 모여 있는 구조를 조직이라고 하며 상피조직, 결합조직, 근육조직, 신경조직으로 분류한다.

### 1) 상피조직

① 개념 : 하나 또는 여러 층의 세포로 된 판모양의 조직을 말한다.

② 특징

- 신체의 외부, 내부의 표면을 덮고 있는 막성조직이다.
- 세균 등의 침입으로부터 신체 보호, 점액의 분비, 양분흡수 그리고 감각을 느끼는 기능을 한다.
- 상피조직은 모양이나 배열 또는 기능에 따라 각각 분류할 수 있다.

③ 기능적 분류

- 표면상피 : 신체의 외부표면과 내부표면을 싸고 있는 가장 일반적인 상피로서 피개상피라고도 하는데 보호, 분비, 흡수작용을 하며 모양이나 배열에 따라 단층상피, 중층상피 또는 편평상피, 입방상피, 이행상피 등으로 나눌 수 있다.
- 감각상피 : 감각을 느낄 수 있는 감각세포가 있어 외부로부터의 자극을 신경계로 전달하는 기능을 한다.
- 종상피 : 정자와 난자를 생산하는 생식세포로서 정소, 난소에 국한되어 있는데 일종의 표면상피로 분류되기도 한다.
- 선상피 : 샘상피라고도 하며 분비작용이 특히 왕성한 상피조직이다.

### 2) 결합조직

① 개념

- 인체에 널리 분포하여 여러 기관들의 형태를 유지, 결합시키며 혈액세포를 생산하고 지방을 저장하는 등의 기능을 하는 조직이다.
- 결합조직은 그 자체를 구성하는 세포 외에도 뼈, 인대, 연골, 지방조직, 힘줄 등을 포함한다.

② 구성세포 : 결합조직은 대부분 섬유아세포와 대식세포, 지방세포로 이루어져 있는데 그 외에도 비만세포, 색소세포, 형질세포 등 다양한 세포들이 분포되어 있다.

- 섬유아세포 : 섬유모세포라고도 불리는 이 세포는 결합조직의 주요세포로서 편평하고 길쭉한 외형을 가지며 콜라겐세포를 산출하는 등 세포외 섬유를 유지,

복구시키는 기능을 한다.

- 대식세포 : 아메바운동을 하는 면역담당세포의 하나로 바이러스, 세균, 체내 노폐물 등을 잡아서 소화하며 그에 대항하는 면역정보를 림프구에 보내는 역할을 한다.
- 지방세포 : 영양소를 처리하고 지방을 합성, 저장하며 에너지 축적에 관여한다.

## 3) 근육조직

① 개념
- 근육조직은 운동을 할 수 있도록 특수하게 분화된 조직으로 근세포가 그 기본 단위이다.
- 근세포는 액틴과 미오신이라는 두 종류의 단백질로 구성되어 있다.

② 분류 : 근육조직은 자의적인 운동 가능 여부에 따라, 무늬가 있는지 없는지의 여부 등에 따라 분류할 수 있는데 일반적으로 근육조직의 구성 위치에 따른 분류가 많이 사용된다.
- 골격근 : 긴 원형 모양의 세포로 뼈에 붙어 있으며 운동신경의 지배를 받아 자의적으로 운동할 수 있는 수의근이다.
- 심근 : 심장을 이루는 근육 조직으로 자의적인 운동이 불가능한 불수의근이다.
- 평활근 : 내장 등의 벽을 만드는 불수의근으로 소화관의 내용물을 연동운동에 의해 보내는 역할을 한다.

## 4) 신경조직

① 개념 : 인체 내부와 외부에서 나타나는 여러 정보를 수용하고 통합, 분석하여 기능이 다른 수많은 세포의 활동을 조절, 통제하는 고도로 발달된 조직으로 신경원과 신경세포로 구성된다.

② 구성
- 신경원 : 보통 뉴런이라 불리며 자극을 받아들이는 동시에 다른 세포에 전달하여 반응을 일으키는 신경조직의 기본단위이다. 신경원은 한 개의 세포체와 두 개의 돌기로 이루어져 있다.

> * 세포체 : 별모양의 세포로 핵과 신경원 속에 있는 세포질의 대부분을 포함하고 있으며 골지체, 니슬소체 등이 있고 세포의 대사가 일어난다.

* 수상돌기 : 나뭇가지 모양으로 다른 신경원의 축삭종말과 연결되어 들어오는 자극을 수용, 전달하는 기능을 한다.
* 축삭 : 축색돌기라고도 하며 주로 신경자극을 다른 신경원이나 세포에 전달하는 역할을 한다.

③ 신경교세포
- 주로 뇌와 척수의 내부에서 신경세포에 필요한 물질을 공급하고 화학적 환경을 조성하여 신경세포의 활동을 적극적으로 돕는 세포를 말한다.
- 신경세포와 혈관 사이에 위치하여 노폐물 제거, 신경세포의 지지, 영양공급 등을 담당하며 상이세포, 성상교세포, 슈반세포, 위성세포, 희돌기세포 등이 있다.

## 3. 뼈(골)의 형태 및 발생

### 1) 골격계

① 인체의 기본적인 뼈대인 성인의 뼈는 골격은 총 206개로 관절에 의해 연결되어 있다.
② 골격은 골, 연골, 관절 및 인대로 구성되어 있고 체중의 20%를 차지한다.
③ 골의 형성물질은 콜라겐, 칼슘, 인, 칼륨 등

### 2) 구조

뼈는 세포와 세포간질로 구성된 살아 있는 조직이다.
① 골막 : 골을 싸고 있는 이중막으로 지각신경과 혈관이 풍부하다. 뼈의 보호, 성장 재생을 담당한다.
② 치밀골 : 뼈의 바깥 부분으로 조밀하고 딱딱하며 골조직이 층판상으로 배열되어있다.
③ 해면골 : 뼈조직의 심층부로 다공성 구조이며 중심에 골수를 간직하는 골수강이 있다.
④ 골수 : 세망조직 형태로 혈구를 만드는 조혈기관이다.
⑤ 골단 : 관절연골로 덮여 있으며, 골간의 표면은 질긴 결합조직성 골막으로 덮여 있다.

### 3) 기능

① 지지기능 : 자세를 유지하고 체중을 지탱한다.
② 보호기능 : 연부기관을 보호(두개골은 뇌, 척추는 척수, 늑골은 폐와 심장, 골반은 비뇨기와 생식기)
③ 조혈기능 : 골수에서 혈액세포인 적혈구, 혈소판, 백혈구를 생성하여 혈관으로 이동시킨다.
④ 운동기능 : 관절은 뼈들 사이의 움직임을 조절하고 근육의 수축과 이완에 관여하며 과도한 움직임을 방지한다.
⑤ 저장기능 : 미네랄 성분(칼슘, 인, 마그네슘, 칼륨, 나트륨)은 뼛(골수)속에 저장하고 지방은 골강 내에 저장하여 필요시 다른 조직에서 에너지원으로 사용된다.

### 4) 뼈의 형태

① 장골 : 긴 축을 가진 뼈로 내면에 골수강을 형성(대퇴부, 상완골, 요골 척골, 비골, 경골)
② 단골 : 골수강이 없는 짧은 뼈(족근골, 수근골)
③ 편평골 : 골수강이 없는 납작한 뼈로 해면골에 적골수가 있다.(두개골 일부 견갑골, 늑골)
④ 불규칙골 : 모양이 불규칙한 뼈(척추, 늑골)
⑤ 함기골 : 공기를 함유하고 있는 뼈(두개골 일부, 전두골, 상악골, 사골, 접형골, 측두골)
⑥ 봉합골 : 두정골과 후두골 사이
⑦ 조자골 : 건이나 관절낭 속에 있는 뼈(주로 손, 발에 존재, 초대 조자골은 슬개골)

### 5) 성장요인

- 체중과 운동에 의한 적당한 자극, 칼슘, 인
- 부갑상선호르몬, 컬시토닌은 혈중의 칼슘농도를 조절하여 뼈의 발육을 돕는다.
- 비타민 A : 뼈의 정상적인 발생과정의 하나인 골 흡수에 관여한다.
- 비타민 C : 교원질 합성을 촉진하여 뼈 발생에 관여한다.
- 비타민 D : 소장에서 칼슘흡수를 조절하여 뼈의 성장에 영향을 미친다.

## 4. 손과 발의 뼈대(골격)

### 1) 손뼈

① 손목과 손에는 손목뼈(수근골 8개), 손허리뼈(중수골 5개), 그리고 둘째에서 다섯째 손가락뼈(지절골)는 첫마디뼈(기절골), 중각마디뼈(중절골), 끝마디뼈(말절골)가 있으며, 첫째손가락뼈는 첫마디와 끝마디만 있다. 따라서 손가락뼈는 한 손에 14개 있다.
② 손허리뼈(중수골)는 손바닥을 형성하는 5개의 뼈로 손등에서 방사형으로 뻗어 있다.
③ 손목뼈(수근뼈)는 8개의 짧은 뼈로 구성되어 있고 4개씩 2줄로 배열되어 있다.

### 2) 발뼈

① 발의 뼈는 크게 발목뼈(족근골), 발허리뼈(중족골), 발가락뼈(지골)로 나눈다.
② 발목뼈(족근골)는 총 7개인데, 목말뼈(거골), 발꿈치뼈(종골), 발배뼈(주상골), 쐐기뼈(설상골), 입방뼈(입방골)로 구성된다.
③ 발허리뼈(중족골)는 발바닥을 형성하는 5개의 뼈로 발목뼈(족근골), 발가락뼈(지골)와 관절한다.
④ 발가락뼈(지골)는 엄지발가락에만 2마디가 있고 나머지는 모두 3개의 마디로 첫마디뼈(기절골), 중간마디(중절골), 끝마디뼈(말절골)로 구성되어 있다.

## 5. 손과 발의 근육의 형태 및 기능

### 1) 손의 근육

① 손은 자체 내에서 시작하고 정지하는 내기성의 작은 근들이 있어서 복잡한 움직임을 가능하게 한다.
② 엄지와 소지쪽에 엄지두덩근(모지구)과 새끼두덩근(소지구)이라고 하는 둥근 융기가 있다.
③ 엄지두덩근에는 엄지의 굴곡, 외전, 내향 및 대립운동을 시키는 근들이 들어 있다.
- 짧은 엄지 굽힘근(단무지굴근)
- 짧은 엄지 벌림근(단무지외전근)
- 엄지맞섬근(무지대립근)

④ 새끼두덩근(소지구)에서는 새끼 손가락을 굴곡, 외전 및 대립운동을 시키는 작은 근들이 있다.
- 새끼굽힘근(소지굴근)
- 새끼벌림근(소지외전근)
- 새끼맞섬근(소지대립근)

⑤ 손허리뼈(중수골)에 붙어서 손가락을 벌려주는 4개의 벌레근(충양근)이 있다.

⑥ 가운데 손가락을 중심으로 손가락을 모아주는 3개의 바닥쪽뼈사이근(장측골간근)이 있다.

⑦ 엄지손가락과 알머리뼈(유두골)에 붙어서 엄지를 모아주는 엄지모음근(무지내전근)이 있다.

## 2) 발의 근육

### ① 발등의 근육(족배근)

- 발등, 발가락 신전에 관여하며 짧은 발가락폄근(단지신근), 짧은 엄지폄근(단무지신근)등이 있다.
- 제1~4지의 신전에 관여를 하며 심비골신경의 지배를 받는다.

### ② 발바닥의 근육(족척근)

- 발의 근육은 발등보다 발바닥쪽이 잘 발달되어 있다.
- 발바닥의 근육은 내측, 외측, 중앙으로 구분된다.
- 내측발바닥 근육은 엄지벌림근(무지외전근), 짧은엄지굽힘근(단무지굴근), 엄지모음근(무지내전근)이 있다.
- 외측발바닥 근육은 새끼벌림근(소지외전근), 짧은새끼굽힘근(단소지굴근)이 있다.
- 중앙에는 내, 외측 발바닥근육 사이에 있는 5개의 근육들로 제2~5지 중절의 굴곡에 관여하는 짧은 발가락굽힘근(단지굴근), 긴발가락굽힘근의 작용을 도와주는 발바닥네모근(족척방형근), 발허리발가락관절(중족지절관절)에서 첫마디뼈 굽힘과 네발가락에서 먼 두마디뼈(지골)의 신전에 관여하는 벌레근(충양근), 바닥쪽뼈사이근(척측골간근), 등쪽뼈사이근(배측골간근)이 있다.

# 6. 신경조직과 기능

## 1) 신경계의 수용기

① 신경계는 내부환경이나 외부환경에 대한 정보를 수용기로부터 받아서 중추로 보내고 중추는 정보를 통합하여 근육, 분비선 등의 효과기에 정보를 전달하여 작용을 조절하는 신호를 보낸다.

② 신경조직의 수용기가 피부 및 감각기, 그리고 신체의 모든 조직과 기관으로부터 자극을 받아들인다.

## 2) 신경계의 기능

### ① 감각기능

- 개체가 처해 있는 외부환경의 현사 변화 : 시각, 청각, 후각, 미각 등의 특수감각과 촉각, 통각, 온도감각, 압력감각 등의 일반감각이 포함된다.
- 체내의 미세환경의 변화 : 체온, 혈압, 산소요구량, 탈수정도, 전해질의 균형 등에 의해서 일어나는 변화이다.

### ② 운동기능

- 조직이나 세포가 맡은바 기능을 수행할 수 있도록 지정이나 촉발시키는 것으로 근육이 수축하게 하는 것을 말한다.

### ③ 조정기능

- 한 기관이나 어느 부분의 활동을 다른 부분의 기관과 조화되도록 조절하는 기능을 말한다.

## 3) 신경조직의 구성

### ① 신경원(뉴런)

- 신경세포, 신경계의 구조 및 기능상의 기본단위이다.
- 세포체와 돌기(수상돌기, 축삭돌기)로 구성된다.

### ② 신경교세포

- 뉴런의 지지작용, 뉴런의 노폐물 처리 및 영양공급, 세포 외액의 칼륨 완충, 신경세포 성장, 외-혈관 장벽을 형성한다.
- 성상교세포, 희돌기세포, 소교세포, 상의세포 등이 있다.

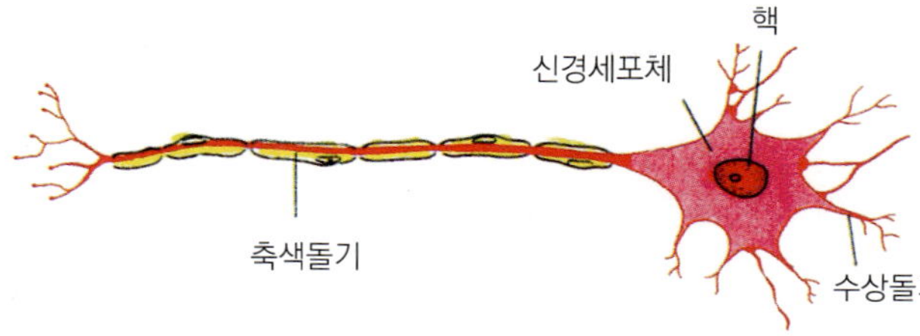


• 그림 1-6 뉴런의 구조 •

## 4) 신경계

### (1) 중추신경계

- 중추신경계는 뇌와 척수로 구성된다.
- 뇌는 머리뼈(두개골)안의 두 개강 내에 있고 척수는 척추의 척추관에 들어 있다.
- 중추신경계는 신경계의 통합과 조절중추로서 말초신경계에서 들어오는 감각을 받고 이것에 대해 반응을 일으킨다.

#### ① 뇌

- 머리뼈(두개골)내에 있는 기관으로 무게는 체중의 1/40이지만 산소 소비량은 20%에 이른다.
- 바깥쪽의 겉질(피질)과 안쪽의 족질(수질)로 구분된다.
- 겉질은 세포체로 구성되어 중추로서 작용하며 백질이라 한다.
- 속질은 유수신경섬유로 구성되어 전도기능을 맡고 있으며 회색질(회백질)이라 한다.
- 백색질 섬유로는 투사섬유, 연합섬유, 교련섬유 등이 있다.

* 대뇌
- 대뇌종렬에 의해 좌우 대뇌반구로 나뉘며 교련섬유에 의해 상호 연결된다.
- 열과 구들에 의해 이마엽(전두엽), 마루엽(두정엽), 뒤통수엽(후두엽) 그리고 관자엽(측두엽)으로 구분된다.
- 신경 중 가장 고위의 중추로 수의적 근육운동과 감각기관의 감각을 판독하여 정보를 저장하고 사람의 재능과 개성을 결정한다.
- 뇌 전체의 80%를 차지한다.
- 사고, 판단, 인식, 생각, 학습, 기억 등 지성의 중추이다.

* 소뇌
- 대외아래교와 연수의 뒤쪽에 위치한다.
- 평형유지, 자세조정 등 운동기능을 조절하는 중추이다.
- 평형과 자세를 조절하는 근육으로 손상 시 나타나는 현상은 평형을 잃고 걸음걸이가 불안정하고 근육상태가 이완된다.

* 간뇌
- 대뇌와 중뇌 사이 부분이다.
- 시상을 중심으로 시상하부, 시상상부, 시상으로 이루어져 있다.
- 시상은 전신의 감각을 중계하는 역할을 한다.
- 시상하부는 생리조절중추로서 자율신경을 통해 대뇌피질과 하위중추의 중계역할을 한다.
- 바소프레신, 옥시토신 등의 호르몬을 분비하여 생체 항상성을 유지한다.

* 숨치
- 뇌간의 가장 아래쪽 신경 조직으로 척수와 연결되어 있다.
- 척수와 같이 회색질이 중앙에 있고 바깥층은 백색질로 이루어져 있다.
- 생리반사 중추로서 호흡을 조절하며, 심장박동, 발한, 연하구토, 눈의 보호 및 소화기에 관한 조절을 담당한다.

* 중뇌
- 제3,4 뇌신경에 기시한다.
- 시각과 정각의 반사중추이다.
- 안구운동, 동공수축의 운동근절을 담당한다.

* 뇌교
- 중뇌와 연수 사이에 위치한다.
- 제5,6,7번 뇌신경이 기시한다.

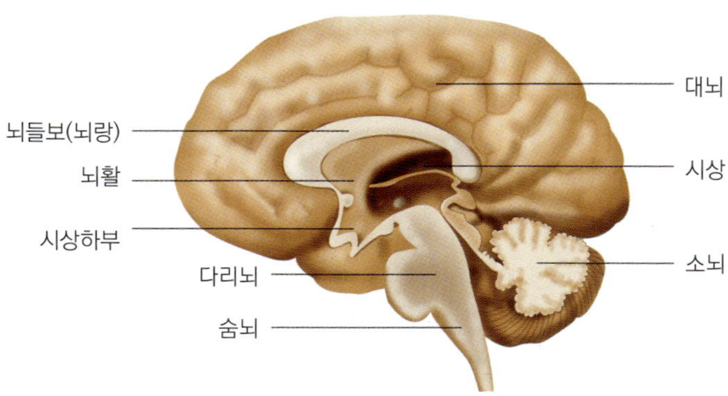


• 그림 1-7 뇌의 구분 •

### ② 척수

- 연수에 연결되어 31쌍의 척수신경이 분포되며 제1,2 모추부위에서 끝난다. 모양은 원주형이며, 횡단면에서 보면 내부는 회색질로 둘러싸인 중심관이 있고, 겉은 백색질로 싸여있다.
  (척수막은 외박-중막-내막의 3겹으로 구성된다.)
- 회색질은 신경세포의 집단이고, 백색질은 신경선유의 묶음으로 형성되며, 회백질에는 전방으로 뻗어있는 전각(원심성 운동신경섬유)과 뒤로 나가는 후각(구심성인 신경세포)이 있다.

## (2) 말초신경계

- 말초신경계는 중추신경계에 연결되어 의식적인 활동을 하게 하는 체성신경계와 내장기관에 연결되어 무의식적인 활동을 취하게 하는 자율신경계가 있다.

### ① 체성신경계

- 감각과 뼈대근(골격근)의 운동을 지배하는 감각신경과 운동신경이 있다.
- 인체의 모든 부위에서 발생하는 신경흥분을 중추신경계로 전달한다.
- 체성운동신경계에 일어나는 근육수축은 개체의 의식적 조절이나 반사운동에 의해 조절된다.

> * 뇌신경
> - 뇌에서 출입하여 목의 상부에 분포하는 12쌍의 신경이다.
> - 대부분 체성계에 속하나 미주신경은 자율신경계에 속한다.
> - 머리, 목, 얼굴부위에 넓게 관련된다.
>
> * 척수신경
> - 31쌍으로 이루어져 있으려 신경총을 형성한다.
> - 척추의 목(경추), 등(흉추), 허리(요추) 부분으로 분포되어 있다.
> - 앞뿌리(전근)과 뒤뿌리(후근) 2개의 신경뿌리(신경근)를 낸다.
> - 앞뿌리는 운동신경섬유를 내며 뒤뿌리는 감각신경섬유를 받아들인다.
> - 앞뿌리와 뒤뿌리척수 주변에서 합쳐져 척수신경이 된다.
> - 척수신경은 추간공을 통해 나오므로 감각과 운동을 함께하는 혼합신경이 된다.
> - 척수신경은 척수분절에 대응해서 척수 양측을 출입하는 31쌍의 말초신경으로 이들은 추간공을 통해서 척추관을 나오는데, 경신경 8쌍, 흉신경 12쌍, 요신경 5쌍, 천골신경5쌍, 미골신경1쌍으로 구분한다.

- 이 숫자는 각 추골의 좌우대칭이기 때문에 추골에 상응하나 경신경이 8쌍으로 7개의 결추보다 1쌍이 더 많은 것은 제1경신경이 후두골과 제1경추 사이로 출입하고 제8경신경은 제7경추와 제1흉추 사이의 주간공을 출입하기 때문이다.
- 말초신경의 운동신경을 담당하는 앞뿌리, 즉 전지는 추간공을 나온 후 다시 척주의 외측에서 서로 합하여 척수신경총을 형성하는데 위치에 따라 경신경총, 완신경총, 요신경총, 천골신경총, 미골신경총으로 구분한다. 흉신경은 신경총을 형성하지 않고 12쌍의 늑간신경을 이루어 개별적으로 각각의 늑간에 분포한다.

### ② 자율신경계

- 심장근, 평활근, 각종분비선의 활동을 지배하는 신경계의 총칭이다.
- 자율신경은 의지에 따라 조절할 수 없는 내장의 내장근이나 심장근, 선, 소화관, 혈관, 폐, 자궁, 방광 등에 분포한다.
- 교감신경과 부교감신경이 같은 장기에 분포하며 길항작용을 한다.
- 자율신경은 시냅스 앞 뉴런과 시냅스 뒤 뉴런으로 연결된다.

* 교감신경
  - 융수와 요수에서 기시하여 흉,요소부신경이라고 한다.
  - 운동과 감각기능을 조절하며, 불수의적 활동을 한다.
  - 교감신경의 중추는 척수의 가운데 부분에 있다.
  - 교감신경의 후절 말단부위에는 아드레날린이 분비된다.
  - 몸의 움직임, 공포, 스트레스 등에 의해 교감신경이 활성화된다.
* 부교감신경
  - 부교감신경의 중추는 중뇌와 연수, 척수의 꼬리부분(천수)에 있다.
  - 뇌신경인 동안신경, 안면신경, 설인신경, 미주신경, 척수신경에서 섞여 나와 뇌, 천수부신경이라고도 한다.
  - 수면이나 휴식과 관련이 있으며 신체의 에너지를 보존하고 회복시키는데 관여한다.
  - 부교감신경의 전절과 후절 사이에는 아세틸콜린이 분비된다.

# Chapter 2

# 피부학

# 01 피부의 구조 및 기능

## 1. 피부의 정의

· 피부는 신체의 표면을 덮고 있는 중요한 기관으로 다양한 생리 기능과 신체를 보호하는 역할을 한다.
· 생후 약 10일간이 가장 완전한 건강 상태라고 말할 수 있는데 그 후에는 사람에 따라 생활환경이나 의식주 기후 직업에 따라 달라진다.
· 피부의 표면적은 사람에 따라 조금씩 다르나 성인 총면적은 1.6~2.0$m^2$이고 두께는 약 2~2.2mm이다.
· 감각수용기를 통하여 외부 환경으로부터 여러 가지 자극을 받아들이고 자외선으로부터 보호하는 작용을 한다.
· 피부는 피와 펌프에 의해 영양분이 주어지고 체온 조절을 한다.
· 노폐물을 땀으로 배설시킨다.
· 체액의 건조를 방지해 준다. 피부는 수분 결핍 시 탈수된다.
· 피부의 표면은 가로세로 줄무늬로 형성되어 있다.

## 2. 피부의 기능

### ① 보호기능

- 장기, 뼈, 근육을 보호
- 약산성(pH 5.2~5.8)으로 세균의 성장을 저해
- 수분 증발 저지막이 이물질의 침입을 막고 체외로 수분증발을 억제
- 멜라닌 색소가 자외선을 흡수하여 피부의 손상을 방지

**② 체온 조절 작용**

한선을 통한 땀분비를 통해 체온을 조절하는 기능

**③ 감각작용**

냉각, 통각, 온각, 촉각 등을 인지하는 기능

**④ 분비작용**

땀과 피지분비를 통해 노폐물을 배출하는 기능

**⑤ 비타민 D 형성작용**

피부를 통하여 비타민을 합성하는 기능

**⑥ 재생작용**

스스로 재생을 통하여 노화된 각질은 떨어지고 새로운 세포를 생성하는 기능

**⑦ 면역작용**

림프구와 랑게르한스 세포의 면역기능

**⑧ 호흡작용**

모공을 통한 호흡기능(산소를 흡입하고 이산화탄소를 배출함)

**⑨ 표정작용**

웃고 찡그리는 등 여러 가지 표정의 기능

**⑩ 저장작용**

수분, 영양, 혈액의 저장 기능

## 3. 피부의 구조

피부는 표피, 진피, 피하조직으로 구성되어 있으며 부속기관은 한선(에크린선, 아포크린선) 피지선, 기모근, 모유두, 손발톱, 혈관과 임파관, 신경과 신경종말 등이 포함되어 있으며 그 기능도 다르다. 표면적이 약1.6~1.8$m^2$이고 중량은 체중의 약 16%이다. 두께는 보통 1.5~4mm로 부위에 따라 다양하고 외부의 자극으로부터 몸을 보호하며 전신을 덮고 있는 기관이다.

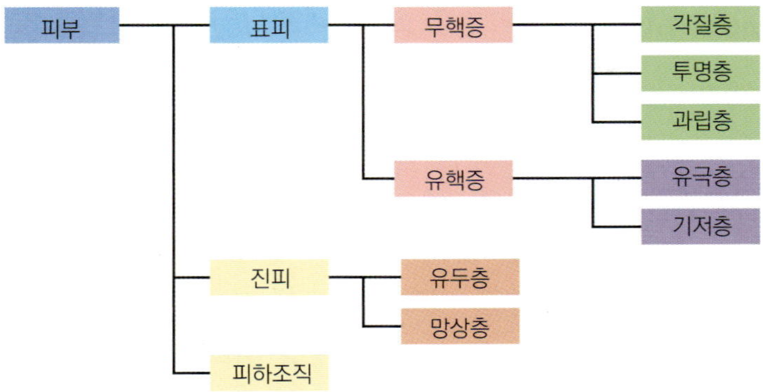


• 그림 2-1 피부 구조의 3단계 •

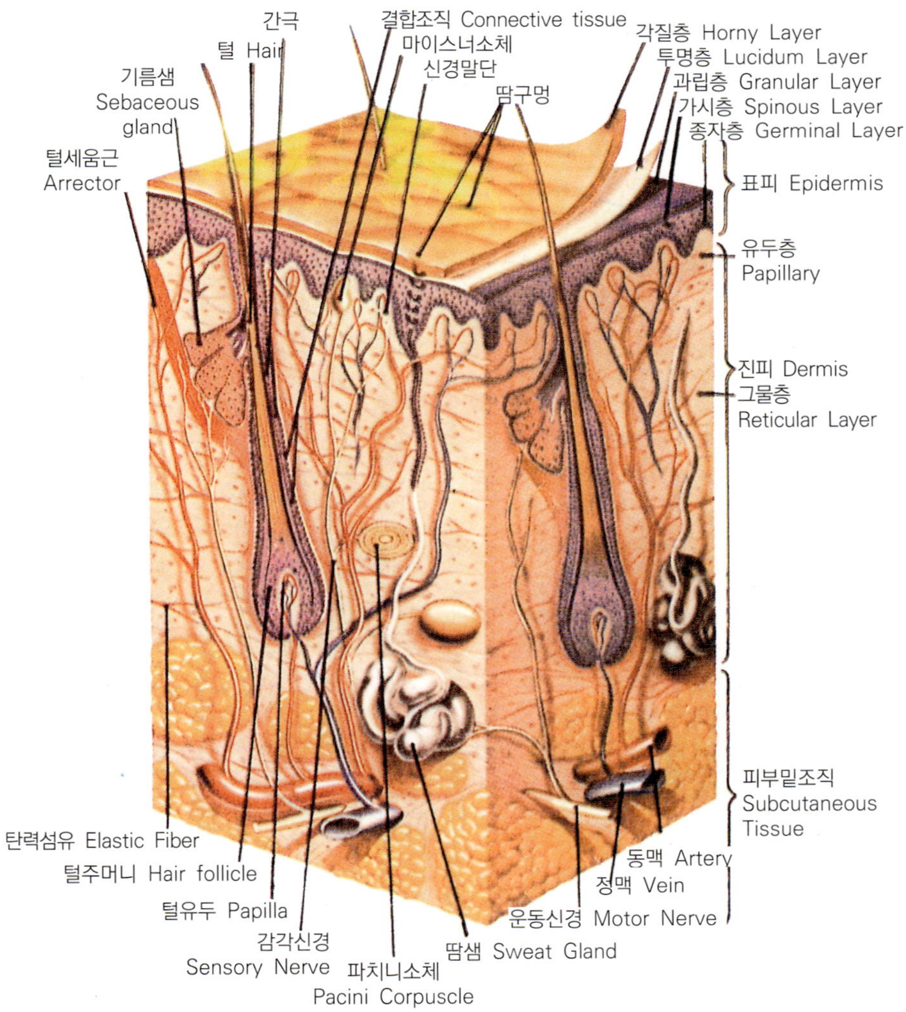


• 그림 2-2 피부의 구조 •

## 1) 표피(Epidermis)

- 표피는 피부의 제일 바깥층으로 무핵층과 유핵층으로 구분된다.
- 두께는 대략 0.03mm-1mm의 얇은 조직으로 외부 자극으로부터 내부를 보호하는 역할을 한다.
- 피부의 가장 외부, 5개의 층, 혈관과 신경이 없으며 편평한 상피세포이다.
- 피부 제일 깊은 층에서 새로운 세포를 만들어 심층에 보내면 표면의 세포는 각화되어 오물과 때가 되어 떨어지기 때문에 항상 세포의 신진대사가 된다.
- 산에는 강하나 알칼리에는 약하다.
- 구조적으로 층층 편평상피로 구성되어 있으며 방어벽을 형성한다.
- 조직학적으로 바깥쪽부터 각질층, 투명층, 과립층, 유극층, 기저층으로 이루어져 있다.
- 두께는 손바닥과 발바닥이 0.3~0.7mm로 가장 두껍고 다른 부위는 0.1~0.3mm 정도이다.
- 인체에서 가장 두꺼운 피부는 발바닥이며 눈꺼풀과 볼 부위가 비교적 얇다.
- 표피를 구성하고 있는 세포는 각화세포(각질형성세포), 색소세포(멜라닌형성세포), 랑게르한스세포, 머켈세포 등이 있다.

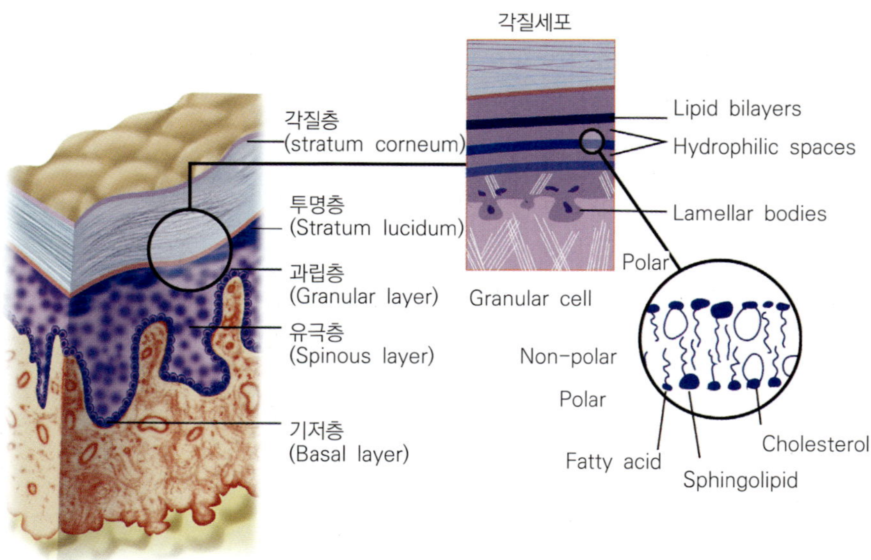


• 그림 2-3 표피 구조도 •

### (1) 각질층(Stratum Corneum)

- 피부의 맨 위층으로 신진대사가 일어나지 않으며 이미 죽은 세포로 각화현상이 이루어지며 피부유형과 개인에 따라 다르다.
- 10~20층의 각질판으로 0.1~0.2mm의 두께를 갖고 있다.
- 비닐모양과 같은 각화된 죽은 세포와 때, 먼지 등으로 되어있다. 비닐층은 수분 함량을 적절히 조절해 주는 역할을 한다.
- 세포의 보호와 자외선을 막는 역할을 한다.
- 끊임없이 발산하고 복원시키는 표피층이다.
- 다른 세포보다 세포막이 두꺼워 신체를 보호하기 좋다.
- 상해나 유해 물질에 대하여 저항력이 있다.
- 표피 가장 바깥쪽 부분의 핵이 없는 죽은 세포를 말한다.
- 핵이 없는 세포이며 박테리아나 곰팡이가 번식하는 것을 억제하고 공해와 이물질의 침투시 피부를 보호한다.
- 각질세포의 주성분은 케라틴(Keratin 58%), 천연보습인자(Natural Moisturizing Factor; NMF 31%) 및 각질세포 사이의 지질(Lopod 11%) 등이다.
- 세포간의 지질 성분은 주로 세라마이드이며 이 미질은 각질층 사이에서 라멜라 구조로 존재한다.
- 수분이 거의 없고 지방질 성분들이 겹겹이 끼여 있다.
- 각화현상으로 각질층의 재생주기는 28일이다.

**Tip** 표피박리현상 : 비늘층이 시시각각으로 표피로부터 떨어져 나가는 현상

**요약**

- 표피의 박리현상 : 세포가 형성된 후 약 4주가 지나면 피부로부터 자연스럽게 떨어져 나가는 현상이다.
- 표피의 라멜라 구조(Brick & Mortar = Lamella Structure) : 각질세포간 지질이 연속적인 층을 이루고 있다. 벽돌모양(각질세포)과 그 사이의 몰타르(각질 세포간 지질(Inter Cellular Lipid))의 구조로 되어 있어 각질층을 단단히 결합한다.
- 천연보습인자(NMF; Natural Moisturizing Factor) : 각질층의 수분량을 결정한다. 우리 몸 내부에서 생산되는 천연의 수분을 말하며 각질 세포 속에서 스펀지와 같은 역할을 하며 수분을 유지하고 있는 보습 성분이다.

### (2) 투명층(Stratum Lucidum) - 담명층

- 과립층과 각질층 사이의 경계를 이루는 일종의 접경투명한 막으로 되어 있다.
- 투명한 세포층으로 균등하게 유상으로 용해되어 있다.
- 주로 손바닥, 발바닥 같은 두꺼운 표피를 가지고 있는 표피에서만 이 층을 볼 수 있다.
- 무핵의 투명한 세포로 2~3층의 편평한 세포이다.
- 엘라이딘(Elaidin) 이라는 반유동성 물질이 있어 수분 침투를 방지한다.
- 물을 튕겨내는 엘라이딘, 알코올에는 용해되지 않지만 알칼리에는 용해되어 땀에 의해 변화한다. 또 지방형태의 물질이 있어 피부를 윤기있고 부드럽게 한다.

**천연보습인자(natural moisturizing factor)의 구성성분**

Free amino acids (자유 아미노산)
Pyrrolidone carboxylic acid (탄산)
Urea (요소)
NHS (암모니아), Uric acid (요산), Glucosamine (글루코사민)
Creatinine (크레아티닌)
Na (나트륨)
Ca (칼슘)
K (칼륨)
Mg (마그네슘)
Phosphate (인산염), Chloride (염화물), Lactate (젖산염)
Citric acid (구연산염)

- 수분저지막(Rain Membrane) : 화학적 성질을 지닌 특수막으로 투명층 아래에 위치하고 이물질의 침입을 막고 또 피부 내부로의 수분 상실을 막아주는 층이다.
- 따뜻한 미온수 세안, 전기자극으로 관리를 하면 좋다.

### (3) 과립층(Straum Granulosum)

- 2~3층의 납작해진 세포층으로 가로 방추형의 세포로 되어있다.
- 피부방어 역할을 하며 세포내에서 빛을 굴절, 반사시켜 자외선의 80%를 흡수한다.
- 세포의 원형질에 케라틴이 다수 함유되어 염색피부로서 진한 청색으로 되어있다.
- 극세포의 층으로부터 성장되며 위로 올라오면서 세포크기가 점점 커지고 케라토히알린과립을 함유하고 있다.

- 수분의 투과성을 각질층에 남아 있게 하는 역할을 하므로 화장품 상용효과에 중요한 역할을 한다.
- 피부 내부로부터의 수분 증발을 저지하고 피부염과 피부건조를 방지한다.
- 외부물질에 대한 수분을 막는다.

**Tip** 케라토히알린 : 표피에 지방세포를 생성해내는 매우 중요한 역할을 한다.

> **요약**
> 과립층은 유극세포에서 이행되어 온 과립세포로 구성되어 있는 세포군으로 보통 2-3층으로 구성되어 있다. 과립층은 외부로부터의 이물질 통과와 피부 내부로 부터의 수분 증발을 저지하는 방어막이 있어 피부염이나 피부 건조를 방지하는 중요한 역할을 한다.

### (4) 유극층(가시층)

- 유극층은 표피 가운데서 가장 두꺼운 층이다.
- 이 세포는 여러 층으로 되어 있고 세포모양은 불규칙한 다각형이며 세포와 세포 사이는 약간씩 떨어져 있다.
- 세포 표면으로 부터는 세포에서 짧은 가시모양의 돌기가 나와 세포간교를 형성한다.
- 이러한 모양 때문에 이층을 가시층이라 한다.
- 가시층 세포를 흔히 가시 세포라고도 한다.
- 유극세포 사이에는 임파관이 순환하고 피부의 피로 회복을 담당, 미용과 관계가 깊다.
- 전체층에 세포를 연결해 주는 영양소다.

> **요약**
> 피부의 면역을 담당하는 랑게르한스 세포가 존재하는 곳이며 혈액순환과 피부관리에 중요한 역할을 한다.
> 5~10층의 유핵 세포층으로 세포재생이 가능하고 가시 모양의 돌기가 연결되어 있으며 표피중 가장 두꺼운 층이다.

## (5) 기저층

- 기저층은 표피의 가장 아래층을 구성하며 진피와 접하고 있다.
- 기저층의 세포 내에는 각질형성 세포와 색소형성 세포가 있다.
- 각질형성 세포는 피부 겉면에서 떨어져 나가는 각질층을 형성하는 세포이다.
- 색소형성 세포(Melanocyte)는 피부 색상을 결정짓는 멜라닌 색소를 형성하는 세포이다.

> **요약**
> 진피층과 물결모양을 이루며 진피층의 통해 산소와 영양분을 공급받으며 피부표면의 상태를 결정짓는 중요한 층이다.
> 멜라닌 형성 세포가 있어 피부색과 모발색을 결정하며 원주모양의 단층으로 재생층이라고도 한다.

## (6) 표피의 구성세포

### ① 각질형성세포(Keratinocyte)

- 편평층을 이루며 표피를 구성하는 세포로 표피세포의 80~90% 정도이다.
- 각질을 형성하는 중요한 기능을 가지고 있으며, 기저층에서 세포가 생성된 후 떨어져 나갈 때까지 걸리는 시간은 약 28일 소요되며 이것을 각화주기라고 한다.

### ② 멜라닌세포(Melanocyte)

- 유해한 빛을 흡수하여 피부에 해가 되는 자외선이 진피와 기저층내로 흡수되는 것을 막아 피부를 보호한다.
- 멜라닌 세포는 표피세포의 5%를 차지하며 멜라닌 세포에서 멜라닌 색소가 형성되어 각질층에 분포됨으로써 피부색이 결정된다.

### ③ 랑게르한스 세포(Langernans cell)

- 외부에서 들어온 이물질을 림프구에 전달하는 역할을 하고 자신의 피부에 맞지 않는 물질이 들어왔을 경우 알레르기 반응을 일으키게 한다.

### ④ 머켈세포(Merkel cell)

- 손바닥, 발바닥, 입술 등 모발이 없는 피부에서 발견되고 기저층에 위치하며 촉감을 감지하는 역할을 한다.
- 신경섬유의 말단과 연결되어 촉각을 감지하는 세포로 작용하기 때문에 촉각세포라고도 한다.

## 2) 진피

진피는 표피 아래 위치해 있으며, 피부의 주체를 이루는 층이다. 피부의 두께와 주름을 결정하는 중요한 기능을 한다. 진피는 표피보다 15~40배 정도 두꺼우며, 부위에 따라 0.5~4mm 정도이다.

혈관이나 림프관을 만드는 세포, 신경섬유를 만드는 세포, 피부의 부속 조직인 피지선, 한선 등의 조직이 포함되어 있으며, 여기서 생성되는 조직을 이루는 콜라겐 섬유와 탄력을 주는 엘라스틴 섬유 등이 있다. 진피는 콜라겐 뭉치를 또 다른 단백질인 엘라스틴 섬유로 그물처럼 촘촘히 잡아놓은 구조이다. 콜라겐과 엘라스틴을 감싸는 히알루론산은 찐득찐득하고 미끈거리는 물질로 피부 수분유지에 필수적이다. 유두층, 망상층으로 구성되어 있다.

### (1) 유두층(Papillary layer)

표피와 진피의 경계 부분으로 전체 진피의 10~20%를 차지한다. 오감을 수용하는 신경세포가 있어 온도, 통증, 압력 등을 감지하며 신경중추에 신호를 보내 신체를 보호하고 모세혈관이나 림프관이 있어 영양분과 산소를 공급해 준다.

원추형의 돌출 부위로 되어 있어 마치 표피의 아랫부분이 패여 들어간 모습으로 보인다. 그 돌출 부위들이 대부분 모세관 다발을 갖고 있어 이것들이 표피에 접촉하고 있다. 표피의 기저세포층과 피부층 가운데서 가장 활발하고 중요한 기능을 발휘하고 있다. 세포의 세대교체를 하는 피부세포의 증식은 표피의 기저층에서 뿐만 아니라 섬유아세포(fibroblast)가 원형질활동을 거쳐 강력한 섬유질의 네트워크를 형성한다.

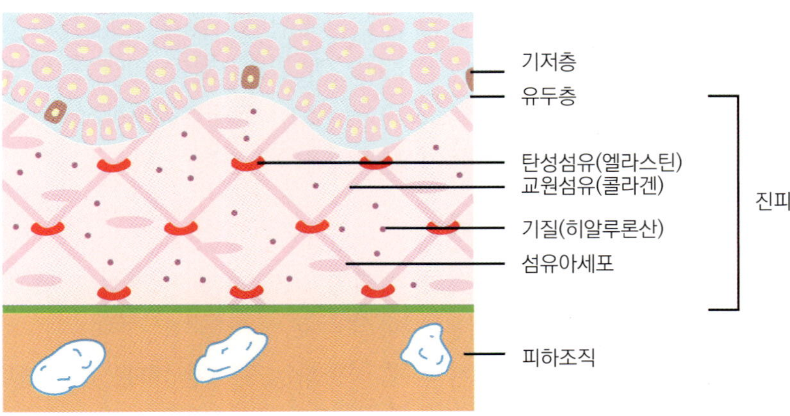


• 그림 2-4 진피의 구성 •

## (2) 망상층(Reticular layer)

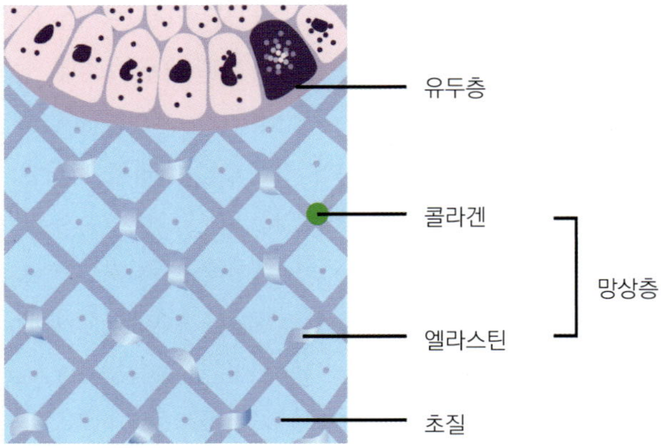


• 그림 2-5 망상층 구조 •

진피층에서 가장 두꺼운 층으로 세포성분과 세포간 물질로 이루어져 있으며, 교원섬유의 그물망사이에 탄력섬유가 연결되어 치밀하게 구성되어 있다. 굵은 교원섬유와 탄력섬유가 피부 표면과 평행으로 밀집하게 채워져 있어 피부를 지지해주며 피부의 탄력성을 유지시켜 준다. 모세혈관이 거의 없고 혈관, 피지선, 한선 등이 분포한다.

## (3) 진피의 주요성분

### ① 교원섬유(Collagen fiber, 콜라겐)

진피를 이루는 가장 중요한 성분으로 진피의 70%를 차지한다. 섬유상 단백질로 탄력성은 적으나 탄력섬유와 함께 진피에 장력과 탄력성을 제공하고 있다. 우리가 엄지와 집게손가락으로 피부를 잡아 당겼을 때 어느 정도 이상은 피부가 늘어나지 않는데, 이 때 늘어나지 않도록 작용을 하는 것이 교원섬유이다. 즉, 기계적 외력이나 생리, 화학적 자극에 대해 강한 저항력을 가지고 있다.

### ② 탄력섬유(Elastic fiber, 엘라스틴)

교원섬유에 비해 짧고 가는 섬유로 탄력이 있는 섬유 단백질인 탄력섬유로 구성되어 있으며 육안으로 볼 때 황색을 띤다.

교원섬유가 압력이나 잡아당기는 힘에 저항하는 구실을 하는 반면 탄력섬유는 용수철처럼 피부의 탄력성을 유지한다. 즉, 잡아당긴 피부를 놓았을 때 원래의 상태로 돌아가는 것은 탄력섬유 때문이다. 물에 넣어 끓여도 젤라틴화 되지 않으며 각종 화학물질에 대해서 저항력이 강하다.

### ③ 히알루론산(Hyaluronic acid)

탄력섬유와 결합섬유사이에 존재하는 보습성분으로 피부의 천연보습인자를 구성한다.

히알루론산은 자기 무게의 100~1000배의 수분을 흡수 할 수 있으며 보습력이 매우 뛰어나다. 갓 태어난 아기의 피부에는 히알루론산이 많이 존재하기 때문에 보드랍고 매우 촉촉하며 연령이 많아질수록 감소하게 된다. 노화뿐만 아니라 자외선에 의해서도 점차적으로 줄어들게 되어 간극을 채우던 수분이 점차 줄어들고 이로 인해 피부탄력이 떨어져 주름이 생기게 된다. 피부의 보습인자로 수분유지능력이 가장 뛰어난 보습제 역할을 한다. 자외선 등의 피부 트러블의 원인 물질들로 부터 피부를 보호하고 피부 면역력 저하를 방지하고 손상된 피부를 회복시켜준다. 각질세포 성장인자를 비롯하여 성장인자가 포함되어 있는 세포를 활성화시켜주는 중요한 역할을 한다.

## 3) 피하지방층

진피 바로 아래 놓여있는 지방층으로 수많은 지방세포로 되어 있으면서도 탄력성이 매우 좋다. 지방세포들은 열의 발산을 막아 체온이 손실되는 것을 막아주기도 한다. 이 층은 신체의 부위, 연령, 성별, 영양상태 등에 따라 두께가 달라진다. 신체의 유연성과 윤곽을 잡아주어 여성의 곡선미를 유지시키는 역할을 하고, 에너지로써 사용할 지방을 축적하며 외피의 보호막 구실을 한다. 또한 여분의 영양소를 지방의 형태로 변환시켜 저장하고, 표피와 진피의 활동에 영양을 보급해준다.

# 02 피부의 유형, 관리

## 1. 중성피부(정상피부, Normal skin)

중성피부는 피지선과 한선을 비롯하여 피부의 전반적 기능이 정상적이어서 아름답고 건강한 피부이다.

주로 10대, 20대 초반의 연령에서는 지성, 여드름성, 민감성피부를 제외하고는 중성피부이다.

**특징**

- ✔ 피부 표면이 윤기 있고 매끄러우며 촉촉하다.
- ✔ 세안 후 당기거나 번들거리지 않아 화장이 잘 지워지지 않고 오랫동안 지속된다.
- ✔ 모공이 작아 눈에 띄지 않고 피부탄력성이 좋다.
- ✔ 혈액순환이 잘 되어 혈색이 좋고 피부저항력을 가지고 있다.
- ✔ 피부결이 섬세하고 색소침착, 여드름 등이 없다.

**관리방법**

- ✔ 평소 규칙적이고 올바른 기초손질을 하여 피부의 유, 수분균형을 유지시킨다.
- ✔ 정상 피부라도 계절과 연령의 변화에 따라 화장품을 다르게 선택하여 사용한다.
- ✔ 피부청결을 위해 정기적으로 딥클렌징을 하여 올바른 사용방법에 따라 관리해 준다.
- ✔ 적당한 유분과 수분이 함유된 크림, 로션으로 정기적으로 관리해주고 보습팩이나 영양팩을 주 1회 정기적으로 행하여 피부를 활성화 시킨다.
- ✔ 비타민 A, E와 천연보습인자(NMF)가 함유된 제품과 자외선 차단제를 사용하여 노화방지에 노력한다.

## 2. 건성피부(Dry skin, Sebostase)

건성피부가 되는 원인은 내, 외적 요인에 따라 나타나는데 원인에 따라 일반 건성피부, 표피 수분부족 피부, 진피 수분부족 피부의 3가지로 구분이 된다.

### 1) 일반 건성피부

건성피부는 피지선의 기능저하와 한선 또는 보습능력의 저하로 유분함량이 부족한 피부를 말한다. 10-20대의 중성피부는 나이가 많아지면 한선과 피지선의 기능저하로 자연스럽게 건성피부가 된다.

**특징**

- ✔ 기름과 땀의 분비가 부족하거나 자외선, 일광욕, 한냉, 바람의 영향으로 건조, 피부염을 유발 할 수 있다.
- ✔ 술, 담배, 너무 잦은 온수포, 너무 오랜 스티머, 호르몬의 부조화에서도 올 수 있다.
- ✔ 건성피부의 원인을 보면 생리적 노화현상, 외부환경, 피부관리 습관, 부적절한 화장품, 피부의 보습 능력저하 등의 요인에 기인한다.

### 2) 표피 수분부족 건성피부(Dehydrated skin)

건성피부와 비슷하게 표피가 건성화 되는 피부를 말한다. 표피 건성피부는 일반피부와 다르게 자외선, 찬바람, 일광욕, 냉난방 등의 환경과 부적절한 피부 관리습관과 화장품 등의 요인에 기인한다.

**특징**

- ✔ 윤기가 있으나 심하게 당긴다.
- ✔ 피부가 얇고 흰 편이다.
- ✔ 각질이 얇고 피부 조직이 섬세하다.
- ✔ 잔주름이 많고 탄력이 없는 편이다.

### 3) 진피 수분부족 건성피부(Deep dehydrated skin)

피부 자체의 내적 원인에 의해 피부 순환기능에 문제가 되어 생기는 피부이다.

24~25세 이후 차츰 연령이 많아지면서 피부세포와 조직 자체가 그 생명력이 약해지면 콜라겐 섬유조직을 형성해 주는 섬유아세포의 활동도 저하되어 점점 그 기능을 발휘하지 못하게 된다.

**특징**

- ✔ 세안 후 심하게 당긴다.
- ✔ 거칠고 버석 거린다.
- ✔ 윤기가 없고 각질이 일어난다.
- ✔ 잔주름이 많고 탄력이 없다.
- ✔ 기미 등 색소 침착이 쉽다.
- ✔ 메이크업이 잘 받지 않는다.

**관리방법**

- ✔ 충분한 비타민의 섭취가 중요하며 비타민A, 비타민C 가 충분히 함유된 과일이나 채소를 많이 섭취해 주어야 건강한 피부를 유지할 수 있다.
- ✔ 건성피부의 소유자는 특히 외출 할 때 피부가 강한 자극을 받지 않도록 주의하여야 한다.
- ✔ 얇은 옷으로 외부 자외선과 직접적인 노출을 피해 주도록 해야 한다.
- ✔ 체온의 보존에도 주의해야 하며 사우나와 샤워 등에도 오래 머물지 않도록 해야 한다.
- ✔ 피부 수분과 유분의 보충에 주의가 필요하다.

## 3. 지성피부

지성피부는 피지분비과다 라는 근본적인 특성은 동일하게 가지고 있으나 외부로 나타난 피부 상태와 발전된 2차적 증상의 차이에 따라 2가지 유형으로 세분화 된다.

피지선 기능이 비정상적으로 항진되면 피지가 과다 분비 되는데 이러한 피부를 지성피부 또는 '기름이 흐른다'라는 의미로 지루성 피부라고 한다.

**특징**

- ✔ 피부가 거칠고 모공이 넓다.
- ✔ 끈적임과 유분이 겉돈다.
- ✔ 피지분량이 많다.
- ✔ 블렉헤드가 생성된다.
- ✔ 피지분비가 많아 모공에 기름이 막혀 면포(comedo)나 여드름(acne)이 생기기 쉽다.
- ✔ 노화와 주름이 쉽게 나타나지 않는다.

### 1) 지성피부의 원인

- 유전적 체질이나 사춘기 때 호르몬 영향
- 위산 과다와 변비가 요인
- 지방과 탄수화물을 과잉 섭취(촉매역활)
- 비타민 $B_2$, $B_6$의 결핍
- 향신료, 기호식품의 과잉 섭취
- 환경적인 원인은 더위, 습한 기온
- 남성호르몬(androgen), 황체호르몬(progesterone)의 기능이 활발
- 뇌하수체나 갑상선 호르몬의 불균형

#### (1) 유성지루성피부(Seborrhea oleosa)

과잉분비된 피지가 피부 표면에 기름기를 만들어 항상 번들거리는 피부 형태이다.

T존 뿐만 아니라 볼 부위를 비롯하여 전체적으로 모공이 크다. 피부가 오염되지 않도록 유의하면 여드름 발생을 방지할 수 있으며 관리에 소홀하면 여드름이 발생한다.

**특징**

- ✔ 피부의 번들거림이 심하다.
- ✔ 피부가 거칠고 모공이 넓으며 피부 표면이 귤껍질같이 보인다.
- ✔ 각질층이 비후하여 피부가 두껍게 보인다.
- ✔ 피부가 투명해 보이지 않고 둔탁해 보인다.
- ✔ 화장이 잘 받지도 않고 잘 지워진다.
- ✔ 여성에 비해 남성에게 많다.
- ✔ 햇빛에 대한 색소 침착현상이 빠르다.
- ✔ 여드름 발진 현상을 일으킬 수 있다.

#### (2) 건성 지루성피부(Seborrhea sicca)

피지분비기능의 상승으로 피지는 과다 분비되어 표피에 기름기가 흐르나 보습기능이 저하되어 피부표면의 당김 현상이 일어나는 피부 유형이다. 유전적으로 지성 피부체질이나 한선의 기능 및 피부 내 보습기능의 저하로 유분과 수분의 불균형으로 초래된 피부이다.

원인으로는 피부자체의 보습기능 저하 외에 기후, 계절 등 환경적인 요인, 잘못된 피부관리, 스트레스 등의 내적 요인이 작용하여 수분부족 현상을 야기시키면서 나타날 수도 있다.

**특징**

- ✔ 각질이 비후해서 피부가 두껍다.
- ✔ 피부표면이 건조하고 각질이 일어난다.
- ✔ 피부표면이 매끈하지 않아 화장이 잘 받지 않는다.
- ✔ 혈액 순환장애로 피부색이 창백하다.
- ✔ 저활력이 약해 여드름 발생의 위험이 더욱 크다.
- ✔ 여드름이 발생하면 치유하는데 시일이 걸린다.
- ✔ 표피성 잔주름이 쉽게 나타난다.

**관리방법**

- ✔ 지성피부는 특히나 청결을 유지하여 관리를 하는 것이 중요하며 블랙헤드는 일주일에 2~3번 정도 제거해 주고 피지 제거와 동시에 수분을 최대한 공급해주는 것도 중요하다.
- ✔ 특히 저녁 세안을 꼼꼼히 해주어야 하며 자극 없는 모공관리와 유분기가 많은 지성은 수분 관리를 더욱 철저하게 해야 하며 모공을 막고 있는 각질을 제거 하고 평소 시간이 날 때는 마스크팩을 활용해 수분을 넣어 유분기를 줄이며 밸런스를 맞춰주는 케어가 필요하다.

## 4. 민감성피부

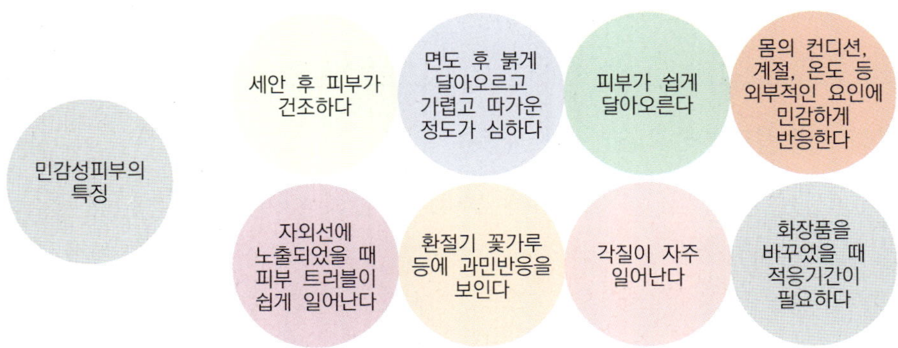


• 그림 2-6 민감성피부 •

**관리방법**

민감성 피부는 피부가 예민해져 있는 피부의 상태이기 때문에 무엇보다 관리와 예방이 중요하다. 민감성 피부를 가지고 있는 타입이라면 가장 중요한 것이 외부 자극을 줄여야 하며 제일 먼저 관리해야 할 것은 세안이다.

## 5. 복합성피부(Combination skin)

- 복합성피부는 가장 관리하기 힘든 피부인 만큼 피지의 분비량이 부위마다 다르게 생기기 때문에 관리하기 힘든 피부이다 .
- 특히 복합성 피부는 2가지 이상(중성복합성, 건성복합성)의 피부 성질을 나타내며 피지의 분비가 많은 곳에 트러블이 많이 발생한다.
- 모공이 크고 피부가 거칠며, 중성 복합성피부는 뺨은 중성이고 이마와 코, 턱 등의 T존 부위에 피지 분비가 많다.
- 건성 복합성은 뺨은 건성이면서 이마와 턱, T존 부위는 중성 복합성 피부와 같다.

**특징**

- ✔ T존 부위의 모공이 특히 크며 기름기가 많고 면포 등 여드름이 발생하기 쉽다.
- ✔ T존을 제외한 부위 즉 눈주위 광대 뼈. 볼 주위에 세안 후 심하게 당기는 느낌을 받는다.
- ✔ 광대 뼈 볼 부위에 색소 침착이 나타나는 경우가 있다.
- ✔ 피부 조직이 대체적으로 일정하지 않다.
- ✔ 눈가에 잔주름이 많다.

**관리방법**

- ✔ 지성피부용 제품을 꾸준히 사용하며, 피부에 자극을 주는 독한 성분의 제품은 피한다.
- ✔ 약산성 화장품을 사용한다. 피지 제거 및 피지 조절을 위해 일주일에 1~3번 각질 제거하고 모공팩을 해준다.
- ✔ 양 볼이 건성피부로 변할 수 있으므로, 볼 쪽은 각질 제거나 팩을 자제하고, 보습이 되는 제품을 발라 준다.
- ✔ T존 부위를 꼼꼼하고 꾸준한 관리가 필요하다.
- ✔ 부위에 따라 차별적인 관리를 해야 한다.

**영양**

✔ 기름진 음식을 피하고 과일을 많이 먹는 것이 좋다.
✔ 복합성 피부는 과일을 자주 먹으면 좋다.
✔ 기름진 음식을 많이 먹으면 피부에 안 좋다.
✔ 기름진 음식을 많이 먹을 시 과일을 더 많이 먹어 주어야 한다.

**과일이 피부에 좋은 이유**

✔ 과일 중에서 딸기나 포도, 수박에는 당이 풍부하며 비타민이 풍부한 과일을 먹으면 미백과 여드름 피부에 좋다.
✔ 또한, 과일 중 모과나 바나나는 피부염증, 노화방지에 좋아 팩으로 활용해도 좋다.

## 6. 노화피부

· 노화가 되면 피부조직이 고르지 못하고 피부 건조로 인하여 거칠어지고 잔주름이 형성된다.
· 사람의 피부는 18세 이후가 되면 조금씩 노화가 시작되고 색소가 쉽게 침착된다.
· 눈 주위가 늘어져서 눈 주머니가 생기고, 모공이 확대되며 피부가 두꺼워진다.

**관리방법**

✔ 균형있는 식생활을 하며 음주, 흡연 등을 피한다.
✔ 적당한 운동을 한다.
✔ 위, 비와 폐의 기능을 원활히 해주는 것이 좋다.
✔ 외부의 자극, 즉 자외선, 건조, 찬바람에 대처하여 피부를 적절히 보호한다.

**영양**

✔ 위, 비가 주관하는 시간은 각각 저녁 7~9시, 9~11시 사이로 이 시간대에 과식을 하면 볼살이 늘어지면서 살이 찌게 되므로 적당히 먹어주는 것이 좋다.

# 03 피부의 영양

## 1. 영양소와 피부

### 1) 단백질과 피부와의 관계

· 단백질은 체내의 수분의 조절과 pH 평형 유지에 관여 한다.
· 단백질은 피부조직의 재생작용을 한다.
· 단백질이 부족하게 되면 진피세포의 노화로 잔주름과 탄력성이 떨어진다.
· 단백질은 진피의 망상층에 있는 결합조직과 피부의 탄력성에 관여한다.
· 단백질은 피부 미용에 필수적인 요소이다.

### 2) 탄수화물과 피부와의 관계

· 과다당질의 섭취는 지성피부를 만들기 때문에 적당량의 섭취가 필요하다.
· 피부의 에너지를 생성하고 세포에 활력을 준다.
· 탄수화물은 높은 보습효과를 가져다준다.
· 탄수화물이 부족하면 기초체력이 저하되고 피곤해지며 간장 해독작용이 약해져 피부가 거칠어진다.
· 혈당을 유지하고 중추신경계를 움직이는 에너지원이 된다.

### 3) 지방과 피부와의 관계

· 지방은 피부 유연효과와 산소공급, 세포활성화가 뛰어나게 한다.
· 동물성 지방을 체내에서 많이 흡수하게 되어 콜레스테롤이 침착하면 모세혈관의 노화현상이 일어나서 피부탄력이 저하된다.
· 필수 지방산은 식물성지방질이 많이 함유되어 피부내에서 인질의 생성을 촉진한다.

## 4) 비타민과 피부와의 관계

(1) 비타민 H의 기능 : 비타민 B군의 일종으로 수용성 비타민이며 신진대사의 활성화 피부에 탄력감, 염증유발의 치유에 효과적이다.

(2) 비타민 $B_6$의 기능 : 피지 과다분비를 억제, 혈액순환촉진, 진정효과, 광선홍반 약화의 효과가 있다.

(3) 비타민 C의 기능 : 멜라닌색소 형성을 억제, 광선에 대한 저항력 증가, 치아, 뼈, 혈관의 벽을 튼튼하게 하여 노화예방, 콜라겐 생 합성조절을 하며 피부탄력 증강효과가 있다.

(4) 비타민 $B_2$ 의 기능 : 모세혈관의 혈액순환을 촉진하여 피부미용에 효과적이다.

# 04 피부 부속기관

피부의 부속기관 중에 혈액에서 공급 받는 물질을 다른 물질로 형성해서 배출하는 두 종류의 분비선이 있다. 한선에서 땀을 분비하고 피지선에서는 피지를 분비한다.

## 1. 한선(땀샘, Sweat gland)

진피와 피하지방 조직의 경계부위에 위치한다.

### 1) 한선의 역할

수분 분비와 노폐물 배설, 체온조절을 하며 열운동, 감정상태나 약에 의해 활동이 증가된다. 한선에는 소한선 : 작은땀샘(Eccrine Sweat Grand), 대한선 : 큰땀샘(Apocrine Sweat Grand)으로 구분할 수 있다.

#### (1) 아포크린선(대한선, Apocrine Sweat Grand)

· 사춘기 이후에 주로 분비가 되며 모공을 통하여 분비되어 독특한 체취를 발생시킨다.
· 아포크린선은 주로 겨드랑이, 유두, 외음부, 배꼽, 항문 주위에 분포되어 있다.
· 특히 땀 분비가 많은 겨드랑이 밑에 많으며 분비량은 소량이나 나쁜 냄새의 요인이 된다.
· 아포크린선은 남성보다 여성, 인종적으로는 흑인, 백인, 동양인의 순으로 흑인에게 가장 발달되고 있다.
· 아포크린선에서 분비되는 땀은 알칼리성이다.

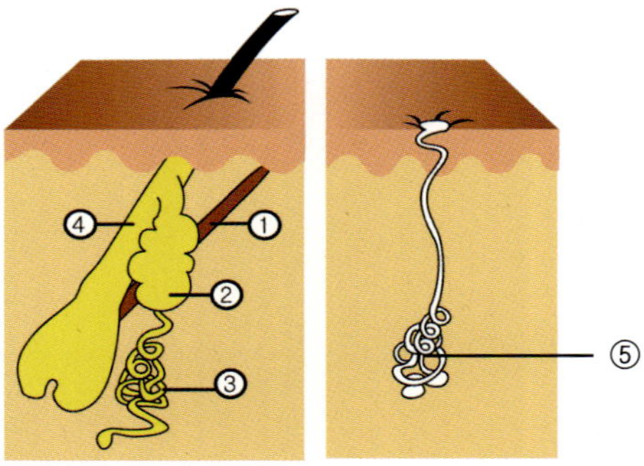


① 기모근(Arrector pili muscle) ② 피지선(Sebaceous gland)
③ 아포크린선(Apocrine gland) ④ 모낭(Hair follicle)
⑤ 에크린선(Eccrine gland)

• 그림 2-7 한선의 구조 •

### (2) 에크린선(소한선, Eccrine Sweat Grand)

· pH 3.8~5.6인 무색, 무취의 투명한 액체로서 발한을 할 때 체온이 조절된다.
· 인체에서 에크린선은 약230만개가 입술과 음부를 제외한 모든 부위에 분포되어 있다.
· 에크린선 다한증은 체온증가와 질병 등에 의해 전신적으로 발생 할 수 있다.
· 깊은 곳에 위치하고 나선 모양의 배선관에서 분비되어 전신에 분포되어 있다.
· 에크린선의 땀은 무색무취로서 99%가 수분으로 대체로 산성이다.
· 자율신경인 교감신경의 자극을 받아 소한선이 발한 작용을 한다.

### (3) 땀샘

#### ① 땀의 성분

99%의 수분과 Na, Cl, K, 요소, 단백질, 기질 등으로 구성된다.

#### ② 땀의 기능과 역할

· 표피의 피지가 피부 보습을 유지하도록 해준다.
· 몸의 노폐물을 배출시킴으로 신장의 보조 역할을 한다.
· 땀 속의 유로칸산이 자외선을 흡수하며 피부보호 역할을 한다.
· 땀의 젖산이 세균을 억제하고 피부의 pH 균형을 이루게 한다.

• 표 2-1 땀샘 •

| 구분 | 특징 |
| --- | --- |
| 에크린 땀샘 | · 입술, 손톱, 음부를 제외한 전신의 피부에 분포한다.<br>· 체온 조절에 중요한 역할을 하며 발한에는 온열성, 정신적, 미각성 발한이 있다.<br>· 땀의 성상은 약산성(PH 4.5 ~ 5.5)으로 무색무취이며 과잉분비되면 탈진상태에 이른다.<br>· 뒷목, 앞가슴 등 손바닥, 발바닥에 분포되어있다. |
| 아포크린 땀샘 | · 에크린 한선보다 깊게 위치하고 크며 모낭과 연결되어있다.<br>· 사춘기 이후에 활동하여 강한 냄새가 나며 귀언저리, 겨드랑이, 사타구니, 젖꼭지, 배꼽 주변에 분포한다.<br>· PH 5.5 ~ 6.5이며 분비 후 세균증식에 의하여 냄새가 유발된다.<br>· 남성보다 여성에게 많고 인종별로는 흑인 〉백인 〉황인종의 순서로 많다. |

## 2. 피지선(기름샘, Sebceous gland)

기름을 분비하는 선으로 진피층에 위치한다.

피지선은 주로 코 주위, 이마, 턱 등에 많이 존재하고 있으며, 피지선은 항상 모공과 관계있다. 발바닥에는 피지선이 존재하지 않는다. 피지선은 피부의 건조를 방지하고 유해물질의 침입을 막는다. 피지선의 활동은 개인마다 다르며 호르몬 분비와 밀접한 관계가 있다.

### 1) 피지의 구성성분

• 표 2-2 피지의 구성성분 •

| 성분 | 함량(%) |
| --- | --- |
| 트리글리세라이드(triglycerides) | 41.0 |
| 디글리세라이드(diglycerides) | 2.2 |
| 지방산(fatty acids) | 16.4 |
| 스쿠알렌(squalene) | 12.0 |
| 왁스 에스테르(wax esters) | 25.0 |
| 콜레스테롤 에스테르(cholesterol ester) | 2.1 |
| 콜레스테롤(cholesterol) | 1.4 |

### 2) 피지

지방 분비선에 의해 분비된 유지방 물질로서 모낭의 입구로 연결되어 있는 지방관을 통해 흘러 들어간다.

### 3) 피지의 기능

- 수분 손실을 억제, 항세균 작용
- 표피에 얇은 피지막을 형성하여 피부에 유연작용
- 모발이 부스러지는 것을 방지
- 외부의 이물질 침투방지
- 피부를 약산성 상태로 유지하며 알칼리를 중화하는 피부화학 작용

### 4) 피지선의 종류

- 큰 피지선 : 얼굴 T존, 목, 등, RKTA(피지선이 많은 부위는 코 주위)
- 작은 피지선 : 큰 피지선을 제외한 전신에 분포되어 있다.
- 독립 피지선 : 털과 관계없이 피지선이 존재하는 것으로 입과 입술, 구강점막, 눈과 눈꺼풀, 유두 등에 있다.

## 3. 모발(털, Hair)

사람의 피부는 손바닥, 발바닥, 입술, 음부의 일부를 제외하고 털로 덮여있는데 총 130~140만 개 정도나 된다. 몸의 각 부위의 털은 생물학적 형태학적으로 서로 다른 특징을 나타낸다. 털은 포유동물에게만 존재하며 단단하게 밀착되고 각화된 상피세포로 이루어진 고형의 원추섬유이다. 굵기는 인종, 연령, 성별, 부위에 따라 차이가 있으며, 약 0.05~0.2mm까지 다양하나 머리털은 대개 0.1mm이다.

## 1) 모발의 구조

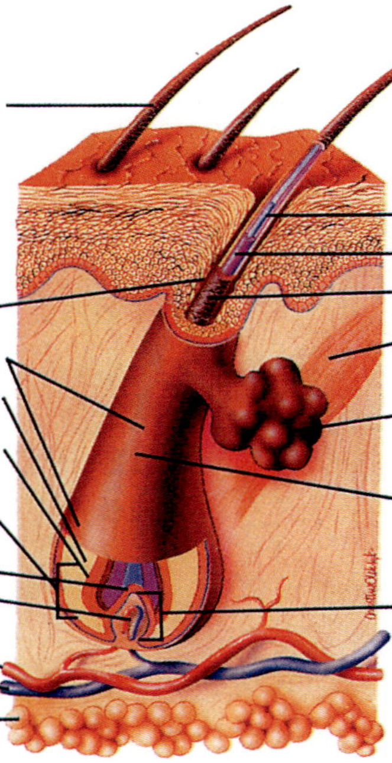


• 그림 2-8 모발의 구성 •

## 2) 모발의 구성 및 성분

- 케라틴이 80~90%인 경단백질이 주성분으로 되어 있다.
- 케라틴은 18가지 아미노산으로 구성되어 있으며, 아미노산 중 시스틴(cystine)이 14~18%로 다량 함유되어 있어서 태우면 이상한 악취가 난다.
- 수분(10~14%), 지질(1~8%), 미네랄 미량원소(0.6~1.0%), 멜라닌 색소(3%)로 구성되어있다.
- 모발은 화학적인 성분에는 강하나 무리한 자극에는 약하다.
- 하루에 40~100개 정도의 모발이 자연 탈모되며 하루 성장 길이는 약 0.35mm이다.
- 모발의 수명은 남성 3~4년, 여성 4~6년이다.
- 모발성장 : 성장기 → 퇴행기 → 휴지기 → 발생기

### 3) 모발과 관계된 영양소

- 비타민 A : 간유, 당근(부스럼방지 비타민)
- 비타민 B, C : 배아, 효모(비듬방지)
- 비타민 E, F : 요오드, 우유, 깨, 콩(모발윤택)

#### (3) 모발의 형태

모발의 굵기에 따라 연모, 성모로 구분하며 길이에 따라 장모, 단모로 구분한다.

- 연모(생모) : 성인 피부 대부분을 덮고 있는 섬세한 털이다.
- 성모(경모) : 굵은 성인의 머리카락, 눈썹, 속눈썹, 수염, 겨드랑이 및 음부의 모발로 수질을 포함하고 있다.
- 취모 : 부드럽고 섬세하고 엷은 색의 털로 태아의 피부에 있는 털을 말한다.
- 장모 : 긴 털로 머리카락, 수염, 음모, 액와의 털이다.
- 단모 : 짧은 털로 눈썹, 속눈썹이 있다.

#### (4) 모발의 모양

- 직모 : 동양인의 털
- 구상모 : 흑인의 곱슬머리
- 파상모 : 백인의 완벽한 웨이브의 털

#### (5) 모발의 기능

- 지지기능 : 촉각이나 통각을 전달하는 작용을 한다.
- 보호기능 : 외부의 물리적, 화학적, 기계적 자극으로부터 피부를 보호한다. 방한작용, 방서작용으로 체온조절을 유지하는 기능을 한다.
- 장식기능 : 미용적 효과를 제공한다.

#### (6) 모발의 색깔

- 은발 : 멜라닌 세포의 수가 적다.
- 금발 : 멜라닌 소체를 적게 형성하여 멜라닌 색소의 영양이 적거나 멜라닌 색소의 침착이 불안전하다.
- 흑발 : 멜라닌 색소를 많이 함유하고 있다.
- 적발 : 일반적인 멜라닌이 아닌 pheomelanin을 함유하고 있다.
- 백발 : 영양결핍, 노화, 스트레스 등의 영향으로 멜라닌 색소의 합성이 이루어지지 않는 결과로 나타난다.

## (7) 모발의 구조

① 모간 : 피부표면에 나와 있는 부분으로 모표피, 피질, 수질로 나뉜다.
- 모표피(모소피, Cuticle) : 제일 겉층으로 각화 작용을 한다. 각질 세포로 모피질을 보호하는 역할을 한다.
- 모피질 : 모수질의 바깥층으로 이곳에 있는 멜라닌 과립의 양과 모수질 내의 공기함량에 의해서 모발색이 결정된다.(ex: 염색)
- 모수질 : 모발의 중심부분을 이루며 수질세포로 내부에 기포가 있고 2-3층의 세포로 이루어져 있다. 그러나 잔털(취모)에는 없다.

② 모근 : 피부안의 털 부분으로 모낭(털주머니)에 싸여 있다.
③ 모낭 : 모근을 싸고 있는 주머니로서 태생 9주부터 발생한다.
④ 모유두 : 모발의 필요한 영양은 모유두에서 혈관으로 공급한다.
⑤ 피부의 변성물 : 모발, 손톱, 발톱

## (8) 털의 이상 증상

### ① 탈모증(Alopecia)

모발이 빠지는 원인은 다양하다. 모발이 빠지는 원인이 질병 때문인지 아니면 정상적인 상태에서 빠지는지 구별하는 것은 중요하다. 그러므로 2~3일을 주시 관찰하여 얼마나 빠지는지 꼼꼼히 체크해서 평균적으로 100개가 넘는지를 따져 보아야 한다.

- 원형탈모증(Alopecia areata) : 자각증상 없이 동전모양의 원형 또는 타원형으로 털이 빠지면서 주위로 퍼져간다. 스트레스가 주원인이며 규칙적인 생활, 정신적 긴장감, 피로를 피하면 회복이 빠르다.
- 휴지기 탈모 : 정상적인 휴지기 모발은 5~23%인데 비해 휴지기 탈모환자는 25% 이상이다.
  휴지기 탈모환자는 120-400개 이상이 탈모현상이 일어난다. 휴지기 탈모에는 산후휴지기 탈모, 질병휴지기 탈모, 견인휴지기(머리를 묶을 때 당겨서 생기는 탈모)탈모가 있다.
- 성장기 탈모 : 항암제에 의한 모근의 성장 억제는 성장기 모발에서만 일어난다. 그러나 중단하면 수 주 내에 모발이 재생된다.
- 남성 탈모증(Male pattem alopeia) : 20~30대 초반에 이마가 넓어지기 시작하여 이마 옆 부위가 위쪽으로 올라가 M자 모양으로 진행한다. 전형적인 대머리가 된다.

- 발모벽(Trichotillomania) : 비정상적인 버릇으로 모발을 뽑아 버리는 정신신경증의 일종이다.
- 압박성 탈모증 : 주로 누어있는 아이의 뒷머리에 잘 생기며 성인에서는 만성질환으로 장기간 같은 위치로 누워있을 때 일정부위가 계속 압박되어 탈모가 생긴다.
- 매독성 탈모증(Alopecia syphilitica) : 제2기 매독증상으로 눈썹, 턱수염, 머리털에서 나타나며 두피의 탈모는 불규칙적으로 분포되어 있다.
- 지루성탈모 : 체질적으로 피지분비가 많은 사람에게 생기며 스트레스의 악화요인으로 생긴다.
- 내분비성 탈모 : 내분비계통의 질환이 있을 때 생기는 탈모현상이다. 갑상선 항진으로 모발의 건조로 부스러지고 가늘어지면서 탈모가 생기며 당뇨가 있어도 탈모가 있다.
- 두부 백선 : 머리카락에 곰팡이가 감염되어 생기는 피부병으로 애완동물에 붙어있는 곰팡이가 사람에게 감염되어 생긴다.

**② 다모증과 조모증(Hyoertrichosis and Hirstism)**

· 다모증
- 전신에 털이 증가하는 현상으로 남성보다 여성에게 많이 나타난다.
- 원인 : 유전적인 요소, 신경질환, 부신, 난소질환으로 인한 호르몬 이상.

· 조모증
- 여성이나 어린이에게 마성과 같은 털의 성장과 분포가 나타나는 증상이다.
- 원인 : 유정, 남성호르몬 과다, 부신, 난소, 뇌하수체질환으로 인한 호르몬이상.

**③ 무모증**

- 선천적으로 털이 자라지 않는 증상이다.
- 원인 : 내분비장애, 유전

**④ 백모증**

- 털의 색이 탈색하는 생리적 현상이다.
- 원인 : 유전, 멜라닌형성능력 부족현상(40세~50세), 영양불량, 정신적 긴장, 결핵, 급성열성질환, X선 조사 후, 백반증 등이 원인이다.

### (9) 올바른 모발 관리

· 모발과 두피는 항상 청결하게 유지해야한다
· 주 2~3회 정도 세정하되 자연 바람으로 말리는 것이 좋다.
· 린스 사용 후에는 깨끗이 헹구어 준다.
· 잦은 염색이나 퍼머를 피하고 헤어스프레이나 젤 역시 모발을 상하게 하므로 자주 사용하지 않도록 한다.
· 유분의 제거가 안 될 때는 약용삼푸를 사용한다.

## 4. 손톱, 발톱

### (1) 손톱(조갑, Nails)

· 손톱은 모발과 달리 성장주기가 없이 계속 성장을 하며 하루에 약 0.1mm 자라며 손톱이 발톱보다 성장이 빠르다.
· 손톱의 표피는 각질층이 변화한 케라틴이라는 경단백질로 이루어진 0.5~0.75mm 두께로 형성되어 있다.
· 건강한 손톱은 윤기가 있고 부드럽고 투명한 핑크빛을 낸다.
· 손톱이 대체되는 기간은 5~6개월 정도이다.
· 손톱의 수분량은 7~12%, 유분 0.1~1%로 수분과 광택을 유지한다.
· 산 알칼리 등으로부터 피부를 보호하며 도구로서의 역할을 한다.
· 손톱은 끝을 보호하며 공격과 방어기능을 담당하기도 한다.

### (2) 손. 발톱의 구조

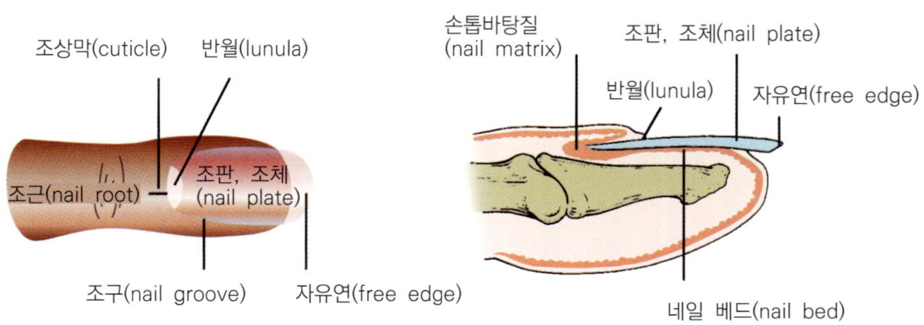


• 그림 2-9 손톱의 구조 •

**① 손톱기질(조모, 조기질, Nail matrix)**

손톱을 만드는 조모 세포가 세포분열을 하는 부분으로 예민하여 손상을 입으면 비정상적인 손톱이 형성된다.

**② 손톱소피(조상피, 조소피, Cuticle)**

손톱의 기저부위를 덮고 있는 피부로 병균의 침입을 막아주는 역할을 하며 유연하고 탄력이 있다.

**③ 손톱뿌리(조근,Nail root)**

손톱의 근원으로 성장이 시작된다.

**④ 손톱몸체(Nail boday, Nail plate)**

손톱의 몸체로 손톱내의 신경과 혈관 손톱바닥을 보호하며 소도구 등 여러 가지 기능을 한다.

**⑤ 손톱바닥(조상, Nail bed)**

손톱을 지지하는 손톱밑의 피부이며 혈관이 분포되어 있어 손톱의 성장에 필요한 영양분을 공급한다.

**⑥ 손톱반월(Lunula)**

손톱 기저부를 덮고 있는 피부이다. 케라틴화가 완전히 되지 않은 여린 부분이며 유백색의 반달 모양을 하고 있다.

**⑦ 손톱벽(조벽, Nail wall)**

조갑홈 옆에 있는 손톱 양면의 피부로 손톱을 보호한다.

**⑧ 자유연(프리에지, Free edge)**

손톱의 끝 부분으로 손가락 바깥으로 나와 있는 부분이다.

**⑨ 손톱홈(조갑홈, Nail groove)**

손톱 측면의 가는 홈이며 외부의 물리적인 환경으로부터 보호하는 가능을 한다.

### (3) 건강한 손톱의 조건

· 손톱의 수분 함량은 12% 이상이 되어야 한다.
· 매끄럽고 윤기가 나며 손톱의 색깔은 분홍빛으로 둥근 아치 모양의 반월이 되도록 한다.
· 병원균의 침입을 받지 않은 상태여야 한다.
· 바닥에 강하게 부착되어 있어야 하며 단단하고 탄력이 있어야 한다.

# 05 피부장애와 질환

## 1. 원발진과 속발진

### (1) 원발진의 종류

① 반점 : 타원형이나 원형의 반점 형태로 큰점을 반이라 하고 홍반, 자반, 백반, 주근깨 등이 있다.
② 구진 : 둥글고 단단하며 여드름, 사마귀 종류의 뾰루지이다.
③ 결절 : 구진과 같은 형태이나 구진보다 크고 단단하며 섬유종, 황색종 등이 있다.
④ 낭포 : 피부표면에 액체가 있는 덩어리이다.
⑤ 종양 : 연하거나 단단하며 모양과 크기가 다양하고 악성종양과 양성종양으로 구분된다.
⑥ 면포 : 코 주위의 검은 여드름의 형태이다.
⑦ 비립종 : 흰 알갱이가 표피에 들어 있는 형태이다.

### (2) 속발진의 종류

① 인설 : 표피에서 탈락된 각질, 비듬 등이다
② 찰상 : 손톱으로 긁거나 마찰로 피부가 벗겨지는 형태이다.
③ 가피 : 손실된 표피부위에 생기는 혈액의 마른 덩어리이다.
④ 궤양 : 불규칙한 모양의 흉터가 생기는 모양이다.
⑤ 반흔 : 상처로 진피가 손상된 후 새로운 결체조직이 생긴 상태이다.

## 2. 피부질환

### (1) 피부질환을 일으키는 원인에 따른 종류

① 병원체가 원인 : 수두, 농가진, 매독 등이다.

② 피부병의 내인 : 위장장애, 신장병, 물질대사장애, 혈액순환, 내분비장애 등이다.

③ 알레르기성 질환 : 미생물의 독소, 공업약품 등의 원인이 있다.

④ 유전성 요인 : 우성유전을 나타내는 것으로 액취증, 건피증 등이 있다.

# 06 피부와 광선

태양광선은 에너지 근원으로 가시광선, 적외선, 자외선을 방사하고 있으며 자외선은 6.1%, 가시광선 51.8%, 적외선 42.1%를 차지한다.

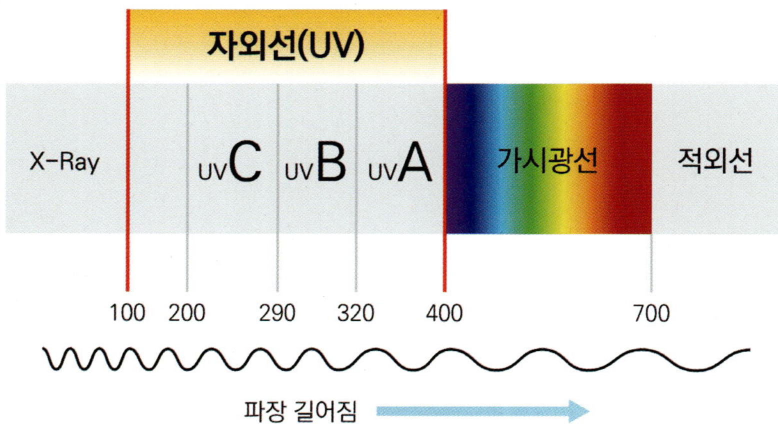


## 1. 자외선(Ultraviolet Rays)에 미치는 영향

피부에 자극적인 화학반응을 일으키므로 화학선이라고도 한다.

## (1) 자외선의 종류

• 표 2-3 자외선의 종류 •

| 종류 | 파장 | 특징 |
|---|---|---|
| 장파장(자외선 A : UVA) | 320~400nm | · 피부의 진피층까지 침투<br>· 피부 탄력 감소, 잔주름 유발, 색소침착(기미, 주근깨)<br>· 피부노화의 원인 |
| 중파장(자외선 B : UVB) | 290~320nm | · 표피의 기저층, 진피상부까지 도달<br>· 각질 세포 변형의 원인으로 각질층을 두껍게 함<br>· 비타민 D 합성<br>· 홍반유발, 피부암유발 |
| 단파장(자외선 C : UVC) | 200~290nm | · 대기 중 오존층에 의해 흡수되어 지표에 거의 도달하지 않는다.<br>· 살균, 소독작용 |

## (2) 자외선의 영향

### ① 장점

㉠ 비타민 D 형성 : 구루병 예방, 면연력 강화

㉡ 살균 및 소독 효과

㉢ 강장 효과 및 혈액순환 촉진

### ② 단점

㉠ 홍반 반응

㉡ 색소 침착 및 광노화

㉢ 일광 화상, 피부암촉진

| 이로운 점 | 해로운 점 |
|---|---|
| · 비타민 D 형성<br>· 살균, 소독작용<br>· 혈액순환, 신진대사 촉진 | · 피부표면이 거칠고 단단해지며 건조해짐<br>· 멜라닌색소의 과잉생성으로 색소 침착<br>· 피부탄력저하 및 주름 생성 |

### (3) 자외선에 의한 피부반응

**① 홍반 반응**

㉠ 피부가 붉어지는 현상으로 즉시홍반, 자연홍반으로 나뉜다.
㉡ 자외선 조사 1시간 후 처음으로 피부에 나타나는 발적 현상
㉢ 약한 홍반시 혈액순환 증진, 피부 건조로 인한 피지감소 효과
㉣ 심한 홍반시 열, 통증, 부종, 물집 등 동반

**② 색소침착**

㉠ 피부 색깔이 검어지는 현상
㉡ 홍반의 강도에 따라 색소 침착의 정도가 다름

**③ 일광 화상**

㉠ 조기피부노화의 원인
㉡ 피부가 검어지고, 일주일 정도 경과 후 표피의 두께가 두꺼워져 피부가 칙칙해짐
㉢ 심한 경우 표피 세포가 죽고 피부가 벗겨지며, 염증 · 오한 · 발열 · 물집 등 발생

**④ 피부노화**

㉠ 자외선에 노출 시 나타나는 피부의 조직학적 변화
㉡ 건조가 심해져 피부가 거칠어짐
㉢ 기저층의 각질형성 세포증식이 빨라져 피부가 두꺼워짐
㉣ 교원섬유가 감소하여 피부탄력 감소, 주름 유발
㉤ 진피 내의 모세혈관 확장
㉥ 기미 증가, 검버섯 발생

**⑤ 광과민 반응**

㉠ 햇빛에 잠시만 노출되어도 과도한 일광 화상을 보임
㉡ 가려움증, 발진, 착색 자국이 나타남
㉢ 광과민성 약물, 광독성 반응, 광알레르기 반응 등이 있음

## (4) 자외선으로부터 피부 보호

### ① 자외선 흡수제

㉠ 기능 : 자외선을 흡수하여 화학적 방법에 의해 피부를 보호하는 물질

㉡ 종류 : 파라아미노벤조산유도체, 벤즈이미다즐유도체, 벤조페논유도체, 벤족사졸유도체, 칼파유도체, 디벤조일 메탄유도체, 갈릭산 유도체, 신남산 유도체, 파라메톡시신남산유도체

### ② 자외선 산란제

㉠ 기능 : 분말 상태의 안료에 의해 물리적인 방법으로 자외선을 산란시켜 피부 속 침투를 막는 물질

㉡ 종류 : 산화아연, 아산화티탄, 규산염, 탈크

### ③ 경구투여제

㉠ 기능 : 먹어서 자외선을 부분적으로 방어할 수 있는 물질

㉡ 종류 : 베타카로틴(비타민 A전구체로 손, 발바닥에 축적되며 비타민 A 차단)

### ④ 자외선 차단지수

㉠ 자외선 차단제품을 사용했을 때 피부가 보호되는 정도를 나타낸 지수(백인 : 약 10분, 한국인 : 약 17분)

$$\text{자외선 차단지수(SPF)} = \frac{\text{자외선차단제품을사용했을때의최소홍반량}(MED)}{\text{자외선차단제품을사용하지않았을때의최소홍반량}(MED)}$$

| 자외선 차단제의 조건 |
|---|
| · 물에 쉽게 지워지지 않는 영태의 크림일 것<br>· 피부자극과 반응이 적은 제품일 것<br>· 일광에 닿아 분해되거나 변색되지 않는 안전한 제품일 것<br>· 크림형태는 피부에 얇게 펼쳐지고, 피부에 밀착되고 불쾌한 느낌을 주지 않을 것 |

## 2. 적외선(Infrared Rays)에 미치는 영향

적외선은 피부의 표면에 자극 없이 피부 깊숙이 침투하여 열을 발생하여 열선이라고도 한다. 체온을 상승시키지 않고 열을 전달한다.

### (1) 적외선의 종류

- 근적외선
- 단적외선
- 중적외선
- 장적외선
- 원적외선

### (2) 적외선 효과

① 혈관 확장으로 혈류가 증가
② 영양분의 흡수를 도움
③ 림프의 순환을 원활하게 해주어 통증 완화 및 진정 효과
④ 피부를 이완
⑤ 신진대사와 피부세포내의 화학적 변화 촉진

### (3) 적외선 주의점

① 인체와 간격이 너무 가까우면 안된다.
② 조사시간 20분 정도 적당
③ 얼굴부위 사용시 눈에 마스크 착용

07

# 피부면역

## 1. 면역작용

### (1) 면역계의 구분

① 1차 자연저항 : 피부, 한선, 모공에서 분비되는 지방산, 위장관, 위산, 질 안의 정상 세균층이다.

② 2차 비특이성 저항 : 식세포로 구성된 면역계이다.

③ 3차 특이성 면역 : 림프구로 구성된 면역계이다.

### (2) 선천적 면역

타고난 저항력이나 방어력으로 병의 치료가 이루어지는 면역이다.

### (3) 후천적 면역

후천적으로 성립된 면역으로 능동면역과 수동면역이 있다.

## 2. 인체의 면역기전

① 피부의 산성막

② 피부의 각질박리

③ 랑게르한스 세포기능

④ 피부의 층구조

⑤ 수분저지막

## 3. 면역기관으로서의 피부의 역할

① 백혈구의 이물질 식균작용을 한다.

② B림프구 - 특이항체 생산, 면역글로불린이라는 단백질을 분비하여 면역학적 역할을 수행한다.

③ T림프구 - 혈액내 림프구의 90%를 차지한다.

# Chapter 3

# 공중위생관리학

# 01 공중보건학

## 1. 공중보건학총론

### 1) 건강과 질병

#### (1) 건강

① 정의(세계보건기구(WHO, 1948) 규정) : 건강이란 단순히 질병이 없고 허약하지 않은 상태만이 아닌 육체적, 정신적, 사회적으로 완전히 안녕한 상태를 의미한다.

② 건강의 3요소(Clark · Leavell, 1958) : 건강, 환경, 개인의 행동 및 습관

③ 건강의 기준

- 심신의 안정
- 무병한 상태
- 균형잡힌 체중과 몸매
- 신체 건강한 상태
- 필요 충분한 수면
- 즐거운 사회생활 유지

#### (2) 질병

질병이란 인체의 조직 또는 기관에 이상 증세가 나타남으로 원활한 생리기능을 할 수 없어 인체의 기능 및 구조에 장애가 발생된 상태를 뜻한다.

① 질병발생의 역학적 주요 3대 인자 : 병인, 숙주, 환경

② 3대 인자별 영향 요인

- 병인(직접적인 질병요인) : 병원체의 독성 정도, 침입된 병원체의 수 등

- 숙주(숙주의 감수성, 면역원리에 따른 요인) : 연령, 성별, 건강상태, 영양상태, 유전적 요인, 생활습관, 개인위생, 면역 등
- 환경(외적인 요인, 병인과 숙주를 제외한 모든 요소) : 숙주와 병인 간의 지렛대 역할을 함
  - 물리적 환경 : 기상, 계절, 지진
  - 생물학적 환경 : 병원소, 활성전파체인 매개곤충
  - 사회&경제적 환경 : 인구밀도, 직업, 생활수준, 교육, 사회풍습 등

③ 질병의 자연사 5단계(Clark · Leavell)

비병원성기(1단계) ⇨ 초기 병원성기(2단계) ⇨ 불현성 감염기(3단계) ⇨ 발현성 질환(4단계) ⇨ 회복기(5단계)

④ 질병의 자연사와 예방수준

| 질병의 자연사 | 예방수준 | | |
|---|---|---|---|
| 비병원성기(I) | 환경개선<br>건강증진 | 적극적 예방 | 1차적 예방 |
| 초기 병원성기(II) | 특수예방<br>예방접종 | 소극적 예방 | |
| 불현성 감염기(III) | 조기진단과 치료<br>집단 검진 | 진단과 치료 | 2차적 예방 |
| 발현성 질환(IV) | 악화방지<br>장해의 제한을 위한 치료 | 진단과 치료 | 3차적 예방 |
| 회복기(V) | 재활, 부활<br>사회생활 적응 | 무능력의 예방 | 3차적 예방 |

## 2) 공중보건학의 정의 및 범위

### (1) 윈슬러(Winslow)의 공중보건학 정의

공중보건학은 조직적인 지역사회의 노력을 통하여 질병을 예방하고 생명을 연장 시키며, 신체적 · 정신적 효율을 증진시키는 기술이며 과학이다.

① 공보건학의 대상 : 개인이 아닌 지역 주민

② 공중보건학의 목적 : 질병예방, 수명연장, 신체적 · 정신적 건강 및 효율 증진

③ 접근방법 : 조직화된 지역사회의 노력

### (2) 공중보건학의 범위

① 환경보건 분야 : 환경위생, 식품위생, 환경오염 및 보전 문제, 산업환경
② 질병관리 분야 : 역학 관리, 기생충 질병 관리, 성인병 관리, 감염병 및 비감염병 관리
③ 보건관리 분야 : 보건행정, 보건영양, 인구보건, 가족보건, 모자보건, 의료보건제도, 보건교육, 학교보건, 정신보건, 보건통계, 영유아 보건, 사고 관리

Tip 공중보건의 3대사업 : 보건교육, 보건행정, 보건관계법

## 3) 인구와 보건지표

### (1) 인구

① 정의 : 일정한 시간과 지역에 생존하고 있는 인간의 양적 집단
② 인구의 구성
- 성별 구성 : 여자 100명에 대한 남자 인구비
  - 1차 성비 : 태아의 성비
  - 2차 성비 : 출생 시의 성비
  - 3차 성비 : 현재 인구의 성비
- 연령별 인구 구성 : 연령에 맞게 인구수 산출 및 분류
  - 1세 미만 영아 인구
  - 1~14세 소년 인구
  - 15세~64세 생산연령 인구
  - 65세 이상 노년 인구
- 인구 피라미드
  - 피라미드형(인구증가형) : 출생률 증가, 사망률 감소형(후진국형)
  - 종형(인구정지형) : 출생률과 사망률이 낮은 형(가장 이상적인 형)
  - 항아리형(인구감퇴형) : 출생률이 사망률보다 낮은 형(선진국 형)
  - 별형(유입형) : 생산연령인구가 전인구의 1/2 이상인 형(도시 유입형)
  - 기타형(유출형) : 생산연령인구가 전인구의 1/2 미만인 형(농촌형)

③ 인구문제
- 인구문제 인식

  • 3P(인구, 오염, 빈곤)와 3M(영양실조, 질병, 죽음)의 문제
  • 인구증가로 인한 경제발전 저해, 자원의 부족, 환경오염 증가, 기아, 위생시설 등 공중보건 불충분의 문제점 대두
- 인구정책
  • 인구조정정책 : 개발도상국
  • 인구대응정책
    - 양적 조정정책(사망률, 출생률 저하/가족계획을 통한 출생률 달성)
    - 질적 조정정책(인구의 성별, 연령별 구조의 불균형을 결혼과 출산을 통해 달성)
    - 저출산 대비 인구정책 : 저출산 고령화 사회 대비를 위한 대책이 절실

#### (2) 보건지표

① 보건지표의 정의 : 인구집단의 건강상태뿐 아니라 보건정책, 의료제도, 의료자원 등 다양한 내용의 수준이나 구조 또는 특성을 설명할 수 있는 광의의 수량적 개념이다.

② 보건지표 체제
- 건강지표 : 비례사망자수, 평균수명, 조사망률
- 보건의료서비스 : 의료 인력과 시설, 보건정책지표
- 사회 · 경제지표 : 인구증가율, 국민소득, 주가상태 등

#### (3) 건강지표의 정의

개인, 지역사회의 건강수준을 직접적으로 나타내는 지표이다.

## 2. 질병관리

### 1) 감염병 관리

#### (1) 감염병 발생의 3대 요인

① 감염원 : 인간에게 직접 가져오는 원인이 되는 것(병원체, 병원소)
환자, 보균자, 감염동물, 오염식품, 오염수, 오염생활 용구

② 감염경로 : 모든 환경적인 요인으로 병원체의 전파 수단이 되는 것(환경)
직접접촉전파, 간접접촉전파, 공기전파, 동물매개전파, 개달물에 의한 전파

③ 숙주 : 병원체의 기생으로 영양물질의 탈취 및 조직손상 등을 당하는 생물

## (2) 감염병

① 감수성지수(접촉감염지수)

감수성숙주 : 감수성이 높은 인구집단에서는 감염병이 유행이 된다. 감수성 숙주란 면역력이 낮은 것을 말한다.

② 감염병 발생과정 : 감염병이 발생되는 과정에는 일반적으로 다음과 같은 6개 요인이 반드시 연쇄적으로 상호관계가 유지됨으로써 생성되며, 이 중 어느 한 가지라도 성립되지 못하면 감염병의 전파가 발생되지 않는다.

㉠ 병원체
㉡ 병원소
㉢ 병원소로부터 병원체의 탈출
㉣ 전파
㉤ 신숙주의 침입
㉥ 신숙주의 감수성 및 면역성

③ 감염병 발생요인

- 병원체 : 숙주에 침입하여 특정한 질병을 일으키는 미생물을 말한다.

| | |
|---|---|
| 세균(Bacteria) | - 단세포로 0.2-2.0㎛의 크기 미생물.<br>- 간균 : 막대모양(디프테리아, 장티푸스, 결핵균)<br>- 구균 : 둥근모양(연쇄상구균, 폐렴균, 포도상구균)<br>- 나선균 : 나선형모양(콜레라균)<br>- 콜레라, 장티푸스, 디프테리아, 이질, 결핵, 나병, 백일해, 파라티푸스 등 |
| 바이러스(Virus) | - 크기가 작아서 전자현미경으로 관찰되고 살아있는 세포내에 기생한다.<br>- 유행성 소아마비(폴리오), 홍역, 유행성이하선염(볼거리), 유행성 일본뇌염, 광견병(공수병), AIDS, 유행성간염, 인플루엔자(겨울 독감), 트라코마(눈병) 등 |
| 리케차(Rickettsia) | - 세균과 바이러스의 중간 크기로 생물체의 세포내에 기생하는 점은 바이러스와 비슷하다.<br>- 발진티푸스, 발진열, 양충병, 로키산홍반열, Q열 등 |
| 진균, 사상균 | - 곰팡이, 버섯, 효모 등이며 생물학적으로는 식물과 유사하나 엽록소가 없어 광합성을 하지 않는다. 사람에게 진균증을 일으킨다.<br>- 무좀, 칸디다 사상증 |
| 스피로헤타 | - 매독, 서교증, 와일씨병(렙토스피라증), 재귀열, 황달 등 |
| 원생동물(원충) | - 이질아메바, 말라리아, 질트리코모나스, 사상충 등 |

**Tip** 호기성과 혐기성

- 호기성 세균 : 공기 중에서 생육·번식하는 세균
- 혐기성 세균 : 공기가 없는 곳에서 생육·번식하는 세균

- 병원소 : 병원체가 생존, 증식하면서 살 수 있는 장소로 인간병원소(결핵, 매독, 콜레라, 이질), 동물병원소(페스트, 광견병), 토양병원소(진균류의 히스토플라스마증, 분아균증, 파상풍)등을 들 수 있다.

| 구분 | | |
|---|---|---|
| 인간 | 환자 또는 보균자(감염병관리상 중요 대상)<br>- 건강보균자 : 건강한 사람과 다름없지만 병원체를 보유한 감염자로 B형 바이러스, 폴리오, 일본뇌염, 디프테리아 등이 있다.<br>- 회복기보균자 : 감염성 질병에 걸린 후 증상이 사라진 후, 병원체를 계속 배축하는 보균자로 디프테리아, 장티푸스 등이 있다.<br>- 잠복기보균자 : 증상이 나타나지 않는 잠복 기간 중에 병원체를 배출하는 보균자로 호흡기 질병, 홍역, 유행성 이하선염 등이 있다.<br>- 만성보균자 : 병원체를 오랫동안 지속적으로 보유하고 있는 보균자로 장티푸스, B형 바이러스 감염자 등이 있다. | |
| 동물 | 소 | 결핵, 탄저, 파상열, 살모넬라증, 보툴리즘 |
| | 돼지 | 일본뇌염, 탄저, 렙토스피라증, 살모넬라증 |
| | 양 | Q열, 탄저, 보툴리즘 |
| | 개 | 광견병, 톡소플라스마증 |
| | 말 | 탄저, 유행성 뇌염, 살모넬라증 |
| | 고양이 | 살모넬라증, 톡소플리마증 |
| | 쥐 | 페스트, 발진열, 살모넬라증, 렙토스피라증, 쯔쯔가무시병(양충병) |
| | 조류 | 살모넬라증, 결핵 |

- 보균자
  - 병후보균자(세균성이질 등)
  - 잠복기보균자(디프테리아, 홍역, 백일해 등)
  - 건강보균자(폴리오, 일본뇌염 등)

**Tip** 병원소에서 병원체의 탈출

- 호흡기계 탈출
- 장관 및 비뇨기관(분변, 토사물, 소변, 분비물) 탈출
- 개방병소(상처 부위 등. 피부병, 옴) 탈출
- 기계적(곤충의 흡혈, 주사기 등) 탈출

### (3) 감염병의 종류

| 소화기계 감염병 | 장티푸스, 콜레라, 세균성이질, 폴리오(유행성소아마비), 유행성간염, 파라티푸스 등 |
|---|---|
| 호흡기계 감염병 | 디프테리아, 홍역, 백일해, 천연두(두창), 풍진, 성홍열, 결핵, 수두, 유행성이하선염 등 |
| 동물매개 감염병 | 광견병(공수병), 탄저병, 페스트(흑사병), 파상열(브루셀라), 발진티푸스, 말라리아, 유행성일본뇌염 등 |
| 만성감염병 | • 결핵, 나병(한센병,문둥병), 성병(매독), AIDS(후천성면역결핍증), B형간염, 임질 등<br>• 만성 감염병은 발생률이 낮고 유병률이 높으나, 급성 감염병은 발생률이 높고 유병률이 낮다. |

### (4) 질병의 전파

질병의 전파란 병원소로부터 배출된 병원체가 새로운 숙주까지 매개체에 의해 운반되어지는 것을 말하며, 직접 전파와 간접 전파 또는 활성 전파체와 비활성 전파체로 구별된다.

① 직접 전파 : 매개체 없이 전파되는 것, 접촉에 의한 전파, 비말에 의한 전파
탄저, 파상풍, 사상균, 구충증, 태반감염, 수지감염, 풍진, 매독, 톡소플라스마증, 홍역, 인플루엔자, 성병, 피부병

② 간접 전파 : 중간 매개체에 의한 전파, 생물에 의한 활성매개체와 무생물에 의한 비활성매개체가 있으며 공기도 매개체의 역할을 한다.
- 모기 : 말라리아, 사상충증, 일본뇌염, 황열, 뎅기열, 로이사상충증(등에)
- 파리 : 장티푸스, 이질, 소아마비, 리슈마니아증(나방), 수면병(체체파리)
- 진드기 : 재귀열(공주), 신증후군출혈열, 수면병, 로키산홍반열, 야토병, 양충병(털)
- 이 : 발진티푸스, 재귀열, 참호열
- 벼룩 : 발진열, 흑사병, 재귀열
- 쥐 : 렙토스피라증, 소아마비, 살모넬라증
- 물고기 : 간흡충증
- 게 : 폐흡충증

③ 활성 전파체 : 전파동물이라고 호칭되며, 절지동물(모기, 진드기, 게, 새우 등)이 대표적이다.
- 증식형 전파 : 매개체 내에서 수적으로 증식 전파(재귀열, 페스트, 황열, 뇌염)

- 발육형 전파 : 매개체 내에서 병원체가 감염형으로 발육 전파(사상충증)
- 발육증식형 전파 : 매개체 내에서 유성 생식을 거쳐 증식 전파(말라리아, 수면병)
- 배설형 전파 : 매개체 내에서 증식 장관을 통해 배설 전파(발진티푸스, 발진열, 페스트)
- 난소전이형 전파 : 난소를 통해 병원체가 다음 세대까지 전달되는 전파(로키산 홍반열, 재귀열)로, 경란형이라고도 한다.

④ 비활성 전파체 : 병원체를 전파하는 무생물을 말한다. 즉 물, 우유, 식품, 공기, 토양과 개달물인 의복, 장구, 책, 완구 등에 의해서 전파된다.

⑤ 새로운 숙주에 침입

- 소화기계 감염병(경구적 침입) : 폴리오, 콜레라(호열자), 이질, 장티푸스, 파라티푸스, 유행성간염, 파상열 등
- 호흡기계 감염병 : 결핵, 나병(한센병, 문둥병), 두창, 디프테리아, 성홍열, 수막구균성 수막염, 인플루엔자(겨울 독감), 백일해, 홍역, 유행성이하선염(볼거리), 폐렴 등
- 경피 침입 : 트라코마(눈병), 파상풍, 와일씨병, 야토병, 페스트, 발진티푸스, 일본뇌염 등
- 성기 피부점막 : 매독, 임질, 연성하감 등
- 유행성간염 : 소화기계 감염병에 속하나 A, B, C 형 중 A형은 수혈을 통하여 감염된다.

## 2) 면역

### (1) 면역의 분류

선천성 면역, 후천성 면역, 자연 수동면역, 인공 수동면역

### (2) 면역과 질병

① 영구 면역 형성이 잘되는 감염병 : 두창, 홍역, 수두, 유행성 이하선염, 백일해, 성홍열, 발진티푸스, 페스트, 황열, 콜레라 등

② 불현성 감염에 의해 영구 면역이 잘되는 감염병 : 발진열, 결핵, 일본뇌염, 폴리오 등

③ 한 번 이환된 후 면역이 아주 약한 감염병 : 이질, 콜레라, 폐렴, 디프테리아, 인플루엔자, 수막구균성 수막염, 세균성이질 등

④ 질병에 이환된 적이 있더라도 전혀 면역이 안 되는 감염병 : 임질, 트리코모나스, 매독 등의 성병과 말라리아 등

| 후천적 면역 | 종류 | 설명 |
|---|---|---|
| 능동면역 | 자연능동면역 | 병원체를 감염받아서 생긴 과거의 현성면역, 불현성 감염으로 형성<br>(영구면역 : 두창. 홍역, 수두 등, 일시적면역 : 세균성이질, 폐렴 등) |
| | 인공능동면역<br>(예방접종으로 형성) | 생균 : 두창, 탄저, 광견병, 결핵, 홍역, 황열, 폴리오 |
| | | 사균, 장티푸스, 파라디푸스, 콜레라, 백일해, 일보뇌염, 폴리오 |
| | | 순화독소 : 디프테리아, 파상풍 |
| 수동면역 | 자연수동면역 | 태아가 모체로부터 태반, 모유를 통해 형성(4-6개월동안 지속됨) |
| | 인공수동면역 | 회복기 혈청, 면역 혈청, 감마글로불린 등 면역기 혈청 주사를 통해 형성 |

### (3) 질병의 원인별 분류

① 선천적 또는 접촉감염에 의한 질병
- 감염 : 매독, 두창, 풍진 등
- 비감염 : 혈우병, 통풍, 고혈압, 알르레기, 당뇨병, 정신발육지연, 시력장애, 청력장애 등

② 병원미생물감염에 의한 질병 : 각종 감염병 등

③ 식습관으로 인한 질병 : 과식에 의한 비만증, 관상동맥, 심장질환, 고혈압, 당뇨, 관절염 등

④ 공해로 인한 질병
- 미나마타병 : 수은 중독
- 이타이이타이병 : 카드뮴 중독
- 만성기관지염 및 천식 또는 폐기종 : 아황산가스 등 대기 오염
- 폐암 : 자동차 배기가스로 인한 대기오염
- 만성폐섬유화 및 폐기종 : 질소산화물의 장기 흡입

### (4) 비말감염과 진애감염

① 비말감염 : 환자의 기침, 재채기, 대화 시 튀어나오는 타액에 의한 감염
② 진애감염 : 병원체가 붙어 있는 먼지에 의한 감염

### (5) 당뇨병

인슐린 호르몬이 결핍되면 당질대사가 저하되어 혈액 속의 포도당양이 늘어 당뇨를 일으키게 된다.

### (6) 법정감염병과 예방접종

#### ① 법정감염병

- 제1군 감염병(6종) : 콜레라, 장티푸스, 파라티푸스, 세균성 이질, 장출혈성대장균감염증, A형간염
- 제2군 감염병(12종) : 디프테리아, 백일해, 파상풍, 홍역, 유행성이하선염, 풍진, 폴리오, B형간염, 일본뇌염, 수두, b형 헤모필루스인플루엔자, 폐렴구균
- 제3군 감염병(19종) : 말라리아, 결핵, 한센병, 성홍열, 수막구균성수막염, 레지오넬라증, 비브리오패혈증, 발진티푸스, 발진열, 쯔쯔가무시증, 렙토스피라증, 브루셀라증, 탄저, 공수병, 신증후군출혈열, 인플루엔자, 후천성면역결핍증, 매독, 크로이츠펠트-야콥병(CJD) 및 변종크로이츠펠트-야콥병(vCJD)
- 제4군 감염병(18종) : 페스트, 황열, 뎅기열, 바이러스성 출혈열, 두창, 보툴리눔독소증, 중증 급성호흡기 증후군(SARS), 동물인플루엔자 인체감염증, 신종인플루엔자, 야토병, 큐열, 웨스트나일열, 신종감염병증후군, 라임병, 진드기매개뇌염, 유비저, 치쿤구니야열, 중증열성혈소판감소증후군(SFTS)
- 제5군 감염병(6종) : 회충증, 편충증, 요충증, 간흡충증, 폐흡충증, 장흡충증
- 지정감염병 : 제1군 감염병부터 제5군 감염병까지의 감염병 외에 유행 여부를 조사하기 위하여 감시활동이 필요하여 보건복지부장관이 지정하는 감염병
- 인축공통(공동)감염병 : 사람과 동물 사이에서 동일한 병원체에 의해서 발생하는 질병이나 감염 상태의 감염병

#### ② 예방접종

- BCG(결핵) : 생후 4주 이내에 접종
- 디.티.피(DTaP : 디프테리아, 백일해, 파상풍)와 소아마비(폴리오 : OPV) : 기본 접종(2개월, 4개월, 6개월의 3회) 후 18개월에 추가 접종

- 홍역, 볼거리, 풍진 : 생후 15개월에 접종
- 일본뇌염 : 3~15세에 접종

#### ③ 잠복기(감염되고 나서 발병되기까지의 기간)

- 1주일 이내 : 콜레라(호열자), 이질, 성홍열, 뇌염(유행성일본뇌염), 파라티푸스, 황열, 디프테리아, 인플루엔자(겨울 독감) 등
- 1~2주일 : 발진티푸스, 백일해, 홍역, 두창(천연두), 풍진, 유행성이하선염(볼거리), 장티푸스, 수두, 폴리오(소아마비,급성회백수염) 등
- 나병(한센병), 결핵, 광견병(공수병) 등은 잠복기가 특히 길다.
- 잠복기가 가장 긴 감염병은 결핵이며, 가장 짧은 감염병은 콜레라이다.

## 3) 기생충 질환 관리

### (1) 기생충 관리

#### ① 기생충의 종류

- 선충류 : 회충, 요충, 편충, 구충, 동양모양선충, 사상충, 아니사키스충 등
- 흡충류 : 간흡충, 폐흡충, 요꼬가와흡충(횡천흡충), 이형흡충 등
- 조충류 : 유구조충, 무구조충, 광절열두조충, 만소니열두조충 등
- 원충류 : 이질아메바원충, 말라리아원충 등

#### ② 기생충 질환의 예방대책

구충약 복용, 위생상태 개선, 식생활의 개선, 소독 실시

### (2) 숙주와 기생충

#### ① 기생충증 전파 경로

- 회충 : 분변으로 탈출한 회충 수정란이 감염형이 되어 오염된 야채, 불결한 손, 파리의 매개로 오염된 음식물을 통해 경구 침입을 한다.
- 구충증 : 인체의 소장에 기생하면서 감염 4~7주 후 산란을 해서 분변으로 배출되며, 자연환경에서 부화한다.
- 요충증 : 성숙 충란이 불결한 손이나 음식물을 통해 경구 침입하여 소장 상부에서 맹장에 이르러 성충이 되며, 직장으로 옮겨와 45일 전후면 숙주가 잠자는 사이에 항문 밖으로 나와 항문 주위에 산란한다.
- 말레이 사상충증 : 매개체인 모기가 감염자의 혈류에서 사상충의 자충을 흡혈하고 2~3주 후 필라리아형으로 되어 건강인을 흡혈할 때 감염시킨다.

**② 어패류로부터 감염되는 기생충(중간숙주가 2개인 기생충)**

- 간디스토마증(간흡충증) : 민물고기를 생식하는 강 유역 주민에게 많이 감염되며, 분변에서 배출된 충란이 제1중간숙주인 쇠우렁이를 거쳐 셀카리아가 되었다가, 제2중간숙주인 잉어나 참붕어, 피라미, 모래무지 등에 들어가 피하조직과 근육 내에서 메타셀카리아가 된다.
- 폐디스토마증(폐흡충증) : 산간 지역 주민에게 감염되며 제1중간숙주인 다슬기에 침입하여 셀카리아가 된다. 셀카리아는 수중으로 나와 제2중간숙주인 가재, 게 등의 아가미, 간장, 근육 내에 침입하여 6주 후면 메타셀카리아가 된다.
- 요꼬가와흡충증 : 제1중간숙주는 어패류, 다슬기 등이고 제2중간숙주는 민물고기(은어)이다.
- 아니사키스 : 고등어, 대구, 오징어, 고래 등에서 감염된다.

**③ 수육으로부터 감염되는 기생충(중간숙주가 1개인 기생충)**

- 무구조충증(민촌중층) : 오염된 풀의 중간숙주인 소가 먹으면, 장 내에서 장벽을 뚫고 골격근 내로 옮겨와 3~6개월 후면 무구낭충이 된다.
- 유구조충증(갈고리촌충증) : 충란 오염물을 중간숙주인 돼지가 먹으면 유구조충이 근육을 뚫고 들어가 60~70일이면 유구낭충이 된다. 또한 사람이 낭충이 있는 돼지고기를 덜 익혀서 먹으면 낭충이 소장 내에서 2~3개월 내에 성충이 된다.
- 선모증 : 쥐, 돼지, 개, 여우 등과 사람의 인축공통감염병이다.
- 톡소플라스마 : 돼지, 개, 고양이, 생달걀 등으로부터 감염된다.
- 만소니열두조충 : 닭으로부터 감염된다.

**④ 원충류**

- 이질아베마 : 분변을 사용한 식품에 의해 감염된다.
- 질트리코모나스 : 성행위, 목욕탕, 변기 등을 통해 감염된다.
- 경피감염기생충 : 십이지장충(구충), 말라리아원충 등
- 중간숙주가 없는 기생충 : 회충, 구충, 편충, 요충 등

**⑤ 사람이 중간숙주 구실을 하는 기생충 : 말라리아**

## 4) 성인병 관리

### (1) 동맥경화와 심장병

① 동맥경화 : 혈관에 지방, 콜레스테롤, 중성 지방 등이 침착되어 혈관의 내경이 좁아져 혈액의 운반이 원활하게 일어나지 모하게 되는 병명을 말한다.
② 원인 : 관상동맥경화증, 고혈압성 심장병, 류마티스성 심장병 등이 있다.
③ 콜레스테롤 : 콜레스테롤이 혈액 내에 과다하게 존재 시 심장질환에 심각한 영향을 미친다.
④ 위험인자 : 고지혈증, 고혈압, 흡연은 동맥경화를 유발시키는 3대 요인이다.
⑤ 진단 : 혈압측정, 요 검사, 혈청지질, 콜레스테롤, 중성 지방의 측정 등 종합검사를 실시한다.
⑥ 예방 : 과도한 스트레스, 과로, 자극을 피하고 규칙적인 생활습관을 가지며 채소, 과일을 많이 섭취하고 동물성 지방은 제한하며, 적당한 운동을 통하여 적절한 체중을 유지한다.

### (2) 고혈압

임상적으로 성인의 경우 최고 혈압이 150~160mmHg 이상, 최저 혈압이 90~95 mmHg 이상을 고혈압으로 보고 있다. 정상 혈압은 90~140mmHg,저혈압은 최고 혈압이 100mmHg이고 최저 혈압이 60mmHg 이하인 것을 말한다.

### (3) 뇌졸중

머리 속의 뇌동맥 이상으로 혈관이 파괴되어 발생한다.
① 원인 : 고혈압, 동맥경화, 협심증, 술, 짠 음식, 과로와 스트레스, 흡연 등이다.
② 예방 : 뇌졸중의 원인이 되는 고혈압, 당뇨병, 심장병의 예방이 중요하다.

### (4) 당뇨병

췌장에서 분비되는 인슐린의 부족에 의해 생기는 대사장애이다.
① 종류 : 인슐린 의존형인 당뇨병, 인슐린 비의존형인 당뇨병, 임신성 당뇨병이 있다.
② 증상 : 혈당이 많이 올라가면 갈증이 나서 물을 많이 마시게 되고 소변량이 늘어 화장실을 자주 가게 된다.
③ 치료 : 혈당량을 정상으로 유지하며, 혈중 지질농도를 너무 높게 하지 말고 당뇨로 인한 합병증을 감소시켜야 하며 동맥경화증에 주의해야 한다.

#### (5) 암

개체의 필요에 따라 규칙적이고 절제 있는 증식과 억제를 할 수 있는 정상세포와 달리 비정상적인 세포가 성장·증식하여 조직을 파괴하고, 원발 부위에서 다른 부위로 이전하여 그 조직을 파괴시키는 질환을 말한다.

① 특징 : 다른 조직에 전이하여 다른 장기 조직의 파괴를 가져오기도 한다.
② 원인 : 흡연, 음주, 자외선, 잘못된 식생활습관, 오염된 공기 등을 원인으로 본다.
③ 예방 : 비타민 C, 비타민 E 등을 비롯한 항산화제 섭취, 동물성 지방은 피하고 채소와 과일을 섭취, 규칙적인 적절한 운동, 과음, 과식, 흡연, 과도한 자외선 노출과 과도한 스트레스를 피하도록 한다.

## 3. 가족 및 노인보건

### 1) 모자보건의 정의

#### (1) 모자보건의 정의

1986년에 개정된 모자보건법 제1조에 의하면 "모성의 생명과 건강을 보호하고 건전한 자녀의 출산과 양육을 도모함으로써 국민보건향상에 기여함을 목적으로 한다." 라고 규정하고 있다. 또한 모자보건은 모성보건과 영유아보건으로 나누어진다.

#### (2) 모자보건의 대상

모자보건의 대상은 임신, 출산, 육아를 담당하는 모성집단과 출생, 성장, 발달이라는 일련의 성숙 과정을 거치는 어린이 집단을 대상으로 건강 상태와 상관없이 아동복지를 위한 보건사업에 이르기까지 전부를 포함하여 사업의 대상으로 한다.

#### (3) 모성사망(임산부 사망)

모성사망이란 임신, 분만, 산욕에 관련되는 질병, 또는 임신 합병증 때문에 야기되는 모성사망에 국한된다. 임신 중 각종 감염병, 중독사, 익사 등의 사고에 의한 사망은 포함되지 않는다.

#### (4) 모성보건 지도

모성보건의 3대 사업은 산전보호관리, 산욕보호관리, 분만보호관리 등으로 나뉜다.

#### (5) 보건지표

국민집단의 건강 상태뿐만 아니라 이에 관련되는 보건정책, 의료제도, 의료자원 등 여러 내용의 특성을 설명할 수 있는 수량적 개념이다.

### 2) 가족계획

#### (1) 가족계획의 목적

부모의 건강, 모자보건, 가정경제생활의 향상, 생활양식의 개선, 행복한 가정 생활 영위, 문화적인 생활 영위

#### (2) 가족계획의 고려내용

결혼, 초산연령, 출산횟수, 출산간격, 단산연령, 육아계획

### 3) 인구

인구란 일정한 시기에 일정한 지역에서 생존하는 인간의 집단을 말한다.
인구는 출생, 사망 이동 3요소에 의해 변화를 갖게 되는데 이를 인구변수하고 한다.

#### (1) 인구구조의 형태

피라미드형 : 출생률이 높고 사망률이 낮은 형태로 인구증가형이다.
종형 : 저사망률과 저출생률로 인구증가가 정지되는 인구정지형으로 이상적인 형태이다.
방추형 : 출생률이 사망률이 낮은 형태로 선진국에서 나타난다.
별형 : 생산연령층의 인구가 유입되는 도시형 형태이다.
포주박형 : 생산연령층이 감소하는 농촌형 형태이다.

#### (2) 보건수준에 따른 건강지표 3가지

① 평균수명
② 조사망률
③ 비례사망지수

### 4) 노인보건

- 노인이란 신체적 정신적으로 기능이 쇠퇴와 심리적인 변화가 일어나 자기유지 기능과 사회적역할 기능이 약화되고 있는 사람을 말하며 우리나라 노인복지법의 노인기준 연령은 만 65세이다.

# 4. 환경보건

## 1) 환경보건

### (1) 환경보건의 개념

우리나라 환경보건법에 의하면 자연의 상태인 자연환경과 인간의 일상생활과 밀접한 관계가 있는 재산의 보호 및 동식물의 생육에 필요한 생활환경을 말한다.

① 환경위생의 정의(WHO) : 인간의 신체발육, 건강 및 생존에 유해한 영향을 미치거나 미칠 가능성이 있는 인간의 물리적 생활환경에 있어서의 모든 요소를 통제하는 것이다.

② 환경위생의 분류 : 자연적 환경

- 공기 : 기온, 기습, 기류, 기압, 매연, 가스, 공기이온, 공기 조성 등
- 토지 : 기온, 지균, 지층, 토지조성 등
- 광선 : 가시광선, 자외선, 적외선 등
- 물 : 수량, 수질, 강수, 지표수, 지하수 등
- 음향 : 소음, 잡음 등

③ 생리적 환경(생물학적 환경) : 설치류, 모기, 파리 등의 위생해충 등

### (2) 감각온도의 3요소 : 기온, 기습, 기류

① 기온(온도) : 지상 1.5m에서의 건구온도, 쾌적온도는 18±2℃이다.

② 기습(습도) : 일정온도에서 공기 중에 포함된 수증기의 양으로, 습도에 따라 불쾌지수(D.I)가 달라진다(쾌적습도 : 40~70%).

③ 기류(공기의 흐름, 바람) : 온도나 지형의 차이로 인해 일어나는 공기의 흐름이다.

## 2) 수질환경

### (1) 상수환경의 개요

#### ① 인체와 물

- 체중의 60~70%가 물로 구성되어 있다.
- 10%를 상실하면 생리적 이상이 발생한다.
- 20% 이상 상실하면 생명이 위험하다.
- 성인 1일 수분섭취 필요량 : 2.0 ~ 2.5L

#### ② 물의 경도

- 경수(센물) : 칼슘, 마그네슘 등의 다량 함유된 물로 비누거품이 잘 일어나지 않는다.
- 연수(단물) : 칼슘, 마그네슘 등의 함량이 적은 물로 비누거품이 잘 일어난다.

### (2) 물의 보건적 문제

#### ① 수인성 감염병

- 종류
  - 물을 통해 감염되는 질병
  - 장티푸스, 파라티푸스, 세균성이질, 아메바성이질, 콜레라, 유행성간염 등
- 수인성 감염병의 특징 : 환자의 발생이 폭발적이다.

#### ② 수인성 기생충 질환

- 물을 통해 전파되는 기생충
- 간디스토마, 폐디스토마, 회충, 편충, 구충 등

#### ③ 오염방지

오염원으로부터 20m 이상 떨어져 있어야 한다.

### (3) 상수의 수원

① 천수(비, 눈) : 매진, 분진, 세균량이 많다.

② 지표수 : 하천수, 호수를 말하는데 오염물이 많을 수 있다.

- 하천수의 구성성분은 계절, 배수 지역의 지형에 따라 다르다.
- 홍수 시에는 하천유량의 대부분이 표면수(지표수)로 된다.
- 건기에는 지하수가 많으며 경도 높아진다.
- 최대유량과 최소유량 사이의 기간에는 수질 변화가 심하다.
- 하천의 유량이 적을수록 수질오염이 높아진다.

③ 지하수 : 유기물, 미생물이 적고 탄도는 낮으나 경도가 높다.

④ 복류수 : 하천 저부에서 취수하는 방법으로 지표수보다는 깨끗하다.

⑤ 해수 : 그대로는 음용수로 사용하지 못하고 화학작용을 이용하여 음료수화할 수 있다.

## (4) 물의 정수법(집수 ⇨ 침전 ⇨ 여과 ⇨ 소독 ⇨ 배수 ⇨ 급수)

### ① 침사(집수, 취수)

- 일반적으로 상수처리를 행하기 전에 펌프 등의 손상을 방지하기 위하여, 물속에 포함된 모래와 흙을 침전법에 의하여 제거하는 것을 말한다.
- 규모가 큰 것을 침사지라 하고 규모가 작은 것은 침사조라고 한다.

### ② 침전

- 보통침전(완속침전) : 일반적으로 액체 속에 존재하는 작은 고체가 액체 바닥에 가라앉아 쌓이는 현상을 말한다.
- 약품침전(급속침전) : 미세먼지나 비중이 낮은 용해질 침전에 이용하며, 약물(황산알루미늄, 암모늄명반, 황산제일철, 황산제이철, 염화제일철)을 사용한다.
- 응집제로는 황산알루미늄·황산제이철·염화제이철 등 알루미늄이나 철 등의 화합물을 사용한다.

### ③ 여과

- 완속여과
  - 여과지 속에 수원지의 물을 보내어 그곳에 설치한 모래와 자갈로 된 여과층을 통과하게 함으로써 물을 정화하는 방식의 상수도 정수법이다.
  - 사면대치법으로 세척한다.
- 급속여과
  - 여과지의 사층에서 물을 여과하는 점에서는 완속여과와 비슷하나, 약품침전지와의 조합에서는 1일 100~150m속도로 여과하므로 완속여과에 비해 같은 여과면적 · 여과시간에 30배 이상이라는 높은 능률로 여과할 수 있다.
  - 사층이 빨리 쌓여 거의 매일같이 물과 압축공기로 사층을 밑에서 위로 분사(역류세척법)하여 모래를 깨끗하게 씻어 내야 한다.

### ④ 소독

- 배수 또는 급수 전에 반드시 실시해야 하는 과정이다.
- 열처리법, 자외선소독법, 표백분소독법, 오존소독법이 사용된다.
- 상수소독에는 염소소독이 주로 사용된다.
- 잔류염소 : 물을 염소로 소독했을 때 하이포아염소산과 하이포아염소산 이온의 형태로 존재하는 염소로 유리잔류염소라고도 한다. 일반적으로 수인성감염병균(이질, 콜레라, 장티푸스, 파라티푸스 등)은 잔류염소 0.2ppm에서 30분 후 완전히 소멸된다.

Tip 밀스라인케 현상 : 콜레라 예방을 목적으로 수원지인 강물을 여과급수한 결과 사망률이 감소한 것을 밀스라인케 현상이라 한다.

## (5) 음용수의 수질판정기준(미생물 기준)

① 일반세균수 : 1ml 중 100CFU(Colony Forming Unit)를 넘지 않을 것
② 대장균군 : 총 대장균군은 100ml에서 검출되지 않을 것
③ 대장균 : 그람음성의 무아포성의 단간균으로 유당을 분해하여 산과 가스를 만드는 호기성 또는 통성혐기성균으로, 수중에 대장균군이 많으면 병원성 미생물이 존재할 가능성이 있다.

## (6) 하수환경의 개요

### ① 하수처리의 필요성

- 분뇨처리가 위생적으로 행해진다.
- 지역의 배수가 좋게 된다.
- 소화기계감염병, 기생충병의 예방 및 모기와 파리의 발생 방지, 쥐의 서식 방지 역할을 한다.
- 상수원의 오염을 예방한다.
- 생활환경의 개선에 도움을 준다.
- 어류의 사멸 등 자연환경의 파괴를 방지한다.

### ② 하수처리의 종류

- 합류식 : 가정하수, 산업폐수, 자연수, 천수 등 모든 하수를 운반하며 악취 발생과 범람의 위험이 있다.
- 분류식 : 천수를 별도로 운반한다.
- 혼합식 : 천수와 사용수의 일부를 함께 운반한다.

※ 합류식의 장점 : 시설비가 저렴하고 천수(빗물)에 의해 하수관이 자연 청소되며, 하수관이 크므로 수리 • 검사 • 청소 등이 편리하다.

### ③ 하수처리 과정(예비처리 ⇨ 본처리 ⇨ 오니처리)

- 호기성처리
  • 살수여상법(60ppm 이하)
  • 비교적 지경이 큰 쇄석과 콕스를 1.8~3.0m 정도 겹쳐쌓아 여상을 만든다.

- 제일침전지 ⇨ 살수여상지 ⇨ 최종침전지 ⇨ 소화조의 순서로 실시하며 수령이 갑자기 변화해도 조치가 가능하나 파리의 발생 및 악취의 발생이 심하며 높은 수압이 필요하다.

- 오니처리 : 오니(슬러지)를 최종적으로 안전하게 처분 또는 이용하도록 하는 가공법으로 슬러지(찌꺼기) 처리라고도 하며, 오니처리는 배수·배기가스로 환경에 배출되는 오염물질을 모아 고형물화하여 토계로 안전하게 복원시킴으로써 수질·대기오염을 방지하는 과정이다.
- 최종 생성물인 오니의 처리
  - 대부분은 단순히 매립 처분되고 있다.
  - 기타 소각법이나 사상건조법, 소화법 등이 있다.
- 폭기 : 물속에 공기를 불어넣어 물속의 산소를 증가시킴과 동시에 물속에서 나오기 어려운 과잉의 유해한 이산화탄소나 질소를 빼내거나 물을 공기 속에 분무시키는 일로 상수 처리 과정으로 사용되기도 한다.

### (7) 하수오염측정

① 생화학적 산소요구량(BOD) : BOD가 높다는 것은 분해 가능한 유기물질이 많이 함유되어 있다는 것을 말하며, 이것은 하수의 오염도가 높다는 것을 의미한다.

② 용존산소량(DO) : 하수 중의 용존산소량은 오염도를 측정하는 방법이며, 용존산소의 부족은 오염도가 높음을 의미한다.

③ 위생하수의 서한도
- DO : 5ppm 이상
- BOD : 20ppm 이하

④ BOD 측정 : 일반적으로 20℃에서 20일이 필요하나, 너무 길기 때문에 통상 5일의 기간을 지정한다.

### (8) 분뇨와 진개(쓰레기)

#### ① 분뇨의 처리법

- 분뇨의 소화처리법
- 분뇨의 습식산화법 : 병원균이 완전사멸하며, 가장 위생적인 처리 방법으로 고압(70~80기압), 고온(200~250℃)에서 소각한다.
- 투기 : 육상, 해상, 하천에 그대로 버리는 원시적인 방법으로 채소밭, 하수도, 하천, 항만 및 해안에는 투기할 수 없다.
- 매몰 : 땅속에 묻는 방법으로 지하수를 오염시킨다.

#### ② 분변에 의한 소화기계 질병

- 세균성 질병 : 장티푸스, 세균성이질, 콜레라 등
- 기생충 질환 : 회충, 구충, 편충, 요충, 촌충, 아메바성이질, 흡충류 등

#### ③ 분변오염의 지표

대장균의 존재여부는 분변에 의한 오염지표, 수질검사 등에 응용되며 위생학상 대단히 중요하다.

#### ④ 진개(쓰레기)

- 매립법 : 불연성진개나 잡개가 적당하며, 매립 경사는 30°이어야 하고 반드시 복토를 실시해야 한다. 매립 두께는 1~2m 복도 두께는 0.6~1m가 적당하다.
- 소각법 : 미생물을 사멸시킬 수 있는 가장 위생적인 방법이며, 대기오염의 우려가 있다.
- 퇴비화법 : 발효시켜 비료로 사용하는 방법으로, 유기물이 전개에 많이 사용된다.

### (9) 구충・구서

#### ① 파리

- 속효성 살풍제 분무법
- 끈끈이 테이프법 등

#### ② 모기

- 속효성 살충제 공간살포법
- 기피제

#### ③ 바퀴벌레

독이법(붕산, 아비산석회, 불화소다에 찐 감자 및 설탕을 혼합하여 사용)

#### ④ 쥐

- 살서제, 포서기, 천적(고양이) 이용, 서식처 제거 등
- 아메바성이질, 페스트, 서교증, 와일씨병, 살모넬라증, 발진열, 유행성출혈열 등을 발병시킨다.

#### ⑤ 진드기

- 설탕 진드기 : 설탕, 된장 등
- 보리가루 진드기 : 곡류, 건어물 등

#### ⑥ 곤충(동물)이 매개하는 질병

- 파리 : 콜레라, 이질, 장티푸스, 파라티푸스, 식중독 등
- 모기 : 말라리아, 일본뇌염, 사상충증, 황열, 뎅기열 등
- 바퀴벌레 : 콜레라, 이질, 장티푸스, 살모넬라증, 유행성 소아마비(폴리오) 등
- 쥐 : 아메바성이질, 페스트, 서교증, 와일씨병, 살모넬라증, 발진열, 유행성출혈열 등
- 진드기 : 유행성출혈열, 양충병, 옴, 재귀열 등
- 벼룩 : 페스트(흑사병), 발진열 등
- 이 : 발진티푸스, 재귀열, 참호열, 페스트 등
- 인수공통감염병 : 결핵, 탄저병, 공수병(광견병), 페스트, 야토병, 브루셀라(파상병), 살모넬라증, 돈단독, 선모충, Q열 등

**Tip** 폴리오는 유행성 소아마비를 말하는 것으로 급성회백수염, 척수전각염이라고 한다.

## 3) 주거 및 의복환경

### (1) 주거 환경

#### ① 기본조건

- 재해방지가 가능할 것
- 생리적 욕구를 만족시킬 것
- 생활적 욕구를 만족시킬 것
- 질병의 발생과 감염의 위험을 방지할 수 있을 것
- 정서적 만족감을 줄 것
- 경제적 조건을 만족할 수 있을 것

#### ② 대지의 조건

- 환경 : 조용하고 공기가 쾌적하며, 교통이 편리할 것
- 지형 : 남향 또는 동남향일 것
- 지질 : 지반이 견고하고 하수처리가 용이할 것

## (2) 채광(자연조명)

### ① 개요

- 태양광선(일광)에 의해 밝기를 유지하는 것을 말한다.
- 직사일광과 천공광으로 구분한다.

### ② 일광

- 개요
  - 태양복사선을 말한다.
  - 가시광선 부분이 약 45%, 적외선 부분이 약 45%, 자외선 부분이 약 10%이다.
  - 지표에 도달한 일광은 주로 2,900~5,000Å(옹스트롬)의 파장을 갖는다.
- 자외선(냉선, 건강선, 화학선)
  - 일광의 3부분 중 파장이 가장 짧다.
  - 강한 살균력이 있다(2,600~2,800Å에서 살균력이 가장 강함.)
  - 자외선 중 2,900~3,200Å은 프로비타민 D를 비타민 D로 바꾸어 주므로 건강선(Dorno ray)이라 한다.
- 가시광선
  - 눈에 보이는 태양광선으로 명암을 준다.
  - 3,900~7,700Å의 범위
  - 55,000Å의 빛에서 가장 강하게 느낀다.
  - 눈이 물체를 식별할 수 있는 조도의 범위는 0.5~10,000Lux이다.
  - 가장 적당한 조도는 100~1,000Lux의 범위이다.
- 적외선(열선)
  - 파장이 가장 길다(7,800Å 이상).

### ③ 채광을 위한 창의 조건

- 크기
  - 거실 바닥 면적의 1/5~1/7 이상(15~20%), 벽 면적의 70%가 적당하다.
  - 일반 주택 거실 : 1/7 이상
  - 학교, 병원, 진료소, 기숙사 등 : 1/10 이상
  - 병원이나 진료소의 병실, 침실 : 1/7 이상
  - 학교 교실 : 1/5 이상
  - 입사각은 28° 이상, 개각은 4~5° 이상이 되도록 한다.

- 높이
  - 높을수록 좋고, 대향 건물 등에 유의한다.
  - 거실 안쪽의 길이는 바닥 면에서 창틀 상단까지 길이의 1.5배 이하로 한다.
  - 개각은 4~5° 이상이 되도록 한다.
- 방향
  - 남향이 가장 밝고 채광 시간이 길다.
  - 조명의 평등을 요하는 작업실은 동북 또는 북향이 좋다.

### (3) 조명(인공조명)

#### ① 광원의 종류

- 연소물 : 가스등, 횃불, 등잔불, 촛불 등
- 전기 : 형광등, 백열전구 등

#### ② 인공조명 시 고려할 사항

- 주광색에 가까울 것
- 강한 음영이나 현휘(눈부심)가 없을 것
- 유해물질을 발산하지 않을 것
- 취급이 간편하고 저렴할 것
- 작업에 따라 충분한 조도를 유지할 것
- 발화, 폭발 등의 위험이 없을 것
- 균등한 조도일 것
- 광원의 위치는 좌전상방일 것

#### ③ 조명 방법

- 직접조명 : 광원이 직접 비치는 것으로 조명효율이 크고 경제적이나 현휘를 일으키며 강한 음영으로 불쾌감을 준다.
- 간접조명 : 광원을 다른 곳에 반사시키는 것으로 조명효율이 낮고, 설비의 유지비가 많이 든다.
- 반간접조명 : 직접조명과 간접조명의 절충식이다.

#### ④ 객석의 조명

- 일반음식점 : 30Lux
- 유흥음식점 : 10Lux

- 단란주점 : 30Lux
- 조리장의 조도 : 50~100Lux

**⑤ 부적당한 조명에 의한 문제**

- 가성근시
- 안정피로
- 안구진탕증
- 전광성 안염, 백내장
- 작업능률 저하 및 재해 발생

## (4) 환기

**① 자연환기**

- 실내공기는 실•내외의 온도차, 기체의 확산력, 외기의 풍력에 의해 자연환기가 이루어진다.
- 중성대가 천장 가까이에 형성되도록 하는 것이 환기 효과가 크다.
  - 중성대 : 실내로 들어오는 공기와 나가는 공기 사이에 발생되는 압력 '0'의 지대를 말하며, 천장 근처에 형성되는 것이 좋다.
- 환기에 필요한 면적 : 거실 바닥 면적의 1/20 이상
- 주택의 환기 횟수(5~10℃에서)
  - 한식 주택 : 1.5 ~ 3회
  - 양식 주택 : 0.25 ~ 0.7회
  - 지층(1층) : 0.7 ~ 1.4회
  - 상층(2층) : 1.4 ~ 4.3회

**② 인공환기(동력환기)**

- 종류
  - 송풍법 : 옥외의 신선한 공기를 실내로 공급하는 방법
  - 배기법 : 실내의 오염된 공기를 실외로 배출하는 방법
- 인공환기 시 고려사항
  - 신속한 교환 : 취기, 오염공기
  - 생리적 쾌적감 : 온도, 습도
  - 고른 분산 : 신선한 공기로 교환된 것이 실내에 고르게 유지되도록 한다.
- 환기량
  - 1시간 내에 실내에서 교환되는 공기량으로 탄산가스(CO)를 기준으로 측정한다.

# 5. 식품위생과 영양

## 1) 식품위생의 개념

### (1) 식품위생의 개념

세계보건기구(WHO)의 환경위생전문위원회가 1955년 정의한 바에 의하면 "식품위생이란 식품의 생육 · 생산 · 제조에서 최종적으로 사람에게 섭취될 때까지의 모든 단계에서 식품의 안정성 · 건전성 및 완전 무결성을 확보하기 위하여 필요한 모든 수단을 말한다." 라고 하였으며 또한 우리나라의 식품위생법에는 "식품위생이란 식품 · 첨가물 · 기구 및 용기와 포장을 대상으로 하는, 음식에 관한 위생을 말한다"라고 정의되어 있다.

#### ① 식품위생과 위생관리

- 식품제조시설의 위생관리
- 식품위생감시의 철저
- 계속적인 식품위생검사
- 법의 강제적 집행과 자발적 실행의 장려
- 식품취급자의 위생적 관리 및 건강보호
- 부정식품의 근절
- 식품유통의 위생적 관리

#### ② 식품과 감염병

- 식품을 통해서 인간에게 감염될 수 있는 감염병은 경구감염병이 대부분이다.
- 세균성 감염병으로는 장티푸스, 이질, 파라티푸스, 콜레라 등이 대표적이며 바이러스성 감염병으로는 소아마비, 유행성 간염 등이 대표적이다.
- 경구감염병은 겨울철보다 여름철에 많다.
- 식품을 통한 감염병 중에는 인축에 공통으로 감염되는 인축공통감염병이며 결핵, 탄저, 브루셀라, 야토병, 돈단독 등이 있다.

### (2) 식품과 기생충 질환

#### ① 채소를 통한 기생충 질환

회충, 십이지장충, 편충, 요충 등

#### ② 육류를 통한 기생충 질환

- 돈육(돼지고기) : 유구조충, 선모충
- 우육(소고기) : 무구조충

#### ③ 남수어를 통한 기생충 질환

- 왜우렁이, 담수어 : 간티스토마-참붕어, 갑흡충
- 다슬기, 가재, 게 : 페디스토마-은어, 요꼬가와흡충, 이형흡충 등

#### ④ 해산어류를 통한 기생충 질환

- 갑각류, 고등어, 갈치, 전갱이, 청어, 대구, 조기 : 아나사키스증

## 2) 식중독

### (1) 식중독의 정의

음식물 섭취에 의해 발생되는 미생물 대사산물인 독소, 유독 화학물질, 식품재료 등이 원인이 되어서 위장염을 주증상으로 하는 급성 건강장애이다.

### (2) 식중독의 일반적인 특징

① 급격히 집단적으로 발병한다.
② 발생 지역이 국한되어 있다.
③ 여자보다 활동성이 강한 남자에게 많이 발생한다.
④ 주로 여름철에 많이 발생한다.

### (3) 세균성 식중독

#### ① 살모넬라 식중독

- 원인균 : 장염균, 쥐티푸스균, 돈콜레라균이 대표적이다.
- 잠복기 : 섭취 후 12~24시간(평균 20시간)이며, 발병률은 75% 이상이나 사망률은 낮다.
- 증상 : 급성 위장염의 특징을 나타내고 복통 · 설사 · 전신권태 · 두통 · 식욕 감퇴 · 구토 증세가 일어난다. 급격한 발열(38~40℃)과 오한 · 전율이 같이 오며, 대개 2~5일간 지속된다.
- 원인식품 : 동물성 식품에 의해 여름과 가을철에 많이 발생하며, 유제품 · 어패류 · 샐러드 · 두부류 등이 있다.

- 감염경로 : 이환 혹은 보균 조수류의 고기를 먹거나 환자, 보균자, 가축, 쥐의 분뇨에 의해 오염된 식품이 감염원이 된다.
- 예방 : 도충장의 위생검사 철저, 환자의 식품 취급 금지, 식육류의 안전보관과 저온보존, 식품의 저장 장소, 조리장 등에 방충·방서시설 설치(파리 및 서족 구제 철저), 식품 가열 처리, 보균자의 색출 등이 중요하다.

### ② 장염비브리오 식중독, 호염균 식중독

- 원인균 : 1950년 일본에서 처음 균이 분리되어 Vibrio Paraheamolyticus라고 명명되었다. 해수세균의 일종으로 25% 식염에서 잘 자라며, 10%의 염분에서는 성장이 정지되는 포자가 없는 간균으로 편모를 하나 가진 세균이다.
- 잠복기 : 8~20시간(평균 12시간)
- 원인식품 : 어패류(70%)와 그 가공품, 2차로 오염된 도시락, 야채 샐러드 등이다.
- 예방 : 장염비브리오는 열에 약하고 담수에 의하여 사멸하므로 심품의 가열 및 깨끗한 수돗물에 의한 세정효과가 있다. 7~9월(3개월)간 어패류와 조개류의 색식을 피하고, 조리기구와 행주 등을 위생적으로 처리한다.

### ③ 병원성 대장균 식중독

- 원인균 : 병원성 대장균, 장관침습성 대장균, 독소원성 대장균, O-157:H7인 장관출혈성 대장균 등
- 잠복기 : 성인은 10~30시간(평균 12시간)이나 유아는 짧다.
- 감염경로 : 영유아에 대하여 병원성이 강하며, 이질과 같이 사람에게서 사람으로 감염되므로 영아원이나 병원(산부인과)에서는 극히 위험하다.
- 증상 : 유아·학동은 급성 위장염을 일으키며, 두통·발열·구토·설사·복통 증상을 나타낸다.

**Tip** 세균성 식중독의 특성

① 발병에 요하는 균량이나 독소량이 많다.
② 연쇄전파에 의한 2차 감염이 없다.
③ 원인식품의 섭취로만 발병하게 된다.
④ 소화기 감염병에 비해 잠복기가 짧고 면역이 성립되지 않는다.

## (6) 독소형 식중독

### ① 포도상구균 식중독

- 원인 : 사람의 화농성 질환의 가장 중요한 원인균인 황색포도상구균이 체외독소로서 생성하는 장독소가 원인이 되어 발병한다. 장독소는 내열성으로 120℃에서 20분간 가열하여도 거의 파괴되지 않으나, 218~248℃에서 30분 안에 파괴된다.
- 잠복기 : 1~6시간(평균 3시간)으로 잠복기가 매우 짧다.
- 원인식품 : 유제품과 육류품, 떡, 김밥, 도시락, 어패류 및 그 가공품 등이다.
- 감염경로 : 화농성 질환, 유방염이 있는 젖소나 원인균이 있는 식품으로부터 감염된다.
- 예방 : 식품의 오염을 방지하고 깨끗하게 조리한다.

### ② 보툴리누스균 식중독

- 원인 : 보툴리누수균의 균체외 독소인 신경독소 중독을 말한다. 식중독 중에서 사망률이 가장 높은 이 균은 혐기성 세균으로 아포를 형성하며 운동성이 있는 간균으로 A~G의 7형으로 구분된다. 사람에게는 A, B, E형이 식중독을 일으킨다.
- 잠복기 : 12~36시간(평균 24시간)이나, 2~4시간 후에도 신경 증상이 나타난다.
- 증상 : 신경계 증상이 주증상이며 복시, 안검하수, 연하곤란, 언어곤란, 호흡관란, 말초 및 중추마비에 빠지고 사망하기도 한다. 신경 증상 전에 구토, 복통, 설사 등의 증상이 나타나는 경우도 있다.
- 감염경로 : 치명률이 가장 높은 식중독이며, 예후는 불량하다.
- 원인식품 : 통조림 · 소시지 등 밀봉식품과 식육, 과일, 채소, 어육, 육제품 등이 혐기성 상태에 놓일 때 문제가 된다.
- 예방 : 균이 오염되지 않도록 위생적인 조리를 하며 음식물은 가열 조리 후 섭취한다. 또한 통조림 · 소시지의 위생적보관 및 가공처리가 중요하다.

## (6) 자연독 식중독

① 본래 유독물질을 함유하고 있는 것(독버섯 · 독꼬치)을 섭취하였을 때 발생한다.

② 어떤 특수한 조건하에서 유독화되어 있는 것(바지락 · 감 · 청매)을 모르고 섭취하였을 때 발생한다.

③ 독성 물질이 특정 부위나 기관에 한정되어 있는 것(복어 · 감자)을 독성 물질을 완전히 제거하지 않고 섭취했을 때 발생한다.

### 3) 동물성 자연독

#### (1) 복어 중독

① 복어의 난소 · 간 · 고환 · 위장 등에 많이 함유되어 있다. 봄에 독력이 강해지기 시작하여 5~6월에 최고에 달한다. 내열성이어서 100℃에서 4시간 가열해도 파괴되지 않지만 알칼리에는 약하기 때문에 4% NaOH에서 20분이면 무독화된다.

② 발생 및 증상 : 섭취 후 30분~5시간 내에 나타나 회복되지만 근육마비 현상은 며칠간 계속되나, 발증 1시간 이내 사망하는 경우도 있다.

- 제1도 : 입술 및 혀끝 마비, 구토, 두통, 오심, 보행장애
- 제2도 : 촉 · 미각의 둔화, 손 · 발의 운동장애, 호흡곤란, 혈압강하
- 제3도 : 운동불능, 연하 · 호흡곤란, 청색증, 반사기능 소실
- 제4도 : 의식불명, 혈압하강, 호흡정지

③ 예방법 : 복어요리 전문조리사가 취급하고, 유독한 내장 · 난소 · 간 등의 장기를 제거한 고기만을 식용으로 한다.

#### (2) 패류(조개류 중독)

① 모시조개 · 굴 · 바지락 중독 : 독성분은 100℃에서 1시간 가열해도 파괴되지 않는다. 잠복기는 12~48시간이다.

② 홍합(검은조개 · 대합조개 · 섭조개) : 독성분의 증상은 말초신경마비가 나타나는 것이 특징인데, 섭취 후 30~3시간의 잠복기를 거쳐 입술과 혀의 마비 및 사지마비와 기립보행이 불가능해진다.

### 4) 유독금속류에 의한 중독

#### (1) 납(Pb)

① 용기 · 기구 · 조리기구에 의한 중독이 많으며, 소량을 장기간 사용함으로써 발생하는 만성중독과 급성중독이 있다.

② 급성중독은 구토, 위통, 사지마비, 혼수 등을 일으키고 만성중독은 체중감소, 사지마비 등을 일으킨다.

### (2) 비소(As)

① 비소계 살충제의 오용, 비소계 농약의 자류, 불량한 기구·용기 등에 함유되어 있는 비소화합물의 용출 등에 의해 식품에 혼입된다.

② 급성중독은 인후·식도의 수축과 연하곤란이 일어나고 설사, 위통, 구토가 나며 심하면 사망에까지 이른다.

③ 중독량은 5~50mg, 치사량은 100~300mg이다.

### (3) 구리(Cu)

① 식기에서 용출되거나 과수원에서 살포하는 수산화동의 부착, 황산동과 같은 착색제의 과다 사용에 의해 식품에 혼입된다.

② 구토, 복통, 발한, 경련, 호흡관란 등의 증상이 나타난다.

### (4) 카드뮴(Cd)

① 식기·용기·기구 등의 도금에 이용된다.

② 산성 식품을 오래 취급하면 용출되어 식품을 오염시킨다.

③ 급성중독인 경우는 구토, 복통, 설사 등을 일으키고, 만성중도인 경우는 신장장애와 골연화증, 요통 등을 일으킨다.

**Tip** 1955년 일본에서 발생한 이타이이타이병은 카드뮴으로 오염된 물과 어류를 장기간 섭취한 만성중독의 예이다.

### (5) 수은(Hg)

① 체내에 장기간 축적되어 만성중독을 일으킬 우려가 있다.

② 수은제에 오염된 하천에서 서식하는 어류에 수은이 흡수·축적되어, 그것을 장기간 섭취하면 만성중독을 일으킨다.

## 5) 식품의 변질과 보존

### (1) 식품의 변질

식품을 방치해 두면 외관적, 내용적 및 관능적으로 식품 본래의 성질이 변하여 비타민과 향미와 색이 손상되어 식용에 부적당하게 되는 현상을 식품의 변질이라고 한다.

① 부패 : 단백질이 많이 함유된 식육, 고기, 달걀, 어패류에 혼입된 미생물의 작용

에 의하여 퇴화 분해되는 과정에서 악취가 나는 가스(암모니아, 메탄, 황화수소)가 발생한다.

② 변패 : 질소를 함유하지 않은 유기화합물로 탄수화물(당질), 지방질은 미생물에 의한 변질을 가져오는데, 유기물질을 생성하는 경우가 적다.

## (2) 식품의 보존방법(물리적 처리법)

### ① 가열법

- 식품에 붙어 있는 미생물을 죽이거나 조직 속에 있는 효소를 파괴하여 미생물의 작용을 저지함으로써 식품의 변질을 방지하여 보존하는 방법이다.
- 아포는 열에 대한 저항성이 강하여 120℃에서 20분간 가열하여야 한다.
- 가열로 고유의 향미, 영양가, 비타민이 손상될 수 있다.

### ② 냉장법

- 저온으로 자기소화를 억제하는 방법이 냉장 보관법이다.
- 식품 보존법으로 냉장고를 사용하는 냉장법은 0~6℃ 사이의 저장을 말한다.
- 육류, 조리된 식품, 채소류 및 어패류는 4~6℃ 보존이 적당하다.

### ③ 냉동법

- 장기간 보존이 가능하며, 광범위한 식품에 이용된다.
- 미생물의 증식은 억제시킬 수 있으나 사멸은 기대하기 어렵다.
- 어류는 -6 ~ -4℃에서 보존하는 것이 좋다.

### ④ 건조법(탈수법)

- 건조 과정은 표면 증발, 내부 확산, 내심부에서 직접 수분 증발의 단계를 거쳐 이루어 진다.
- 탈수법에는 일광건조법, 인공건조법(고온건조법 · 열풍건조법 · 배건법 · 분무건조법 · 감압건조법 등)이 있다.

### ⑤ 자외선 이용법

살균 작용하는 유효파장은 2,500~2,700Å이며, 오전을 발생하여 산화작용에 의한 식품 표면의 세균을 살균시키지만 내부에 있는 세균의 살균효과는 없다.

### (3) 화학적 처리법

① 염장법 : 고농도의 식염(10~20%)을 첨가, 육류, 해산물, 채소 등에 이용된다.
② 담장법 : 설탕(40~50%)의 방부효과를 이용하여 과일 · 콩 · 채소 등을 장기보존할 목적을 설탕에 절인 것. 잼, 젤리, 연우 등이 있다.

### (4) 종합적인 보존법(훈연법 : 오훈법 · 냉훈법 · 액훈법)

식품에 훈연을 하여 특유의 풍미와 보존성을 주는 가공법을 말한다.

## 6) 영양

### (1) 영양소의 작용

#### ① 단백질

단백질은 신체를 구성하는 주요 성분으로서 약 20종의 아미노산이 여러 가지 비율로 결합되어 있는 고분자 화합물이다.

#### ② 탄수화물

- 탄수화물은 C, H, O의 3원소로 구성되어 있는 중요한 열량원으로 이용률이 96%로 가장 높다.
- 1g당 4kcal이며, 탄수화물이 부족하거나 소모가 끝나면 단백질이 분해되어 열량원이 되기 때문에 탄수화물은 단백질을 절약하는 작용을 한다.

#### ③ 지방

- 지방 1g당 열량은 9kcal로서 탄수화물과 단백질의 2배 이상이 된다.
- 지방이 부족하면 빈혈, 허약, 거친피부, 피부질병에 대한 면역력이 저하될 수도 있다.
- 지방이 풍부한 식품 : 버터, 식물성 오일, 육류 등

3대 영양소: 탄수화물, 지질, 단백질
5대 영양소: 탄수화물, 지질, 단백질, 무기질, 비타민
7대 영양소: 탄수화물, 지질, 단백질, 무기질, 비타민, 물, 공기

## (2) 무기질

조절소로서 신체의 기능조정을 하며, 무기염류가 부족하면 여러 가지 생리적 이상이 발생한다.

### ① 식염(NaCl)

성인의 경우 필요량은 1일 15g 정도 이지만, 발한과 탈수 시에는 그 이상으로 보충할 필요가 있다.

### ② 철분(Fe)

- 혈액의 구성성분으로서 체내 저장이 안 되므로 반드시 음식물을 통해 보충하여야 한다.
- 간, 고기, 노른자에 특히 많이 함유되어 있다.
- 1일 필요량 : 성인 남자는 10~12mg, 10~50세 여자는 18~20mg이고, 결핍되면 빈혈 증상이 나타난다.

### ③ 인(P)

- 뼈 · 치아 · 뇌신경의 주성분이다.
- 지방과 탄수화물의 에너지 대사에 관여한다.
- 인은 인산칼슘, 인산마그네슘 형태로 존재하며 인체 중에는 약 1% 함유되어 있으며, 성인 남녀의 경우 1일 700mg 정도가 필요하다.

### ④ 요오드(I)

- 갑상선 기능을 유지시키는 작용을 한다.
- 부족하면 갑상선 장애를 가져오므로 해조류를 많이 섭취하는 것이 좋으며, 특히 임산부에게는 더 많은 양이 공급되어야 한다.

## (6) 비타민

열량원은 아니지만 생체 내에서 화학반응을 원활히 해주는 윤활유와 같은 작용을 함으로써 생리적 기능조절에 절대적 작용을 하고 있으므로 부족 시에는 여러 가지 결핍 증상이 나타난다. 인체 내에서는 생성되지 않기 때문에 반드시 식품을 통해 섭취해야 하며, 필요량 이상을 섭취할 경우 배설된다.

비타민은 수용성 비타민과 지용성 비타민으로 나뉘는데, 수용성 비타민에는 Vit B, C 가 있으며 지용성 비타민에는 Vit A, D, E, F, K가 있다.

### ① 비타민 A

- 정신 · 신체의 성장과 발달에 관여하고 피부점막조직의 기능을 유지하는 작용과 망막의 건강 유지 등에 작용한다.
- 시각세포 형성에 관여하므로 부족 시 야맹증, 안구건조증, 피부점막의 각질화 등을 초래한다.
- 난황, 유제품, 녹황색 채소, 간유, 쑥 등의 식품에 많이 함유되어 있고 1일 필요량은 700~750RE이다.

### ② 비타민 B

- 비타민 $B_1$, $B_2$, $B_6$, $B_{12}$, 비타민 M 등으로 구분된다.
- 비타민 $B_1$이 부족할 때 : 각기병, 식욕부진, 피로감이 나타난다.
- 비타민 $B_2$가 부족할 때 : 식욕감퇴, 성장정지, 체중감소, 설염, 구순염 등을 초래할 수 있다.
- 비타민 $B_1$은 쌀눈, 난황, 간, 콩과류, 강화미 등에 많이 함유되어 있다.
- 비타민 $B_2$, $B_6$는 간, 난황, 우유 등에 많이 함유되어 있다.

### ③ 비타민 C

- 체내에서 결합조직을 구성하는 콜라겐 형성에 중요한 역할을 한다.
- 철분의 흡수를 돕고 수용성으로 조직의 산화작용을 돕는 촉매작용을 한다.
- 결핍되면 괴혈병에 걸리거나 뼈와 치아의 발육이상의 원인이 된다.
- 시금치, 풋고추, 양배추 등의 채소와 과실에 많이 함유되어 있다.

### ④ 비타민 D

- 뼈의 생성에 관여하기 때문에 결핍이 되는 경우 구루병, 골연화증과 함께 만곡증 및 골다공증을 발생시킨다.
- 1일 필요량은 5~10mg이다.
- 동물의 지방과 기름, 어류의 간유 중에 많으며 난황, 간, 버터 등에 많이 함유되어 있다.

### ⑤ 비타민 E

결핍될 때에는 생식기능장애로 인한 불임증 또는 유산의 원인이 된다.

#### ⑥ 비타민 K

- 프로트롬빈의 생성에 관여하는 응혈성 비타민으로, 결핍 시 혈액응고 시간을 지연시켜 상처에 심한 출혈이 일어난다.
- 녹황색 채소, 치즈, 버터, 난황, 간 등에 많이 함유되어 있다.

#### ⑦ 비타민 F

- 항피부염 비타민으로 콜레스테롤의 농도를 낮춰 주는 필수불포화지방산이다.
- 콩기름, 면실유, 옥수수유 등 식물류에 포함되어 있다.

### (4) 기초대사량과 열량소요량

#### ① 기초대사량

기초대사량은 식품의 섭취에 의한 대사량의 증가를 피하기 위하여 식후 12~16시간이 경과한 이른 아침 공복 상태, 18~21℃의 실내에서 정신적·육체적으로 안정된 상태로 조용히 누워 있을 때 측정하는 것이 바람직하다.

#### ② 열량소요량

생명을 유지하고 활동을 하기 위한 에너지는 음식물에 의해서 공급된다. 음식물은 체내에서 산화·연소되어 열이나 에너지를 일으키게 하는 것으로, 이 크기는 열량의 단위인 칼로리(Calorie)로 표시한다.

# 02 소독학

## 1. 소독의 정의 및 분류

### 1) 소독의 정의 및 소독 방법

#### (1) 소독의 정의

전염병의 전염을 방지할 목적으로 미생물(병원균)을 죽이거나 약화시켜 사람에게 감염의 위험성을 없애는 것이다. 병원 미생물의 생활력 파괴 및 감염력 제거

① 살균(Disinfection/Sterilization) : 세균 제거

② 멸균(Sterilization) : 미생물을 완전히 제거, 병원성과 비병원성을 모두 죽이고 포자까지 제거하는 방법

③ 방부 : 병원 미생물의 발육, 작용 저지

④ 소독 : 미생물을 사멸시키지만 포자(아포)까지 사멸시킬 수 없다.

Tip 소독력의 힘의 정도 : 멸균 > 살균 > 소독 > 방부

#### (2) 소독 방법

**① 자연소독법**

- 희석(Dilution) : 살균효과 없이 균수가 감소한다.
- 태양광선(Sunlight) : 자외선(2,900~3,200Å)의 파장으로 강력한 살균작용을 한다.
- 한랭(Cold) : 저온 상태의 소독법으로 세균발육을 저지하나 사멸되지는 않는다.

### ② 물리적 소독법

- 열에 의한 멸균 방법(열처리법)

| 종류 | | 특성 |
|---|---|---|
| 건열멸균법 | 화염멸균법 | • 20초 이상 불꽃 속에 접촉하는 방법<br>• 금속류, 유리봉, 백금루프, 도자기류 소독<br>• 표면의 미생물 멸균 방법(이•미용기구 소독에 적합) |
| | 소각법 | • 오물(오염된 티슈, 수건 등)을 태워 버리는 방법<br>• 화염멸균법 중 가장 강력한 멸균법 |
| | 건열멸균법 | • 170℃에서 1~2시간 처리<br>• 유리기구, 주사침, 유지, 글리세린, 분말, 금속류, 자기류 등 사용 |
| 습열멸균법 | 자비소독법 | • 끓는 물 100℃이상 15~20분간 처리<br>• 완전멸균 불가능(아포균 완전 소독 안 됨) |
| | 고압증기멸균법 | • 포자균 멸균에 가장 좋은 방법<br>• 115.5℃ ⇨ 30분간, 121.5℃ ⇨ 20분간, 126.5℃ ⇨ 15분간 |
| | 유통증기(간헐)멸균법 | • 코흐(Koch) 멸균기 사용<br>• 100℃ 유독증기 30~60분 가열 방법<br>• 1일 1회씩 3회 실시(100℃, 30분간) |
| | 저온소독법 | • 60~65℃ 30분간 처리<br>• 고온처리 불가능한 제품 소독법(대장균 사멸 불가능) |
| | 초고온 순간멸균법 | • 135℃에서 2초간 처리(우유) |

**Tip** 자비소독 시 소독 효과 향상 방법

- 석탄산 5% 첨가
- 크레졸 2~3% 첨가
- 금속 제품의 자비소독 시 탄산나트륨 1~2% 첨가

- 저온소독법의 종류
  - 우유 : 65℃, 30분
  - 건조과실 : 75℃, 30분
  - 아이스크림 : 80℃, 30분
  - 포도주 : 55℃, 10분
- 비열처리법 : 열을 가하지 않고 균을 사멸시키거나 균의 활동을 억제하는 방법

| 종류 | 특징 |
|---|---|
| 자외선 멸균법 | • 자외선 중 2,650Å의 파장 사용<br>• 무균실, 제약실, 수술실의 공기, 식품, 기구, 용기 등 소독 |
| 초음파 멸균법 | • 매초마다 8,000cycle의 음파, 200,000Hz 이상의 진동으로 살균<br>• 식품, 액체약품, 시약 등의 멸균에 이용 |
| 방사선 멸균법 | • 세포내 핵의 DNA나 RNA의 작용으로 단시간 내 살균<br>• 50C, 137CS 등 방사능으로 멸균<br>• 각종 용기, 목재, 플라스틱 제품, 포장 상품 등을 개봉하지 않고 투과력 이용으로 멸균 |
| 냉동법 | • 균의 번식 및 활동 억제(살균효과 없음) |
| 세균여과법 | • 화학물질, 액체물질(열을 이용할 수 없는 시약, 주사제)에 이용 |
| 무균조작법 | • 미생물 오염방지 방법<br>• 멸균된 물체의 오염방지(무균작업대, 무균실 등) |
| 희석 | • 일정 농도 이상의 균주 소독 |

### ③ 화학적 소독법

- 소독약의 구비조건과 살균기전
  - 소독약의 구비조건
    - 강한 살균력(=높은 석탄산계수)이 있을 것
    - 안정성(인체 무해, 무독)이 있을 것
    - 물품의 부식성, 표백성이 없을 것
    - 용해성이 높을 것
    - 가격 경쟁력이 있고, 사용방법이 편리할 것
    - 무향, 탈취력이 있을 것
    - 환경오염을 발생하지 않을 것

**Tip** 석탄산계수 = 소독약의 희석배수/석탄산의 희석배수
석탄산의 계수가 높을수록 살균력이 강하다.
살균력의 지표이다.

- 소독약의 살균기전

| 기전의 종류 | 멸균 및 소독약 |
|---|---|
| 산화작용 | 세포막의 삼투성 변화작용 |
| 균체단백응고작용 | 석탄산, 알코올, 크레졸, 포르말린, 승홍 |
| 균체의 효소 불활화작용 | 역성비누, 알코올, 석탄산, 중금속염 |
| 가수분해작용 | 강산, 강알칼리, 열탕수 |
| 탈수작용 | 식염, 설탕, 포르말린, 알코올 |
| 중급속염의 형성작용 | 승홍, 머큐로크롬, 질산은 |
| 세포막의 삼투성 변화작용 | 탄산, 중금속염, 역성비누 등 |

### ④ 소독약의 종류별 특성

| 종류 | 특징 |
|---|---|
| 석탄산(Phenol) | • 살균력, 소독력이 강함<br>• 산성도가 높고 고온일수록 소독효과가 높음<br>• 피부점막 자극성이 강하고 금속부식성, 냄새와 독성이 강함<br>• 방역용 석탄산 3% 수용액 사용(1-3%수용액, 손소독시 2%)<br>• 의류, 용기, 오물, 고무, 빗, 세균포자, 바이러스에 효과 |
| 크레졸(Cresol) | • 3% 수용액 사용<br>• 손, 오물, 객담 등에 소독<br>• 바이러스 소독효과는 적으나 세균 소독에는 높은 효과(1% 용액은 손, 피부의 소독에 사용)<br>• 피부 자극성은 없으나 냄새가 강함, 강한 소독력, 석탄산계수=2 |
| 알코올(Alcohol) | • 70~80% 농도가 살균효과가 높음<br>• 에틸 알코올 주로 사용(대용으로 30~50%의 이소프로판올 사용)<br>• 피부 및 기구소독(눈, 구강, 비강 등 점막에 사용하지 않도록 주의)<br>• 포자 형성균보다 무포자 형성균에 유효, 아포에는 작용 못함. |
| 승홍(昇汞) | • 값이 비싸고 인화성이 있으며 아포에는 효과가 없음<br>• 온도가 높을수록 살균력이 좋으나 인체 사용 시 축적되어 수은 중독을 일으킴<br>• 금속부식성 강함<br>• 무색, 무취<br>• 승홍 제조법 : 승홍1:식염1:물1,000의 비율로 제조 |
| 역성비누<br>(Inver Soap) | • 무미, 무해 식품소독에 적당, 세정력 없음<br>• 자극성이나 독성이 없고, 침투력과 살균력이 강함<br>• 0.001~0.1% 수용액 사용<br>• 포도상구균, 결핵균 등에 유효 |

| 종류 | 특징 |
|---|---|
| 양용 비누<br>(Germicidal Soap) | • 살균효과, 세정효과<br>• 손, 피부, 소독, 창상의 소독 등에 사용 |
| 포르말린<br>(formalin) | • 강한 살균력<br>• 강한 자극성으로 방부제, 선반 소독에 사용<br>• 의류, 도자기, 목제품, 셀룰로이드, 고무제품 등을 소독 |
| 생석회(CaO) | • 석회수 제조로 생석회 분말 2 : 물 8의 비율<br>• 습기가 있는 분변, 하수, 오수, 오물, 토사물 등의 소독에 적합 |
| 과산화수소 | • 3%의 수용액으로 상처 소독<br>• 무포자균 살균에 효과적, 자극성이 적음<br>• 구내염, 인두염, 구강세척제 등에 광범위한 사용 |
| 붕산 | • 무색 광택의 결정성 분말<br>• 살균력이 약하나 자극성이 적음<br>• 3%의 수용액으로 상처 소독 |
| 포름알데히드 | • 강한 살균작용<br>• 피부 사용에 부적합<br>• 넓은 실내소독, 서적소독 |
| 염소제(표백분,<br>차아염소산나트륨 | • 강한 살균력을 가지고 있으나 외료용으로 사용 못 함<br>• 표백, 방취, 방부용에 사용<br>• 수영장, 목욕탕, 하수 등에 사용 |
| 머큐로크롬 | • 2% 수용액 사용<br>• 자극성이 없고 살균력이 약함<br>• 상처, 점막에 사용 |

| 작용기능 | 종류 |
|---|---|
| 균체 단백질 변성과 응고작용 | 알코올, 석탄산, 포르말린, 크레졸, 승홍<br>세균세포의 단백질을 응고시킴으로서 기능을 상실 |
| 균체 효소계 침투자용 | 알코올, 석탄산, 중금속염, 역성비누 |
| 산화작용(산소와의 결합) | 과산화수소수, 오존, 염소, 차아염소산 |
| 가수분해작용(물과의 결합) | 강산, 강알칼리, 열탕수 |
| 핵산작용 | 자외선, 방사선 |
| 중금속염의 형성작용 | 승홍, 머큐로크롬 |
| 탈수작용 | 식염, 설탕, 알코올 |

**Tip** 미생물의 생존 필수 기본 요소

① 영양분 ② 습도 ③온도 ④ pH ⑤ 산소량

### ⑤ 소독대상물의 종류에 따른 소독 방법

| 종류 | 소독방법 |
|---|---|
| 대소변, 배설물, 토사물 | 소각법 |
| 의복, 침구류, 모직물 | 일광소독, 증기소독, 자비소독, 크레졸&석탄산수(2시간 담그기) |
| 초자기구, 목죽제품, 자기류 | 석탄산수, 크레졸수, 승홍수, 포르말린에 담그거나 뿌리기<br>증기, 자비소독 ⇨ 내열성이 강한 것 |
| 고무제품, 피혁제품, 모피, 칠 | 석탄산수, 크레졸수, 포르말린수 등 사용 |
| 화장실, 쓰레기통, 하수구 | 분변 ⇨ 생석회, 변기&변소 ⇨ 석탄산수, 크레졸수, 포르말린수 |
| 병실 | 석탄산수, 크레졸수, 포르말린수 |
| 환자, 환자접촉자의 손 | 손 ⇨ 선탄산수, 크레졸수, 승홍수, 역성비누<br>몸 ⇨ 목욕 |

**Tip** 소독력 순서와 소독 결정의 고려사항

- 소독력 순서 : 멸균 ⇨ 소독 ⇨ 방부
- 소독 결정의 고려사항
  - 감염방법 : 직접전파, 간접전파 확인
  - 전파 : 호흡기계전파, 소화기계전파, 곤충매개전파 확인
  - 병원체 : 바이러스, 세균, 포자형성균 확인
  - 소독방법 결정요인 : 소독대상물, 소독대상물의 성질

## 2) 네일 살롱의 위생 및 소독

### (1) 실내 위생

#### ① 시술 공간

- 천장과 바닥은 청소가 용이한 재질을 사용한다.
- 벽, 작업장, 서랍, 캐비닛 등은 물청소나 먼지 제거가 가능한 재질을 사용한다.
- 작업장 조도가 좋아야 한다.
- 온·냉방 시설 구비 및 냉·온수를 공급한다.
- 수시로 통풍과 환기를 하고 환기구를 자구 청소한다.
- 전기배선과 도구, 배관시설을 올바르게 설치하고 배치한다.
- 뚜껑이 있는 쓰레기통을 비치한다.

#### ② 화장실

- 정기적으로 소독하고 청소를 실시한다.

- 뚜껑이 있는 쓰레기통을 비치한다.
- 온수와 냉수, 액상비누, 종이타월 등을 구비한다.

## (2) 네일 기구 및 도구 위생

### ① 도구 및 기구 소독 위생

| 네일 기구 | 소독 관리 |
|---|---|
| 작업대 및 제품 용기 | 시술 전 70% 알코올이나 소독제로 소독 |
| 파일, 샌딩 블록, 면도날, 콘커터 | 1회용 사용(고객이 사용할 때마다 새로운 것으로 교환) |
| 니퍼, 메탈 푸셔, 랩가위 등 금속성 제품 | 금속성 제품은 사용 후 70% 알코올에 20분 동안 담갔다가 자외선 소독기에 넣어 사용 |
| 핑거볼 등 플라스틱 제품 | 세척 후 자외선 소독기 이용 |
| 린넨과 타월 | • 증기나 자비 소독 세탁<br>• 고객이 시술한 후에 타월을 뚜껑이 달린 세탁물 통에 보관 |
| 발관리 베드 | • 베드 겉면 등은 80% 알코올 솜으로 소독<br>• 베드 팔걸이와 다리 등은 사용 후 세척하고 70% 알코올 솜으로 소독 |
| 족탕기, 각탕기, 스파 및 세면대 | • 고객에게 항상 새로운 물 공급<br>• 고객이 사용후 세제로 닦아 건조시키거나 70% 알코올로 소독 |

### ② 도구 및 기구의 청결 위생

- 크림류, 연고 등 스패츌라로 용기에 덜어 사용한다.
- 아세톤, 로션 등은 전용 용기에 담아 사용한다(탈지면을 이용하여 고객에게 사용).

### ③ 네일 재료(아크릴 등 화하 물질) 위생

- 네일리스트가 사용하는 일반적인 화학 물질
  - 솔벤트류의 네일 폴리시와 리무버
  - 아크릴릭 네일 시 사용하는 프라이머
  - 라이트 큐어링 젤과 노라이트 큐어링 젤
  - 글루 드라이어
  - 글루, 젤 글루 등 접착제

- 화학물질 과다 노출 시 나타나는 증상
  - 가벼운 두통 발생
  - 불면증 유발
  - 콧물 증상 발생
  - 목이 건조하고 통증 유발
  - 눈물 증상, 충혈
  - 피부 충혈, 발가락 등의 통증 증상
  - 호흡 장애
  - 우울증, 판단력 장애
- 화학물질 대처 방법
  - 통풍이나 작업장 환기시설이 되어 있는 공간 사용
  - 화학물질이 피부나 눈에 들어가지 않도록 주의
  - 파일링 시 먼지 흡입 방지를 위한 마스크 착용
  - 필요 시 보호 안경(고글)착용
  - 인화 위험 물질에 의한 화재 주의
  - 모든 재료는 건조하고 서늘한 곳에 보관
  - 화학물질 사용 후 쓰레기 분리 수거
  - 모든 재료를 밀폐 보관
  - 만일의 사고에 대비하여 응급실 전화번호 부착, 응급상황 발생 시 즉시 대처
- MSDS(제품 안전 정보 지침서)
  - 재료의 위험성과 취급 방법 및 과다노출 시 응급처치 방법에 관한 내용 표시
  - 물리적·화학적 위험성 화학 물질 표시
  - 물리적·화학적 특징, 제품의 발화점 등 표시
  - 물리적 위험성 및 제품이 다른 화학 물질과 폭발 및 화재의 위험성에 대한 반응 표시
  - 제품으로 인한 발병 증상 및 제품으로 인한 악화 가능성 표시
  - 제품의 인체 침투 경로 표시
  - 과다 노출 방지를 위한 허용치 표시
  - 화학 물질의 발암성 표시
  - 주의사항과 취급 방법, 조치사항 표시
  - 조절, 보호 방법 표시
  - 사용 중 발생한 사고에 대한 대응책(응급절차) 표시

- MSDS의 제조 년 · 월 · 일 개정, 변경 등 기입
- MSDS의 준비 책임자 성명, 주소, 전화번호 기입

#### (3) 작업자의 위생관리 및 감염 예방법

##### ① 네일리스트의 위생관리

- 청결한 유니폼 착용
- 감염 가능성, 감염된 고객에서는 시술 금지(인플루엔자, 수두환자, 감염성 보균 상태 등)
- 상처가 있는 경우 시술 금지
- 화학물질(아크릴, 글루 등)의 경우 반드시 사용설명서에 따라 시술
- 화학물질(아크릴, 글루 등) 사용시 눈, 피부에 접촉 금지
- 화학물질 사용 후 손 세척
- 모든 제품은 완전히 밀폐하여 보관
- 모든 용기에 라벨 표기

##### ② 감염 예방 방법

- 네일 시술 시 상처를 내지 않도록 주의
- 시술 전후 70% 알코올로 시술자와 고객의 손을 소독
- 타월, 린넨 증기소독 및 자비소독
- 에나멜이나 아크릴릭 파우더 등 화학 물질과 시술 시 생기는 분진과 먼지에 대비한 환기가 중요
- 응급처치용 구급용품 비치
- 모든 살균 · 소독제를 환기 및 통풍시켜 보관
- 오렌지 우드스틱, 면봉 등 1회용품 사용 후 폐기

## 2. 미생물 총론

### 1) 미생물의 정의

#### (1) 미생물의 정의

미생물은 육안으로 식별이 불가능하여 광학현미경으로 관찰이 가능한 미세한 생물로 주로 단일세포 또는 균사로 몸을 이루며, 생물로서 최소 생활단위를 영위하는 생물체로 정의할 수 있다. 조류(Algae), 균류(Bacteria), 원생동물류(Protozoa), 사상균류

(Mold), 효모류(Yeast)와 한계적 생물이라고 할 수 있는 바이러스(Virus) 등이 이에 속한다.

#### (2) 병원성 · 비병원성 · 유용 미생물

① 병원성 미생물 : 식중독이나 각종 질병을 유발하는 병원성을 띤 미생물을 가리킨다.
② 비병원성 미생물 : 공중 및 지중에 있는 병원성이 없는 미생물을 말한다.
③ 유용 미생물 : 술, 간장, 된장 등의 발효식품을 만드는 미생물을 말한다.

### 2) 미생물의 역사

#### (1) 생물 발생에 관한 논쟁

① 자연발생설 : 생물은 자연적으로 우연히 무기물로부터 발생한 것이라는 설로 그리스의 철학자인 아리스토텔레스(Aristoteles)가 주장하였다. 이 주장은 고대 로마 시대로부터 중세 이후 르네상스 시대까지 큰 의심 없이 받아들여졌다.
② 생물속생설 : 생물이 발생하기 위해서는 반드시 그 어버이가 있어야 한다는 이론으로 이탈리아의 생물학자였던 레디(Francesco Redi)가 대조실험을 통해 처음으로 주장하였으며 이후 파스퇴르(Louis Pasteur)의 실험을 통해 확립되었다.

#### (2) 미생물의 발견

① 1665년에 로버트 훅(Robert Hooke)이 복합 광학현미경을 조립하고 얇게 썬 코르크를 관찰하는 데 사용하였으며, 세포(Cell)라는 새로운 용어를 만들었다.
② 안톤 반 레벤훅(Anton van Leeuwenhoeck)은 1673년에 자신이 고안한 단일렌즈 현미경으로 살아 있는 미생물을 최초로 관찰하였다.

#### (3) 파스퇴르와 코흐의 업적

##### ① 루이 파스퇴르(Louis Pasteur)

- 루이 파스퇴르는 면섬유 여과로 수집한 먼지 속에서 많은 세균을 증명하였다.
- 자연발생설의 반증과 저온멸균법 등을 발견하였다.
- 간헐멸균법, 고압증기멸균법, 건열멸균법 등을 발견하였다.
- 포도주와 맥주의 발효, 견사병의 병원체, 면양의 탄저병 예방법, 광견병 백신 등을 개발하였다.

#### ② 로버트 코흐(Robert Koch)

- 최초로 특정한 세균이 질병을 일으킴을 증명하고 하나의 미생물이 하나의 특정한 질병을 일으킨다는 "병원균 설"을 확립하였다.
- 세균염색법, 동물실험법, 한천을 넣어 만든 고형배지를 고안해서 세균의 순수배양법을 발견하였다.
- 병원균을 규정하는 4대 원칙을 설정하였다.
  - 병원균(Pathogenic Bacteria)은 그 병을 앓는 환자에서 반드시 발견되어야 한다.
  - 병원균은 분리배양법에 의하여 순수 분리되어야 한다.
  - 병원균은 감수성 동물인 토끼, 기니피그 등에 접종하면 동일한 병을 일으켜야 한다.
  - 병원균은 실험적으로 감염시킨 동물체에서 발견되고 다시 분리 배양되어야 한다.

## 3) 미생물의 분류

### (1) 곰팡이(filamentous Fungi)

① 병원성 미생물로 발효식품이나 항생물질에 유익하게 이용되며, 생육 최적온도는 0~25℃이다.

② 종류 : 누룩곰팡이, 푸른곰팡이, 털곰팡이, 거미줄곰팡이 등

### (2) 효모(Yeast)

① 포도주, 메주 등의 발효식품과 제빵 등에 이용되며 세균과 공존하여 식품을 발효시킨다.

② 원형, 나원형, 균사형의 형태로 존재하는 단세포 생물로 발육 최적온도는 25~30℃이다.

### (3) 리케차(Rickettsia)

① 세균과 바이러스의 중간에 속하는 미생물로 운동성이 없으며, 감염병(발진티푸스, 발진열) 등의 원인이 된다.

② 형태는 원형 또는 타원형으로, 2분법으로 증식한다.

### (4) 바이러스(Virus)

① 미생물 중에서 가장 작아 세균여과기로도 분리할 수 없으며, 생체세포에서만 증식한다.

② 생존에 필요한 물질과 핵산과 소수의 단백질만을 가지고 있어 숙주에 전적으로 의존한다.

### (5) 균류(Fungi)

① 구균, 간균, 나선균, 대장균 등이 있으며 2분법으로 증식한다.

② 특히, 대장균은 식품의 위생 지표균 및 분변오염의 지표균으로 사용된다.

### (6) 원생동물(Protozoa)

① 가장 간단한 단세포 동물로 1개의 세포로 구성(이질, 아메바, 말라리아의 병원충)되어 있으며, 운동성이 있다.

② 분열 또는 출아에 의한 무성생식, 접합(接合)이나 배우자에 의한 유성생식을 통해 증식한다.

## 4) 미생물 증식에 영향을 주는 요인

### (1) 수분

① 미생물의 몸체를 구성하고 생리기능을 조절하는 성분으로 필요량은 종류에 따라 다르나 보통 40% 이상이다.

② 미생물 증식에 필요한 수분활성도, 즉 생육에 필요한 수분량은 세균(Aw 0.91) 〉 효모(Aw 0.88) 〉 곰팡이(Aw 0.80)이며, 일반적으로 Aw 0.6 이하에서는 미생물의 증식이 억제된다.

### (2) 온도

① 저온균 : 저온에서 보존하는 식품에 부패를 일으키는 세균으로, 발육가능 온도는 0~25℃(최적온도 : 15~20℃)이다.

② 중온균 : 대부분의 병원성 세균이 이에 속하며, 발육가능 온도는 15~25℃(최적온도 : 25~37℃)이다.

③ 고온균 : 온천수에서 서식하는 세균으로, 발육가능 온도는 40~70℃(최적온도 : 50~60℃)이다.

### (3) 최적 수소이온농도지수(pH)

① 가장 높은 증식을 보이는 pH를 최적pH라 한다.
② 세균별 최적 pH
　㉠ 일반세균 : 약알칼리성(pH 7.0~8.0)
　㉡ 젖산균, 진균루, 결핵균 : 산성(pH 4~5)
　㉢ 콜레라균 : 알칼리성(pH 8.0~8.6)
　㉣ 곰팡이, 효모 : 약산성(pH 4.0~6.0)

### (4) 산소

① 호기성균 : 산소를 필요로 하는 균(곰팡이, 결핵균, 디프테리아균, 백일해균)
② 혐기성균 : 산소를 필요로 하지 않는 균
　㉠ 통성혐기성균 : 산소가 있더라도 이용되지 않는 균(대장균, 포도상구균, 젖산균)
　㉡ 편성혐기성균 : 산소가 있으면 생육에 지장을 받는 균(보툴리누스균, 파상풍균)

### (5) 삼투압

① 염이나 당분의 농도는 미생물 증식에 지대한 영향을 주며, 농도가 높으면 미생물로부터 수분이 빠져나와 쪼그라들며 원형질분리(Plasmolysis) 현상이 일어나 미생물이 사멸한다.
② 세균과 삼투압
　㉠ 일반 세균 : 3% 정도의 식염 속에서는 증식 억제
　㉡ 내염성 세균 : 식염이 거의 없어도 증식하거나 8~20% 정도의 식염농도에서도 증식
　㉢ 호염성 세균 : 어느 정도의 식염농도가 있어야 증식

### (6) 광선 및 방사선

① 가시광선 : 많은 미생물들은 밝은 곳보다 어두운 곳에서 잘 생육하며 오히려 광선을 조사하였을 경우 사멸되기도 한다.
② 자외선
　㉠ 자외선 조사에 의해 미생물은 변이를 일으키기도 하고 사멸되기도 한다.
　㉡ 자외선 중에서도 핵산의 흡수대인 260mm 파장의 빛은 살균력이 가장 강하다.
③ 방사선
　㉠ 방사선은 자외선보다 파장이 더욱 짧으므로 투과력이 높고 살균작용이 있다.
　㉡ 식품 살균에는 주로 코발트 60의 감마선($\gamma$)이 사용된다.

# 3. 병원성 미생물

## 1) 바이러스(Virus)

### (1) 바이러스의 개요

① 바이러스는 살아 있는 생명체 중 가장 작은 20~300nm 크기의 병원체 균으로 세균여과기로도 분리할 수 없다. DNA 가 존재하며, RNA는 있을 수도, 없을 수도 있다.

② 생존에 필요한 물질로 핵산과 소수의 단백질만을 갖고 있어 숙주에 의존해서 살아간다.

③ 페놀, 염소, 포르말린 등의 소독제를 이용하여 56℃ 이상의 온도에서 30분 이상 가열 시 감염력을 상실하게 된다.

④ 간장염, 수두, 인플루엔자, 홍염, 유행성 이하선염, 감기 등의 질병을 발생시키며 기침이나 재채기 등의 접촉에 의해 다른 사람을 쉽게 감염시킬 수 있다.

### (2) 종류와 특징

① 동물 바이러스 : 동물 세포를 감염시키는 바이러스로 폴리오 바이러스(Polio Virus), 폭스 바이러스(Pox Virus) 등이 있고 후천성면역결핍증(AIDS)이나 백혈병을 일으키는 레트로 바이러스(Retro Virus)도 해당된다.

② 식물 바이러스 : 식물 세포를 감염시키는 바이러스로 담뱃잎의 모자이크병을 일으키는 토바코 모자이크 바이러스(Tobacco Mosaic Virus)가 대표적인 경우이다.

③ 세균 바이러스 : 세균에 침입하는 바이러스로 세균 연구 실험에 주로 이용되며 박테리 오파지(Bacteriophage)라고 부른다.

* 감염병 병원체 : 소아마비, 뇌염, 홍역, 천연두, 유행성이하선염, 인플루엔자, 헤르페스

## 2) 세균(Bacteria)

### (1) 세균의 개요

① 비명원체 박테리아를 제외한 나머지 30% 정도가 병원체 박테리아로 아주 위험하며 인간의 감염과 질병의 가장 큰 원인이 된다. 미생물 또는 세균이라 불리며 살아 있는 생물이나 동물의 조직에 침입하여 서식한다.

② 번식 속도가 빠르며, 조직 속에서 유해물질을 발생시켜 질병을 확산시킨다.
③ 둥근 모양을 한 것과 막대 모양을 한 것이 있는데, 둥근 모양의 세균(구균)은 지름이 0.75~1.25㎛(마이크로미터)이며 막대 모양은 폭이 0.5~1㎛, 길이가 1.5~3㎛ 정도이다.

## (2) 종류와 특징

### ① 구균(Coccus, 구형이나 타원형인 것)

- 포도상구균 : 분열 방향이 불규칙하여 포도송이처럼 되는 것으로 부스럼, 습진 같은 화농증을 유발하며 건강한 피부나 비강에도 기생한다. 종기, 종양, 농포 등을 일으키는 세균
- 연쇄상구균 : 한쪽 방향으로만 분열하여 길게 연결되는 사슬 모양의 구균이며 단독으로 화농증을 일으킨다. 폐혈증, 류마티스, 열, 두통, 피로감 등을 일으키는 세균
- 이외에도 단구균, 쌍구균(폐렴), 4연구균, 8연구균 등이 있다.

### ② 간균(Bacillus, 원통형 또는 막대기처럼 길쭉한 것)

- 쌍을 이루거나 연쇄상으로 배열하는 경우가 있는데, 이것을 연쇄상간균이라 하며 디프테리아균에서 볼 수 있다. 파상풍, 인플루엔자, 장티푸스, 디프테리아, 결핵균, 이질균
- 간균은 그 길이가 폭보다 약간 긴 것이 보통이다. 그러나 편의상 길이가 폭의 2배 이상인 장간균, 2배 이하인 단간균으로 대별한다.
- 간균은 양쪽 끝이 둥근 것이 보통이나 각이 진 것도 있다.

### ③ 나선균(Spirillum, 나선형이나 꼬여 있는 코일형인 것)

- 외형은 가늘고 긴 것이 꼬여 있는 모양을 하고 있는데, 콜레라균처럼 한 번 꼬여 있는 경우도 있고 보렐리아처럼 불규칙적이고 부드러운 꼬임, 트레포네마처럼 규칙적이고 작은 꼬임 등 여러 형태를 하고 있다. 매독균, 랩토스피라
- 나선균은 개개의 세포가 흐트러져 있고 배열하는 경우는 거의 없다. 나선균은 나선의 정도가 불완전한데, 짧은 콤마처럼 생긴 호균과 나선균으로 구분한다.

## 3) 리케차(Rickettsia)

### (1) 리케차의 개요

① 세균보다는 작고 바이러스보다는 큰 짧은 막대 모양으로, 구균과 같이 한 개씩 또는 쌍으로 서식한다. 절지동물에 기생하는 급성 열성 질환으로 발열, 피부발진, 맥관염(혈관염) 등 증상을 나타낸다.
② 사람을 비롯한 가축, 고양이, 개 등에게도 감염되는 인수공통의 미생물 병원체이다.

### (2) 종류와 특징

① 발진티푸스 리케차(Rickettsia Prowazekii) : 유행성 발진티푸스를 유발하며 이로 매개된다.
② 발진열 리케차(R. Typhi/Mooseri) : 발진열을 유발하며 쥐벼룩으로 매개된다.
③ 반점열 리케차(R. Rickettsii) : 로키산홍반열을 유발하며 진드기로 매개된다.
④ 지중해열 리케차(R. Conorii) : 부톤네즈열을 유발하여 진드기의 일종인 트롬비쿨라로 매개된다.
⑤ 콕시엘라부르네티(Coxiella Burnetii) : Q열을 유발하는 것으로 일반적인 감염경로와 열에 대한 반응(내열성) 등이 다른 리케차병과는 상이한데, 주로 공기 또는 접촉에 의해서 감염된다.
⑥ 쯔쯔가무시병 리케차(R. Tsutsugamushi) : 쯔쯔가무시병을 유발하며 털진드기에 의해서 감염된다.
- 이 : 유행성 발진티푸스
- 진드기 : 로키산홍반열
- 털 진드기 유충 : 쯔쯔가무시병
- 쥐벼룩 : 발진열

## 4) 균류(Fungi)

### (1) 균류의 개요

① 곰팡이, 효모, 버섯류 등이 진균에 포함되며 박테리아보다 크기가 큰 진핵 세포로 구성되어 다양한 방식으로 증식한다.
② 대부분의 균류는 균사라고 하는 가는 실 모양의 세포로 이루어져 있고 또 이러한 균사를 방처럼 나누어 주는 것을 격벽이라고 하는데, 격벽의 유무에 따라 균류를 분류할 수 있다.

### (2) 종류와 특징

#### ① 진균증의 종류

- 표재성 진균증 : 피부, 모발, 손톱 등의 각질 조직에 주로 감염을 일으키는 것으로 대표적인 예로는 피부사상균(Dermatophyte)에 의해 유발되는 무좀, 칸디다증(Candidosis) 등이 있다.
- 피하성 진균증 : 스포로트리쿰증(Sporotrichosis)
- 심재성 진균증 : 히스토플라스마증(Histoplasmosis), 분아균증(Blastomycosis)

#### ② 진균독소(Mycotoxin)

- 균류에 의해 생산되는 독소로 중독되면 구역질, 구토, 설사 등이나 오한, 발열, 경련, 환각, 과민성 알레르기 반응을 유발하며 심하면 혼수상태에 빠지거나 사망하기도 한다.
- 대표적인 예로 청록색 곰팡이에서 생성되는 아플라톡신(Aflatoxin)이 있다.

# 03 공중위생관리법규

## 1. 목적 및 정의

### 1) 공중위생관리법규의 목적 및 정의

#### (1) 공중위생관리법규의 목적

공중이 이용하는 영업과 시설의 위생관리 등에 관한 사항을 규정함으로써 위생수준을 향상시켜 국민의 건강증진에 기여함을 목적으로 한다(법 제1조)

#### (2) 용어의 정의

| 종류 | 정의 |
|---|---|
| 공중위생영업 | 다수인을 대상으로 위생관리 서비스를 제공하는 영업으로서 숙박업 · 목욕장업 · 이용업 · 미용업 · 세탁업 · 위생관리용역업을 말한다. |
| 미용업 | 손님의 얼굴 · 머리 · 피부 등을 손질하여 손님의 외모를 아름답게 꾸미는 영업을 말한다. |
| 이용업 | 손님의 머리카락 또는 수염을 깎거나 다듬는 등의 방법으로 손님의 용모를 단정하게 하는 영업을 말한다. |
| 네일미용업 | 손님의 손톱과 발톱을 손질하고 화장하여 건강하고 아름답게 꾸미는 영업을 말한다. |
| 공중이용시설 | 다수인이 이용함으로써 이용자의 건강 및 공중위생에 영향을 미칠 수 있는 건축물 또는 시설로서 대통령령이 정하는 것을 말한다. |

- 공중위생관리법 시행령은 대통령령, 공중위생 시행규칙은 보건복지부령으로 한다.

# 2. 영업의 신고 및 폐업

## 1) 영업의 신고

### (1) 영업신고

공중위생영업의 신고를 하려는 자는 공중위생영업의 종류별로 보건복지부령이 정하는 시설 및 설비기준에 적합한 시설을 갖추고 시장·군수·구청장에게 신고하여야 한다(법 제3조).

### (2) 영업신고의 첨부서류

① 영업시설 및 설비개요서
② 교육필증(미리 교육을 받을 경우에만 해당(법 제17조 2항)
③ 국유철도정거장 시설 영업자의 경우 국유재산사용허가서
④ 국유철도 외의 철도정거장 시설 영업자의 경우 철도시설 사용 계약에 관한 서류
⑤ 면허증 원본

### (3) 미용업의 시설 및 설비기준

| 구분 | 시설 및 설비기준 |
|---|---|
| 미용업(일반) 및 이용업 (손톱 · 발톱) | • 미용기구는 소독을 한 기구와 소독을 하지 아니한 기구를 구분하여 보관할 수 있는 용기를 비치하여야 한다.<br>• 소독기 · 자외선살균기 등 미용기구를 소독하는 장비를 갖추어야 한다.<br>• 작업장소, 응접장소, 상담실 등(탈의실 제외)을 분리하기 위해 칸막이를 설치할 수 있으나, 설치된 칸막이에 출입문이 있는 경우 출입문의 3분의 1이상을 투명하게 하여야 한다. |
| 미용업(피부) 및 미용업(종합) | • 피부미용 업무에 필요한 베드(온열장치 포함), 미용기구, 화장품, 수건, 온장고, 사물함 등을 갖추어야 한다.<br>• 미용기구는 소독을 한 기구와 소독을 하지 아니한 기구를 구분하여 보관할 수 있는 용기를 비치하여야 한다.<br>• 소독기 · 자외선살균기 등 미용기구를 소독하는 장비를 갖추어야 한다.<br>• 작업장소, 응접장소, 상담실 등(탈의실 제외)을 분리하기 위해 칸막이를 설치할 수 있으나, 설치된 칸막이에 출입문이 있는 경우 출입문의 3분의 1이상을 투명하게 하여야 한다.<br>• 작업장소 내 베드와 베드 사이에 칸막이를 설치할 수 있으나, 설치된 칸막이에 출입문이 있는 경우 그 출입문의 3분의 1이상은 투명하게 하여야 한다. |
| 이용업 | • 이용기구는 소독을 한 기구와 소독을 하지 아니한 기구를 구분하여 보관할 수 있는 용기를 비치하여야 한다.<br>• 소독기 · 자외선살균기 등 이용기구를 소독하는 장비를 갖추어야 한다.<br>• 응접장소와 작업장소 또는 의자와 의자를 구획하는 커튼 · 칸막이 그밖에 이와 유사한 장애물을 설치하여서는 아니 된다.<br>• 영업소 안에는 별실 그 밖에 이와 유사한 시설을 설치하여서는 아니 된다.<br>• 건축물 또는 시설로서 대통령령이 정하는 것을 말한다. |

## 2) 변경신고

### (1) 보건복지부령이 정하는 중요한 사항(법 제3조 1항 후단)

① 영업소의 명칭 또는 상호
② 영업소의 소재지
③ 신고한 영업장 면적의 3분의 1 이상의 증감
④ 대표자의 성명(법인의 경우 해당) 변경
⑤ 미용업 업종 간 변경

### (2) 변경신고 시 시장 · 군수 · 구청장에게 제출할 첨부서료

① 영업신고증
② 변경사항을 증명하는 서류

## 3) 폐업신고 및 영업의 승계(법 제3조)

### (1) 폐업신고

미용업자는 폐업한 날부터 20일 이내에 시장 · 군수 · 구청장에게 신고하여야 한다. 폐업신고를 하려는 자는 신고서를 시장 · 군수 · 구청장에게 제출하여야 한다.

### (2) 영업의 승계(법 제3조의 2)

① 공중위생영업자가 그 공중위생영업을 양도하거나 사망한 때 또는 법인의 합병이 있는 때에는 그 양수인 · 상속인 또는 합병 후 존속하는 법인이나 합병에 의하여 설립되는 법인은 그 공중위생영업자의 지위를 승계한다.
② 민사집행법에 의한 경매, 「채무자 희생 및 파산에 관한 법률」에 의한 환가나 국제징수법 · 관세법 또는 「지방세기본법」에 의한 압류재산의 매각 그 밖에 이에 준하는 절차에 따라 공중위생영업 관련시설 및 설비의 전부를 인수하는 자는 이 법에 의한 그 공중위생영업자의 지위를 승계한다.
③ 이용업 또는 미용업의 경우에는 면허를 소지한 자에 한하여 공중위생업자의 지위를 승계할 수 있다.
④ 공중위생영업자의 지위를 승계한 자는 1월 이내에 보건복지부령이 정하는 바에 따라 시장 · 군수 · 구청장에게 신고하여야 한다.

# 3. 영업자 준수사항

## 1) 공중위생영업자의 위생관리의무

① 공중위생영업자는 그 이용자에게 건강상 위해 요인이 발생하지 아니하도록 영업 관련 시설 및 설비를 위생적이고 안전하게 관리하여야 한다(법 제4조)

| 구분 | 위생관리의무 |
|---|---|
| 이용업자 | • 이용기구는 소독을 한 기구와 소독을 하지 아니한 기구로 분리하여 보관하고, 면도기는 1회용 면도날만을 손님 1인에 한하여 사용하여야 한다. 이 경우 미용기구의 소독 기준 및 방법은 보건복지부령으로 정한다.<br>• 이용사 면허증을 영업소 안에 게시할 것<br>• 이용업소 표시 등을 영업소 외부에 설치할 것 |
| 미용업자 | • 의료기구나 의약품을 사용하지 아니하는 순수한 화장을 할 것<br>• 미용기구는 소독을 한 기구와 소독을 하지 아니한 기구로 분리하여 보관하고, 면도기는 1회용 면도날만을 손님 1인에 한하여 사용하여야 한다. 이 경우 미용기구의 소독 기준 및 방법은 보건복지부령으로 정한다.<br>• 미용사 면허증을 영업소 안에 게시할 것 |

## 2) 공중이용시설의 위생관리(법 제5조)

① 실내공기는 보건복지부령이 정하는 위생관리기준에 적합하도록 유지한다.

② 영업소·화장실 기타 공중이용시설 안에서 시설이용자의 건강을 해할 우려가 있는 오염물질이 발생되지 아니하도록 한다. 이 경우 오염물질의 종류와 오염허용기준은 보건복지부령으로 정한다.

| 오염물질의 종류 | 오염허용기준 |
|---|---|
| 미세먼지(PM-10) | 24시간 평균치 150㎍/m³ 이하 |
| 일산화탄소(CO) | 1시간 평균치 25ppm 이하 |
| 이산화탄소($CO_2$) | 1시간 평균치 1,000ppm 이하 |
| 포름알데이드(HCHO) | 1시간 평균치 120㎍/m³ 이하 |

③ 공중위생영업자가 준수해야 할 위생관리기준(제7조 관련)

| 구분 | 위생관리의무 |
|---|---|
| 이용업자 | • 이용기구 중 소독을 한 기구와 소독을 하지 아니한 기구는 각각 다른 용기에 넣어 보관하여야 한다.<br>• 1회용 면도날은 손님 1인에 한하여 사용하여야 한다.<br>• 영업장 안의 조명도는 75룩스 이상이 되도록 유지하여야 한다.<br>• 영업소 내부에 이용업 신고증 및 개설자의 면허증 원본을 게시하여야 한다.<br>• 영업소 내부에 부가가치세, 재료비 및 봉사료 등이 포함된 요금표(이하 "최종지불요금표"라 한다)를 게시 또는 부착하여야 한다.<br>• 위 상황에도 불구하고 신고한 영업장 면적이 66제곱미터 이상인 영업소의 경우 영업소 외부(출입문, 창문, 외벽면 등을 포함한다, 이하 같다)에도 손님이 보기 쉬운 곳에 「옥외광고물 등 관리법」에 적합하게 최종지불요금표를 게시 또는 부착하여야 한다. 이 경우 최종지불요금표에는 일부항목(3개 이상)만을 표시할 수 있다. |
| 미용업자 | • 점빼기 • 귓볼뚫기 • 쌍꺼풀수술 • 문신 • 박피술 그밖에 이와 유사한 의료행위를 하여서는 아니된다.<br>• 피부미용을 위하여 「약사법」에 따른 의약품 또는 「의료기기법」에 따른 의료기기를 사용하여서는 아니 된다.<br>• 미용기구 중 소독을 한 기구와 소독을 하지 아니한 기구는 각각 다른 용기에 넣어 보관하여야 한다.<br>• 1회용 면도날은 손님 1인에 한하여 사용하여야 한다.<br>• 영업장 안의 조명도는 75룩스 이상이 되도록 유지하여야 한다.<br>• 영업소 내부에 미용업 신고증 및 개설자의 면허증 원본을 게시하여야한다.<br>• 영업소 내부에 최종지불요금표를 게시 또는 부착하여야 한다.<br>• 위 상황에도 불구하고 신고한 영업장 면적이 66제곱미터 이상인 영업소의 경우 영업소 외부에도 손님이 보기 쉬운 곳에 「옥외광고물 등 관리법」에 적합하게 최종지불요금표를 게시 또는 부착하여야 한다. 이 경우 최종지불요금표에는 일부 항목(5개 이상)만을 표시할 수 있다. |

# 4. 이용사 및 미용사의 면허

## 1) 이용사 및 미용사의 면허

### (1) 면허발급 자격기준(법 제6조)

이용사 또는 미용사가 되고자 하는 자는 보건복지부령이 정하는 바에 의하여 시장 · 군수 · 구청장의 면허를 받아야 한다.

① 전문대학 또는 이와 동등 이상의 학력이 있다고 교육부장관이 인정하는 학교에서 이용 또는 미용에 관한 학과를 졸업한 자

② 「학점인정 등에 관한 법률」에 따라 대학 또는 전문대학을 졸업한 자와 동등 이상의 학력이 있는 것으로 인정되어 이용 또는 미용에 관한 학위를 취득한 자

③ 고등학교 또는 이와 동등의 학력이 있다고 교육부장관이 인정하는 학교에서 이용 또는 미용에 관한 학과를 졸업한 자
④ 교육부장관이 인정하는 고등기술학교에서 1년 이상 이용 또는 미용에 관한 소정의 과정을 이수한 자
⑤ 국가기술자격법에 의한 이용사 또는 미용사 자격을 취득한 자

### (2) 면허 결격자(법 제6조)

① 금치산자
② 정신보건법에 따른 정신질환자(다만, 전문의가 이용사 또는 미용사로서 적합하다고 인정하는 경우 예외) 또는 간질병자
③ 공중의 위생에 영향을 미칠 수 있는 감염병환자로서 보건복지부령이 정하는 자
④ 마약 기타 대통령령으로 정하는 약물 중독자
⑤ 면허가 취소된 후 1년이 경과되지 아니한 자

### (3) 면허의 취소(법 제7조)

시장 · 군수 · 구청장은 이용사 또는 미용사가 면허를 취소하거나 6개월 이내의 기간을 정하여 그 면허의 정지를 명할 수 있다. 다만 정신보건법에 따른 정신질환자에 해당하는 경우에는 면허를 취소해야 한다.
① 규정에 의한 명령에 위반한 때
② 금치산자, 마약 기타 대통령령으로 정하는 약물중독자에 해당하게 된 때
③ 면허증을 다른 사람에게 대여한 때

### (4) 면허신청서류 및 절차(별지 제7호)

#### ① 제출서류

| | |
|---|---|
| 신청인 제출 서류 | • 졸업증명서 또는 학위증명서 1부<br>• 이수증명서 1부<br>• 정신질환자, 마약 · 대마 · 향정신정 의약품 중독자, 결핵환자가 아님을 증명할 수 있는 전문의의 진단서 1부<br>• 정신질환자, 마약 · 대마 · 항정신성 의약품 중독자, 결핵환자가 아님을 증명하는 최근 6개월 이내의 의사의 진단서 1부<br>• 최근 6개월 이내에 찍은 가로 3cm, 세로4cm의 탈모 정면 상반신 사진 2매 |
| 담당 공무원 확인 사항 | • 학점은행제학위증명(신청인이 학점인정 등에 관한 법률에 따라 대학 또는 전문대학을 졸업한 사람과 동등 이상의 학력이 있는 것으로 인정되어 같은 법 제9조에 따라 이용 또는 미용에 관한 학위를 취득한 사람인 경우만 해당)<br>• 국가기술자격취득사항확인서(신청인이 국가기술자격법에 따른 이용사 또는 미용사의 자격을 취득한 사람인 경우만 해당) |

#### (5) 면허증의 재교부(시행규칙 제9조)

① 이용사 또는 미용사 면허증의 기재사항에 변경이 있을 때
② 면허증을 잃어버린 때
③ 면허증이 헐어 못쓰게 된 때

Tip 면허증을 잃어버린 후 재교부받은 자는 그 면허증을 찾았을 경우 지체없이 재교부받은 시장, 군수, 구청장에게 이를 반납한다.

#### (6) 면허의 반납(시행규칙 제2조)

① 면허가 취소되거나 면허정지명령을 받은 자는 지체 없이 시장, 군수, 구청장에게 면허증을 반납한다.
② 면허정지명령을 받은 자는 그 면허정지 기간 동안 관할 시장, 군수, 구청장이 이를 보관한다.

## 5. 이용사 및 미용사의 업무

### 1) 이용사 및 미용사의 업무범위

#### (1) 이용사 및 미용사의 업무범위(법 제8조)

이용사 또는 미용사의 면허를 받은 자가 아니면 이용업 또는 미용업을 개설하거나 그 업무에 종사할 수 없다. 다만, 이용사 또는 미용사의 감독을 받아 이용 또는 미용 업무의 보조를 행하는 경우에는 그러하지 아니한다.

① 이용사의 업무 : 이발, 아이론, 면도, 머리피부손질, 머리카락 염색 및 머리감기로 한다.
② 미용사의 업무
- 미용업(일반) : 파마 · 머리카락 자르기 · 머리카락 모양내기 · 머리피부손질 · 머리카락 염색 · 머리감기, 의료기기나 의약품을 사용하지 아니하는 눈썹손질, 얼굴의 손질 및 화장을 하는 영업
- 미용업(피부) : 의료기기나 의약품을 사용하지 아니하는 피부상태분석 · 피부관리 · 제모(除毛) · 눈썹손질을 하는 영업
- 미용업(손톱 · 발톱) : 손톱과 발톱을 손질 · 화장하는 영업

③ 이용 및 미용의 업무는 영업소 외의 장소에서 행할 수 없다. 다만, 보건복지부령이 정하는 특별한 사유가 있는 경우에는 그러하지 아니하다.

### (2) 영업소 외에서의 미용업무

① 질병 및 기타의 사유로 인하여 영업소에 나올 수 없는 자에 대하여 미용을 하는 경우
② 혼례 및 기타 의식에 참여하는 자에 대하여 그 의식 직전에 미용을 하는 경우
③ 사회복지시설에서 봉사활동으로 이용을 하는 경우
④ 특별한 사정이 있다고 시장 · 군수 · 구청장이 인정하는 경우

Tip 이용 및 미용사의 업무 범위에 관하여 필요한 사항은 보건복지부령으로 정한다.

# 6. 행정지도 감독

## 1) 시 · 도지사 또는 시장 · 군수 · 구청장 지도 · 감독

### (1) 보고 및 출입 · 검사(법 제9조)

① 시 · 도지사 또는 시장 · 군수 · 구청장은 공중위생관리상 필요하다고 인정하는 때에는 공중위생 영업자 및 공중이용시설의 소유자 등에 대하여 필요한 보고를 하게 하거나 소속 공무원으로 하여금 영업소, 사무소, 공중이용시설 등에 출입하여 공중위생 영업자의 위생관리의무이행 및 공중이용시설의 위생관리실태 등에 대하여 검사하게 하거나 필요에 따라 공중위생영업 장부나 서류를 열람하게 할 수 있다.
② 관계공무원은 그 권한을 표시하는 증표를 지녀야 하며, 관계인에게 이를 내보여야 한다.

### (2) 영업제한(법 제9조 2항)

시 · 도지사는 공익상 또는 선량한 풍속을 유지하기 위하여 필요하다고 이정하는 때에는 공중위생 영업자 및 종사원에 대하여 영업시간 및 영업행위에 관한 필요한 제한을 할 수 있다.

### (3) 위생지도 및 개선명령(법 제10조)

시 · 도시자 또는 시장 · 군수 · 구청장은 다음에 해당하는 자에 대하여 즉시 또는 일정한 기간을 정하여 그 개선을 명할 수 있다.

① 공중위생영업의 종류별 시설 및 설비기준을 위반한 공중위생영업자

② 위생관리의무 등을 위반한 공중위생 영업자
③ 위생관리의무를 위반한 공중위생시설의 소유자 등

## 2) 공중위생영업소의 폐쇄

### (1) 영업소 폐쇄(법 제11조)

① 시장 · 군수 · 구청장은 공중위생 영업자가 이 법 또는 이 법에 의한 명령에 위반하거나 또는 풍속영업의 규제에 관한 법류, 성매매 알선 등 행위의 처벌에 관한 법률, 청소년 보호법, 의료법 등에 위반하여 관계행정기관자의 요청이 있을 때에는 6개월 이내의 기간을 정하여 영업의 정지 또는 일부 시설의 사용 중지를 명하거나 영업소 폐쇄 등을 명할 수 있다.
② 영업의 정지, 일부 시설의 사용중지와 영업소 폐쇄명령 등 기준은 보건복지부령으로 정한다.
③ 공중위생 영업자가 영업소 폐쇄명령을 받고도 계속하여 영업을 할 때 관계 공무원으로 하여금 당해 영업소를 폐쇄하기 위하여 다음의 조치를 하게 할 수 있다(시장 · 군수 · 구청장)
- 당해 영업소의 간판 기타 영업표지물의 제거
- 당해 영업소가 위법한 영업소임을 알리는 게시물 등의 부착
- 영업을 위하여 필수 불가결한 기구 또는 시설물을 사용할 수 없게 하는 봉인

④ 시장 · 군수 · 구청장은 영업을 위하여 필수 불가결한 기구 또는 시설물을 사용할 수 없게 하는 규정에 의한 봉인을 한 후 다시 봉인을 해제할 수 있다.(시장 · 군수 · 구청장).
- 봉인을 계속할 필요가 없다고 인정되는 때
- 영업자 등이나 그 대리인이 당해 영업소를 폐쇄할 것을 약속하는 때
- 정당한 사유를 들어 봉인의 해제를 요청하는 때
- 당해 영업소가 위법한 영업소임을 알리는 게시물 등의 부착 규정에 의한 게시물 등의 제거를 요청하는 경우

### (2) 과징금 처분(시장 · 군수 · 구청장)(법 제11조의 2)

① 영업정지가 이용자에게 심한 불편을 주거나 공익을 해할 우려가 있는 경우 : 영업정지 처분에 3천만원 이하의 과징금 1부과
② 과징금을 부과하는 위반행위의 종별, 정도 등에 따른 과징금의 금액 등에 관하여

필요한 사항은 대통령령으로 정한다.

③ 과징금 납부할 자가 납부기간까지 납부하지 아니한 경우 지방세 체납처분의 예에 의하여 징수

④ 부과 · 징수한 과징금은 당해 시 · 군 · 구에 귀속

⑤ 과징금을 부과할 위반행위의 종별과 과징금 금액(법 제7조 2)

- 과징금의 금액은 위반행위의 종별 · 정도 등을 감안하여 보건복지부령이 정하는 영업정지기간에 과징금 산정기준을 적용하여 산정한다.
- 공중위생영업자의 사업규묘 · 위반행위의 정도 및 획수 등을 참작하여 과징금의 금액의 2분의 1의 범위 안에서 이를 가중 또는 감경할 수 있다. 이 경우 가중하는 때에도 과징금의 총액이 3천만 원을 초과할 수 없다.

⑥ 과징금의 부과 및 납부(법 제7조의 3)

- 과징금을 부과하고자 할 때에는 그 위반행위의 종별과 해당 과징금의 금액 등을 명시하여 이를 납부할 것을 서면으로 통지하여야 한다.
- 통지를 받은 자는 통지를 받은 날부터 20일 이내에 과징금을 시장 · 군수 · 구청장이 정하는 수납기관에 납부하여야한다. 다만, 천재지변 그 밖에 부득이한 사유로 인하여 그 기간 내에 과징금을 납부할 수 없는 때에는 그 사유가 없어진 날부터 7일 이내에 납부하여야 한다.
- 과징금의 납부를 받은 수납기관은 영수증을 납부자에게 교부하여야 한다.
- 과징금의 수납기관은 과징금을 수납한 때에는 지체없게 그 사실을 시장 · 군수 · 구청장에게 통보하여야 한다.
- 과징금은 이를 분할하여 납부할 수 없다.
- 과징금의 징수절차는 보건복지부령으로 정한다.

## 3) 공중위생감시원의 자격 및 임명(법 제8조)

### (1) 공중위생감시원(법 제15조)

① 공중위생 영업소의 시설 및 통보, 공중이용시설의 위생관리 또는 미용사의 업무범위 등, 공중위생영업소의 폐지 등의 규정에 의한 관계공무원의 업무를 행하게 하기 위하여 보건복지부, 특별시, 광역시 · 도 및 시 · 군 · 구에 공중위생감시원을 둔다.

② 공중위생감시원의 자격 · 임명 · 업무 범위 기타 필요한 사항은 대통령령으로 정한다.

### (2) 공중위생감시원의 자격 및 임명

① 공중위생감시원의 규정에 의하여 시 · 도지사, 시장 · 군수 · 구청장은 다음에 해당하는 소속공무원 중에서 공중위생감시원을 임명한다.
  ㉠ 위생사 또는 환경기사 2급 이상의 자격증이 있는 자
  ㉡ 고등교육법에 의한 대학에서 화학 · 화공학 · 환경공학 또는 위생학 분야를 전공하고 졸업한 자 또는 이와 동등 이상의 자격이 있는 자
  ㉢ 외국에서 위생사 또는 환경기사의 면허를 받은 자
  ㉣ 3년 이상 공중위생 행정에 종사한 경력이 있는 자

② 공중위생감시원의 인력확보가 곤란하다고 인정된 때에는 공중위생행정에 종사하는 자 중 공중위생감시에 관한 교육훈련을 2주 이상 받은 자를 공중위생 행정에 종사하는 기간 동안 공중위생감시원으로 임명할 수 있다.

### (3) 공중위생감시원의 업무범위

① 시설 및 설비의 확인
② 공중위생 영업 관련 시설 및 설비의 위생상태 확인 · 검사 · 공중위생 영업자의 위생관리 의무 및 영업자 준수사항 이행여부 확인
③ 공중이용시설의 위생상태 확인 · 검사
④ 위생지도 및 개선명령, 이행여부 확인
⑤ 공중위생업소의 영업의 정지, 일부 시설의 사용중지 또는 영업소 폐쇄명령 이행여부의 확인
⑥ 위생교육 이행여부의 확인

**Tip** 청문을 실시해야 하는 경우
- 이용사 및 미용사의 면허취소, 면허정지
- 공중위생영업의 정지, 일부 시설의 사용중지
- 영업소 폐쇄명령 등

### (4) 명예공중위생감시원의 자격 등

① 시 · 도지사는 공중위생의 관리를 위한 지도, 계몽 등을 행하게 하기 위하여 명예공중위생감시원을 둘 수 있다.
② 명예공중위생감시원의 자격 및 위촉방법, 업무범위 등에 관하여 필요한 사항은 대통령령으로 정한다.

③ 명예감시원의 자격
- 공중위행에 대한 지식과 관심이 있는 자
- 소비자 단체, 공중위생관련 협회 또는 단체의 소속직원 중에서 당해 단체 등의 장이 추천하는 자

④ 명예감시원의 업무
- 공중위생감시원이 행하는 검사대상물의 수거 지원
- 법령 위반행위에 대한 신고 및 자료 제공
- 그밖에 공중위생에 관한 홍보계몽 등 공중위생관리 업무와 관련하여 시·도지사가 따로 정하여 부여하는 업무

⑤ 시·도지사는 명예감시원의 활동지원을 위하여 예산의 범위 안에서 시·도지사가 정하는 바에 따라 수당을 지급할 수 있다.

⑥ 명예감시원의 운영에 관하여 필요한 사항은 시·도지사가 정한다.

## 7. 업소 위생등급

### 1) 공중위생영업의 위생관리

#### (1) 위생서비스수준 평가(법 제3조)

① 시·도지사는 공중위생영업소의 위생관리수준을 향상시키기 위하여 위생서비스 평가계획을 수립하여 시장·군수·구청장에게 통보하여야 한다.

② 시장·군수·구청장은 평가계획에 따라 관할지역별 세부평가계획을 수립한 후 공중위생영업소의 위생서비스 수준을 평가하여야 한다.

③ 시장·군수·구청장은 위생 서비스 평가의 전문성을 높이기 위하여 필요하다고 인정하는 경우에는 관련전문기관 및 단체로 하여금 위생서비스 평가를 실시하게 할 수 있다.

④ 위생서비스는 평가의 주기, 방법, 위생관리 등급의 기준, 기타 평가에 관하여 필요한 사항은 보건복지부령으로 정한다.

⑤ 위생서비스 수준평가는 2년마다 실시한다(필요 시 보건복지부장관이 준하는 바에 의하여 공중위생영업의 종류 또는 위생관리등급별로 평가주기를 달리 할 수 있음).

### 2) 위생관리등급

#### (2) 위생관리등급 및 공표

##### ① 위생관리등급의 평가

- 최우수 업소 : 녹색 등급
- 우수 업소 : 황색 등급
- 일반관리대상 업소 : 백색 등급

##### ② 위생관리등급의 공표 등(법 제14조)

- 위생관리등급의 판정을 위한 세부항목, 등급결정 절차와 기타 위생서비스 평가에 필요한 구체적인 사항은 보건복지부장관이 정하여 고시한다.
- 시장·군수·구청장은 보건복지부령이 정하는 바에 의하여 위생서비스 평가의 결과에 따른 위생관리등급을 해당 공중위생 영업자에게 통보하고 이를 공표하여야 한다.
- 통보받은 위생관리등급의 표시를 영업소의 명칭과 함께 영업소의 출입구에 부착할 수 있다.
- 시·도지사 또는 시장·군수·구청장은 위생서비스 평가의 결과 위생서비스의 수준이 우수하다고 인정되는 영업소에 대하여 포상을 실시할 수 있다.
- 시·도지사 또는 시장·군수·구청장은 위생서비스 평가의 결과에 따른 위생관리등급별로 영업소에 대한 위생감시를 실시하여야 한다. 이 경우 영업소에 대한 출입, 검사와 위생 감시의 실시 주기 및 횟수 등 위생관리등급별 위생 감시 기준은 보건복지부령으로 정한다.

## 8. 위생교육

### 1) 위생교육

#### (1) 영업자 위생교육

① 위생교육 횟수 및 시간 : 매년 3시간

② 공중위생영업 신고를 하고자 하는 자는 미리 위생교육을 받아야 한다. 다만, 부득이한 사유로 미리 교육을 받을 수 없는 경우에는 영업개시 후 보건복지부령이 정하는 기간 안에 위생교육을 받을 수 있다.

③ 규정에 따른 위생교육을 받아야 하는 자 중 영업에 직접 종사하지 아니하거나 2

곳 이상의 장소에서 영업을 하는 자는 종업원 중 영업장별로 공중위생에 관한 책임자를 지정하고 그 책임자로 하여금 위생교육을 받게 하여야 한다.

④ 규정에 따른 위생교육은 보건복지부관장이 허가한 단체가 실시할 수 있다.

⑤ 규정에 따른 위생교육의 방법 · 절차 등에 관하여 필요한 사항은 보건복지부령으로 정한다.

⑥ 위생교육의 내용은 「공중위생관리법」 및 관련법규, 소양교육, 기술교육, 그 밖에 공중위생에 관하여 필요한 내용으로 한다.

⑦ 위생교육 대상자 중 보건복지부장관이 고시하는 도서 · 벽지 지역에서 영업을 하고 있거나 하려는 자에 대하여는 교육교재를 배부하여 이를 익히고 활용하도록 함으로써 교육에 갈음할 수 있다.

⑧ 영업신고 전에 위생교육을 받아야 하는 자 중 다음 각 호의 어느 하나에 해당하는 자는 영업신고를 한 후 6개월 이내에 위생교육을 받을 수 있다.

- 천재지변, 본인의 질병 · 사고, 업무상 국외출장 등의 사유로 교육을 받을 수 없는 경우
- 교육을 실시하는 단체의 사정 등으로 미리 교육을 받기 불가능한 경우

⑨ 위생교육을 받은 자가 위생교육을 받은 날부터 2년 이내에 위생교육을 받은 업종과 같은 업종의 영업을 하려는 경우에는 해당 영업에 대한 위생교육을 받은 것으로 본다.

⑩ 위생교육을 실시하는 단체는 보건복지부관장이 고시한다.

⑪ 위생 교육의 방법·절차 기타 필요한 사항은 보건복지부령으로 정한다.

## 9. 벌칙 및 과태료

### 1) 벌칙

#### (1) 벌칙(법 제20조)

**① 1년 이하의 징역 또는 1천만 원 이하의 벌금**

- 공중위생영업의 신고를 하지 아니한 자
- 영업정지 명령 또는 일부 시설의 사용중지 명령을 받고도 그 기간 중에 영업을 하거나 그 시설을 사용한 자
- 영업소 폐쇄명령을 받고도 계혹하여 영업을 하는 자

**② 6월 이하의 징역 또는 500만 원 이하의 벌금**

- 공중위생영업의 변경신고를 하지 아니한 자

- 공중위생 영업자의 지위를 승계한 자로서 규정에 의한 신고를 하지 아니한 자
- 건전한 영업질서를 위하여 영업자가 준수하여야 할 사항을 준수하지 아니한 자

**③ 300만 원 이하의 벌금**

- 위생관리 기준 또는 오염허용 기준을 지키지 아니한 자로서 개선명령에 따르지 아니한 자
- 면허가 취소된 후 계속하여 업무를 행한 자
- 면허 정지 기간 중에 업무를 행한 자
- 이·미용 면허를 받지 아니한 자가 이용 또는 미용의 업무에 종사한 자

## 2) 과태료

### (1) 과태료

**① 300만 원 이하의 과태료**

- 폐업신고를 하지 아니한 자
- 규정을 보고하지 아니하거나 관계공무원의 출입·검사, 기타 조치를 거부, 방해 또는 기피한 자
- 개선명령에 따르지 아니한 자, 위반한 자
- 시, 군, 구에 이용업의 신고를 하지 아니하고 이용업소 표시 등을 설치한 자

**② 200만 원 이하의 과태료**

- 이용업소의 위생관리 의무를 지키지 아니한 자
- 미용업소의 위생관리 의무를 지키지 아니한 자
- 영업소 외의 장소에서 이용 또는 미용업무를 행한 자
- 위생교육을 받지 아니한 자

**③ 과태료 부과, 징수절차(법 제23조)**

- 과태료는 대통령령이 정하는 바에 의하여 시장·군수·구청장이 부과, 징수한다.
- 과태료 처분 불복이 있는 자는 그 처분의 고지를 받은 날로부터 30일 이내에 처분권자에게 이의를 제기할 수 있다.
- 과태료 처분을 받은 자가 이의를 제기한 때에는 처분권자는 지체 없이 관할법원에 그 사실을 통보하여야 하며, 그 통보를 받은 관할법원은 비송사건절차법에 의한 과태료의 재판을 한다.

- 기간 내에 이의를 제기하지 아니하고 과태료를 납부하지 아니한 때에는 지방세 체납 처분의 예에 의하여 이를 징수한다.

### (2) 과태료의 부과금액

| 위반행위 | 과태료 금액(만원) |
|---|---|
| 폐업 신고를 하지 아니한 자 | 30 |
| 보고를 하지 아니하거나 관계공무원의 출입, 검사 기타조치를 거부, 방해 또는 기피한 자 | 100 |
| 개선명령을 위반한 자 | 100 |
| 미용업소의 위생관리의무를 지키지 아니한 자 | 50 |
| 영업소 외의 장소에서 미용업무를 행한자 | 70 |
| 위생교육을 받지 아니한자 | 20 |

# 10. 시행령 및 시행규칙 관련사항

## 1) 행정처분기준

### (1) 기타 법규사항

| 위반사항 | 행정처분기준 | | | | 관련법규 |
|---|---|---|---|---|---|
| | 1차 위반 | 2차 위반 | 3차 위반 | 4차 위반 | |
| 1. 미용사령 면허에 관한 규정을 위반한 때 | | | | | 법 제7조제1항 |
| 가. 국가기술자격법에 따라 미용사 자격이 취소된 때 | 면허취소 | | | | |
| 나. 국가자격법에 따라 미용사 자격정지처분을 받은 때 | 면허정지 | 국가기술자격법에 의한 자격정지 처분기간에 한한다. | | | |
| 다. 법 제6조 제2항 제1호 내지 제4호의 결격사유에 해당한 때 | 면허정지 | | | | |
| 라. 이중으로 면허를 취득한 때 | 면허취소 | (나중에 발급받은 면허를 말한다) | | | |

| | | | | | |
|---|---|---|---|---|---|
| 마. 면허증을 다른 사람에게 대여한 때 | 면허정지 3월 | 면허정지 6월 | 면허취소 | | |
| 바. 면허정지처분을 받고 그 정지기간 중업무를 행한 때 | 면허취소 | | | | |
| 2. 법 또는 법에 의한 명령에 위한반 때 | | | | | 법 제11조제1항 |
| 가. 시설 및 설비기준을 위반한 때 | 개선명령 | 영업정지 15일 | 영업정지 1월 | 영업장 폐쇄명령 | 법 제3조제1항 |
| 나. 신고를 하지 아니하고 영업소의 명칭 및 상호 또는 영업장 면적의 3분의 1이상을 변경한 때 | 경고 또는 개선명령 | 영업정지 15일 | 영업정지 1월 | 영업장 폐쇄명령 | 법 제3조제1항 |
| 다. 신고를 하지 아니하고 영업소의 소재지를 변경한 때 | 영업장 폐쇄명령 | | | | 법 제3조제1항 |
| 라. 영업자의 지위를 승계한 후 1월이내에 신고하지 아니한 때 | 개선명령 | 영업정지 10일 | 영업정지 1월 | 영업장 폐쇄명령 | 법 제3조의 2 제4항 |
| 마. 소독을 한 기구와 소독을 하지 아니한 기구를 각각 다른 용기에 넣어 보관하지 아니하거나 1회용 면도날을 2인 이상의 손님에게 사용한 때 | 경고 | 영업정지 5일 | 영업정지 10일 | 영업장 폐쇄명령 | 법 제4조 제4항 |
| 바. 피부미용을 위하여 「약사법」에 따른 의약품 또는 「의료기기법」에 따른 의료기기를 사용한 때 | 영업정지 2월 | 영업정지 3월 | 영업장 폐쇄명령 | | 법 제4조제7항 |
| 사. 공중위생 영압자의 위생관리의무 등을 위반한 때 | | | | | 법 제4조제4항 및 제7항 |
| (1) 점빼기 · 귓볼뚫기 · 쌍꺼풀수술 · 문신 · 박피술, 그 밖에 이와 유사한 의료행위를 한 때 | 영업정지 2월 | 영업정지 3월 | 영업장 폐쇄명령 | | 법 제4조제4항 및 제7항 |
| (2) 미용업 신고증, 면허증 원본을 게시하지 아니하거나 업소내 조명도를 준수하지 아니한 때 | 경고 또는 개선명령 | 영업정지 5월 | 영업정지 10일 | 영업장 폐쇄명령 | |
| 아. 영업소 와의 장소에서 업무를 행한 때 | 영업정지 1월 | 영업정지 2월 | 영업장 폐쇄명령 | | 법 제8조제2항 |
| 자. 시 · 도지사, 시장 · 군수 · 구청장이 하도록 한 필요한 보고를 하지 아니하거나 거짓으로 보고한 때 또는 관계공무원의 출입•검사를 거부•기피하거나 방해한 때 | 영업정지 10일 | 영업정지 20일 | 영업정지 1월 | 영업장 폐쇄명령 | 법 제9조제1항 |

| 차. 시 · 도지사, 시장 · 군수 · 구청장의 개선명령을 이행하지 아니한 때 | 경고 | 영업정지 10일 | 영업정지 1월 | 영업장 폐쇄명령 | 법 제10조 |
|---|---|---|---|---|---|
| 카. 영업정지처분을 받고 그 영업정지기간 중 영업을 한 때 | 영업장 폐쇄명령 | | | | 법 제11조제1항 |
| 타. 위생교육을 받지 아니한 때 | 경고 | 영업정지 5일 | 영업정지 10일 | 영업장 폐쇄명령 | 법 제17조 |
| 3. 「성매매알선 등 행위의 처벌에 관한 법률」·「풍속영업의 규제에 관한 법률」·「의료법」에 위반하여 관계행정기관의 장의 요청이 있는 때 | | | | | 법 제11조제1항 |
| 가. 손님에게 성매매알선 등 행위 또는 음란행위를 하게 하거나 이를 알선 또는 제공한 때 | | | | | |
| (1) 영업소 | 영업정지 2월 | 영업정지 3월 | 영업장 폐쇄명령 | | |
| (2) 미용사(업주) | 면허정지 2월 | 면허정지 3월 | 면허취소 | | |
| 나. 손님에게 도박 그밖에 사행행위를 하게 한 때 | 영업정지 1월 | 영업정지 2월 | 영업장 폐쇄명령 | | |
| 다. 음란한 물건을 관람 · 열람하거나 진열 또는 보관한 때 | 개선명령 | 영업정지 15일 | 영업정지 1월 | 영업장 폐쇄명령 | |
| 라. 무자격안마사로 하여금 안사마의 업무에 관한 행위를 하게 한 때 | 영업정지 1월 | 영업정지 2월 | 영업장 폐쇄명령 | | |

# Chapter 4

# 화장품학

# 01 화장품 개론

## 1. 화장품의 정의 및 특성

### 1) 화장품의 정의

화장품은 몸을 청결하고, 용모의 매력을 더하고 피부, 모발의 건강을 유지하고 증진하기 위하여 인체에 사용되는 물품으로 인체에 대한 적용이 적은 것을 말한다.

### 2) 화장품의 특성

#### (1) 화장품의 4대 요건

① 안전성 : 피부에 대한 자극성, 알러지반응, 독성이 없어야 한다.

② 안정성 : 미생물의 오염으로 인한 변색, 변질, 변취, 분리 등 시간 경과 시 제품에 대한 변화가 없어야 한다.

③ 사용성 : 피부에 사용이 용이하며 친화성, 촉촉함, 부드러움, 지속성이 좋아야 한다.

④ 유효성 : 노화방지, 보습, 자외선차단, 미백, 탈모방지, 세정 등 효능. 효과를 부여 되어야 한다.

## 2. 화장품의 분류

화장품은 사용목적에 따라 여러 가지로 분류하며 연령이나 유행에 따른 화장품을 사용하게 된다.

### 1) 화장품의 분류

| 분류 | 사용목적 | 제품의 종류 |
|---|---|---|
| 기초 화장품 | 세정 | 클렌징크림(로션, 오일), 클렌징 폼, 비누, 스크럽 |
| | 피부정돈 | 유연화장수, 수렴화장수, 마사지크림 |
| | 피부보호 | 로션, 크림, 에센스, 기능성화장품 |
| 메이크업 화장품 | 베이스메이크업 | 메이크업베이스, 파운데이션, 페이스파우더 |
| | 포인트메이크업 | 아이섀도우, 립스틱, 마스카라, 아이라이너, 볼터치, 네일에나멜 |
| 모발 화장품 | 세정. 컨디셔닝 | 샴푸, 린스, 트리트먼트 |
| | 정발 | 스프레이, 무스, 젤, 크림, 오일, 팩 |
| | 기타 | 퍼머넌트웨이브로션, 염색, 탈색, 제모등 |

### 2) 네일 화장품의 분류

| 구분 | 종류 |
|---|---|
| 미용 제품 | 베이스코트, 네일팔리쉬, 탑코트, 팔리쉬 리무버, 큐티클오일 |
| 보호용 제품 | 큐티클크림, 네일 보강제 |

# 02 화장품 제조

## 1. 화장품의 원료

화장품 원료는 화장품을 형성하고 성분에 따라, 피부의 활성을 도와주는 다양한 작용에 따라 성분의 원료가 표시된다.

• 표 4-1 작용에 따른 화장품 성분 •

| 구분 | 작용 |
|---|---|
| 계면활성제 | 유화, 가용화, 분산 등의 제형 형성 작용과 세정작용 |
| 보습제 | 피부에 수분을 공급시켜주는 물질 |
| 유연제 | 피부표면의 수분 증발을 억제하여 피부를 부드럽게 해주는 물질 |
| 증점제 | 화장품의 사용성을 위하여 농도를 증가시켜주는 물질 |
| 방부제 | 안정성을 사용성을 위하여 화장품의 부패및 변질을 막아주는 물질 |
| 중화제 | 피부 친화성을 유지하기 위하여 pH를 조절해 주는 물질 |
| 첨가제 | 피부대사 및 생리기능을 강화시켜주는 물질 |
| 향 | 제품에 향취를 부여하는 원료 |
| 색재 | 기초 화장품에 색을 부여하고 메이크업 제품의 색상을 표현하는 물질 |

### 1) 정제수(distilled water)

물은 화장수, 로션, 크림 등 각종 화장품의 기초 물질로 세균과 금속이온이 제거된 정제수를 사용하여 피부를 부드럽고 촉촉하게 해 주는 작용을 한다.

## 2) 에탄올(ethanol)

- 에틸알코올(ethyl alcohol)이라고도 하는 것으로 피부에 시원한 청량감과 수렴효과를 부여한다.
- 살균작용. 소독작용을 한다.

## 3) 오일(oil)

화장품에 사용되는 오일은 천연물에서 추출된 천연오일과 화학적으로 합성하여 만든어진 합성오일이 있다.

• 표 4-2 화장품에 사용되는 오일 •

| 종류 | 특징 | 예 |
|---|---|---|
| 식물성오일 | 식물의 잎이나 열매에서 추출한다. 냄새는 좋은 편이나 부패하기 쉬운 단점이 있다. 피부흡수가 늦다. | 월견초유, 로즈힙오일, 피자마유, 올리브유 |
| 동물성오일 | 동물의 피하조직이나 장기에서 추출한다. 냄새가 좋지 않기 때문에 정제한 것을 사용해야 한다.<br>피부 친화성이 좋고 흡수가 빠른 장점이 있다. | 밍크오일, 스쿠알렌 |
| 광물성오일 | 석유 등 광물질에서 추출한다. 무색 투명하고 냄새가 없으며 피부 흡수가 비교적 좋다. | 유동파라핀, 바셀린 |
| 합성 오일 | 화학적으로 합성한 오일로 식물성 오일이나 광물성 오일에 비해 쉽게 변질되지 않으며 사용감이 좋다. | 실리콘오일, 미리스틴산 이소프로필 |

## 4) 왁스(wax)

- 기초화장품, 메이크업 화장품에 사용되는 고형의 유성성분으로 고급 지방산 알코올이 결합된 에스테르로 화장품의 군기를 증가시킨다.
- 식물성 왁스 : 열대 식물의 잎이나 열매에서 추출되어 얻어진다.
  (대표왁스 : 카르나우바, 칸델리라 왁스)
- 동물성 왁스 : 벌집과 양모 등에서 얻어진다.
  (대표왁스 : 밀납, 라놀린 왁스)

## 5) 계면활성제(surfactant)

한 분자 안에 물을 좋아하는 친수성기(hydrohilic group)와 기름을 좋아하는 친유성기(lipopilic group)를 함께 갖고 있다.

• 표 4-3 계면활성제의 종류와 특징 •

| 종류 | 특징 |
|---|---|
| 양이온성 계면활성제 | 살균, 소독작용이 크며 정전기 발생을 억제하므로 헤어린스, 헤어트리트먼트 등에 사용된다. |
| 음이온성 계면활성제 | 세정작용과 기포형성 작용이 우수하여 비누, 샴푸, 클렌징 폼 등에 사용된다. |
| 비이온성 계면활성제 | 피부자극이 적어 화장수의 가용화제, 크림의 유화제, 클렌징 크림의 세정제 등의 용도로 사용된다. |
| 양쪽성 계면활성제 | 세정작용이 있으며 피부자극이 적어 저자극 샴푸, 베이비 샴푸 등에 사용된다. |

## 6) 보습제

화장품에 사용되는 보습제는 피부를 촉촉하게 하는 작용을 하며 크게 세종류로 나눌 수 있다.

• 표 4-4 화장품 보습제의 종류와 예 •

| 종류 | 예 |
|---|---|
| 폴리올 | 글리세린, 프로필렌글리콜, 부틸렌글리콜, 폴리에틸렌글리콜, 솔비톨, 트레할로스 |
| 천연보습인자 | 아미노산, 요소, 젖산염, 피롤리돈카르본산염 |
| 고분자 보습제 | 히알루론산염, 콘드로이친 황산염, 가수분해콜라겐 |
| 기타 | 베타인 |

## 7) 방부제

- 화장품에는 각종 영양분이 함유되어 있으므로 공기 중에 노출되거나 불순물이 침투하게 되면 미생물의 작용으로 부패하게 되는데, 이러한 부패를 억제해 준다.
- 주요 방부제- 파라옥시안식향산메틸(methyl paraben), 파라옥시안식향산프로필(propyl paraben), 이미다졸리디닐우레아(imidazolidinyl urea) 등이 있다.

## 8) 비타민

비타민은 피부의 대사기능과 생리기능을 정상화시키며, 비타민 결핍으로 인한 피부 질환을 예방해 준다.

• 표 4-5 비타민의 종류와 특징 •

| 종류 | | 특징 |
|---|---|---|
| 비타민 | A | 레티놀이라고 한다. 여드름 치료, 피부 주름 개선, 콜라겐 저하의 회복 등이 있다. |
| | $B_2$ | 리보플라빈(riboflavin)이라고도 하며, 입술주변의 염증, 지루성 피부염 등을 예방해 준다. |
| | $B_3$ | 니아신이라 하며 피부염을 예방 해 준다. |
| | $B_5$ | D-판토텐산이라 하며, 세포증식을 도와주며 보송한 느낌의 보습효과를 준다. 피부진정 효과가 있어 민감성 화장품, 선탠제품에 사용된다. |
| | $B_6$ | 파리독신(pyridoxine)이라 하며 피지분비 억제 작용이 있어 지성피부에 효과가 좋다. |
| | C | 아스코로빈산이라 하며 콜라겐 합성촉진, 피부미백 등의 효과가 있으며 모세혈관 강화의 역할을 하며 항산화제로 사용된다. |
| | E | 토코페롤이라 하며, 혈행촉진, 노화억제, 유해산소제거 등의 효과가 있다. |

## 9) 색소

색소는 크게 염료와 안료로 구분된다(메이크업 제품에 사용된다).

## 10) 점액질(수용성 고분자 화합물)

① 화장품의 점도를 조정하기 위해 사용한다.
② 점토광물, 펙틴, 전분 등의 천연 점액질과 반합성 점액질, 합성 점액질이 있다.

### 11) 동식물 추출물

여성 호르몬과 유사한 생리활성을 나타낸다. 플라보노이드, 이소플라본(대두에 함유)

## 2. 화장품의 제조기술

### 1) 화장품의 제조의 기본공정

① 일차적 - 분산, 유화, 가용화, 혼합, 분쇄공정을 거친다.
② 이차적 - 포장공정을 통해 완제품이 생산된다.

### 2) 화장품 제조 공정별 특징

(1) 분산공정 - 고체입자를 물이나 오일에 혼합하는 기술로 고체입자의 침강을 막고 잘 섞이게 하기 위해 수용성고분자, 계면활성제 등을 이용하여 침강속도를 늦추는 과정이다.

(2) 유화공정 - 물과 오일처럼 섞이지 않는 두 개의 상을 서로 균일하게 분산시키는 기술을 말한다. 유화장치를 이용하여, 크림, 로션과 같은 유액을 만드는 과정이다.
W/O :오일 베이스에 물이 분산되어져 있는 상태
O/W :물 베이스에 오일이 분산되어져 있는 상태

(3) 가용화공정 - 가용화하고 여과작업을 거친 후 투명한 제품을 얻는 작업과정이다. (예 : 화장수 등)

(4) 혼합공정 - 안료 등을 혼합기에 넣고 균일한 상태로 혼합하는 과정으로 예비 혼합 작업과 최종 혼합 작업으로 구분한다. 과정에서 화장품의 질이 달라 질 수 있다.

(5) 분쇄공정 - 혼합공정에서 예비 혼합된 분체 입자를 분쇄기에 의해 분체의 응집을 풀고 크기를 완전히 균일하게 분쇄하는 작업과정이다.

(6) 포장공정 - 반제품을 완제품으로 생산하는 작업과정이다.

# 03 화장품의 종류와 기능

## 1. 기초 화장품

### 1) 기초 화장품의 목적

기초 화장품의 주된 목적은 피부를 청결하게 하는 것이다. 그 다음으로 외부환경으로 부터 피부를 보호하기 위한 것이다.

• 표 4-6 기초 화장품의 사용목적 •

| 목적 | 내용 |
|---|---|
| 세안 | 피부표면의 더러움이나 메이크업 잔여물 및 노폐물 을 제거하여 피부를 청결하게 해준다 |
| 피부정돈 | 비누 세안에 의해 상승된 피부의 pH를 정상적인 상태로 빨리 돌아오게 하고 유분과 수분을 공급하여 피부 결을 정돈해 준다. |
| 피부보호 | 피부표면의 건조를 방지하고 피부를 매끄럽게 하며, 추위로부터 피부를 보호하거나 공기 중에 있는 세균이 침입하는 것을 막아준다. |

### 2) 기초 화장품의 종류

#### (1) 세안용 화장품

피부에서 분비되는 오염물질, 메이크업을 통한 잔여물질을 제거시키는 신진대사 등 정상적인 피부 상태를 유지하는데 목적이 있다.

• 표 4-7 세안화장품의 제형별 분류 •

| 제형 | 종류 | 특징 |
|---|---|---|
| 씻어내는 타입<br>(계면활성제형) | 클렌징폼 | • 피부에 자극이 없어 민감하고 약한 피부에 효과적이다.<br>• 보습제와 에몰리엔트제가 풍부하게 함유되어 있어 당기거나 건조해지는 것을 방지한다. |
| | 페이셜 스크럽 | • 미세한 알갱이 모양의 스크럽제가 연마제 역할을 한다.<br>• 쉽게 제거되지 않는 모공 속 깊숙이 있는 더러움과 오래된 각질을 제거해 준다. |
| | 비누 | • 계면활성제의 일종으로 피부의 노폐물을 제거 한다.<br>• 과도한 피부의 유. 수분 제거 등의 피부건조를 유발한다. |
| 닦아내는 타입<br>(용제형) | 클렌징크림 | • 피부에서 분비되는 피지나 메이크업 찌꺼기 등 불순물을 제거해 준다.(하드 메이크업용) |
| | 클렌징로션 | • 사용감이 좋고 자극이 적음. 가벼운 메이크업 시 사용한다. |
| | 클렌징오일 | • 물에 유화되는 수용성 오일로 건성. 민감성 피부 등에 적합하다.<br>• 짙은 메이크업 시 효과적이다. |
| | 클렌징워터 | • 옅은 메이크업 시 사용 적당하다.<br>• 아이 및 립 등 포인트 메이크업용 워터 리무버 사용. |
| | 클렌징 젤 | • 세정력이 강한 유성 타입은 짙은 메이크업에 효과적이다.<br>• 세정력이 약한 수성 타입은 옅은 메이크업에 효과적이며 피부가 매끄럽고 사용감이 좋다. |
| | 클렌징 폼 | • 세정력이 우수하며 보습제 함유로 인해 세안 후 피부건조방지에 효과적이다.<br>• 피부자극이 적어 피부를 보호하는 기능에 효과적이다. |

## (2) 정돈용 화장품

① 화장수 : 피부에 수분 공급 pH조절, 피부정돈의 목적이 있으며, 정제수, 에탄올, 보습제를 기본으로 하고 있다.

• 표 4-8 화장수의 종류 •

| 종류 | 특징 |
|---|---|
| 세정화장수 | • 일반화장수에 비해 알코올 함량이 많다(알칼리성 화장수).<br>• 피부의 노폐물 제거 및 메이크업 제거 시 사용한다. |
| 유연화장수 | • 스킨로션, 스킨소프트너, 스킨토너 등이라고도 한다.<br>• 보습제, 유연제가 함유되어 피부를 부드럽게 한다.<br>• pH 기능에 따라 약알칼리성, 중성, 약산성으로 차이가 있다. |
| 수렴화장수 | • 아스트리젠트, 스킨 프레시너, 토닝 로션 등이라고도 한다.<br>• 알코올 성분으로 인한 모공 수축작용과 피지 분비억제, 피부결 정리, 피부소독 등의 효과가 있다. |

## (3) 보호용 화장품

① 로션 : 유분은 대개 30% 이하이며 수분함량이 60~80%의 O/W형의 묽은 유액으로 사용감이 가볍고 우수하므로 지성피부, 여름철 사용에 좋다.

② 크림 : 유화제의 종류 및 배합비율에 따라 O/W형, W/O형으로 구분되며 피부의 보습 및 유연기능, 보호 작용을 하고 있다.

• 표 4-9 크림의 종류 •

| 종류 | 기능 |
|---|---|
| 골드크림 | 피부도포 시에 차가운 느낌이라 하여 붙여진 이름<br>마사지용 크림으로 혈액순환 효과 |
| 에몰리언트 크림 | 피부를 유연하게 하는 연화제역할<br>나이트크림, 영양크림. 모이스춰 라이징 크림 등 |
| 나이트크림 | 에몰리언트 크림의 일종<br>피부의 유연작용 및 재생효과<br>유분함량 많음 |
| 데이크림 | 베니싱 크림의 일종<br>피부의 수분공급 및 보호 작용 |
| 화이트닝 크림 | 미백효과, 선크림, 자외선 차단효과 |
| 아이크림 | 주름예방 및 완화 효과 |
| 영양크림 | 피부영양 공급, 유연작용, 재생효과 |
| 바디크림 | 피부의 유분 수분 공급, 피부건조 방지 |
| 핸드크림 | 피부건조 예방 및 피부보호 작용 |

③ 에센스 : 피부 보습 및 노화억제에 효과를 갖는 주요 미용성분을 고농축으로 함유하여 보습효과가 우수하고 영양물질을 공급하여 피부를 가볍고 매끄러운 상태로 유지 시킨다.

• 표 4-10 에센스의 형태와 특징 •

| 구분 | 특징 |
|---|---|
| 스킨타입 | 산뜻한 사용감. 다량의 보습제 배합 가능 |
| 로션타입 | 유용성 성분과 수용성 성분 배합이 쉬움 |
| 크림타입 | 다량의 유용성 성분을 배합 피부 유연화가 우수함 |
| 젤 타입 | 투명한 외관을 줄 수 있음. 캡슐 형태로 제품화 가능 |

#### (4) 마스크 & 팩

① 마스크 & 팩의 역할 : 피부의 보습작용, 청정작용, 혈액촉진작용, 흡착작용, 각질제거작용, 영양공급작용 등을 한다.

② 마스크 & 팩의 특징

- 팩류는 얇은 피막을 형성하지만 굳어지지 않고 유.수분 차단 효과가 있다.
- 외부와의 공기차단으로 인한 수분증발 억제 및 영양공급 등의 효과가 있다.
- 피부의 진정효과 및 탄력을 부여한다.

③ 팩의 주요성분 : 정제수, 알코올, 보습제, 점증제, 에몰리언트제, 계면활성제 등

## 2. 메이크업 화장품

### 1) 특징

피부색을 통일하여 피부톤을 정리해 주며, 미적효과, 자외선으로부터 피부를 보호하는 효과 심리적 효과를 주는 것에 있다.

베이스 메이크업, 포인트 메이크업으로 크게 구별한다.

## 2) 베이스 메이크업

### (1) 메이크업 베이스

- 색조 화장품 효과적인 표현을 도와준다.
- 피비막 형성으로 인한 피부를 보호한다.
- 얼굴색을 보완하며 피부톤 정리 등 피부의 결점을 보완한다.
- 파운데이션의 밀착성, 지속성을 높여준다.

### (2) 파운데이션

- 피부톤을 정리하고 얼굴윤곽을 수정한다.
- 자외선차단 및 먼지 등으로부터 피부를 보호한다.

### (3) 파우더

- 베이스 메이크업의 효과를 증진시켜 준다.
- 파운데이션를 고정시켜 화장의 지속력을 높여준다.
- 피부보호와 피부의 색조를 화사하게 표현 한다.

## 3) 포인트 메이크업

### (1) 아이브로우

- 눈썹의 모양을 그리고 눈썹을 풍성하게 연출해 준다.
- 피부에 그릴 때 촉감이 좋아야 하며 지속력이 높고 균일하며 선명하게 그려져야 한다.

### (2) 아이섀도

- 눈꺼풀의 위 부분에 색상과 명암을 주어 입체감을 부여한다.
- 눈의 결점을 보완한다.
- 피부의 밀착력, 안정성이 높아야 하며 피부의 착색과 땀 등으로 인한 뭉침 현상이 없어야 한다.

### (3) 아이라이너

- 눈매를 또렷하게 하고 눈의 모양을 수정. 보완한다.
- 눈에 자극이 없어야 하며, 안정성이 높아야 한다.
- 내수성이 있어야 한다.

### (4) 마스카라

- 속눈썹이 컬링을 증진시키며 풍성하게 하고 눈매를 선명하게 표현해 준다.
- 눈에 자극이 없도록 안정성이 높아야 한다.
- 방수효과, 건조력이 있어야 한다.

### (5) 립스틱

- 입술에 색채감과 입체감을 부여하고 입술 모양을 수정한다.
- 추위와 건조로부터 입술을 보호한다.
- 피부의 안정성, 지속력이 높아야 한다.
- 부러짐과 번짐이 없어야 한다.
- 변질이 되거나 맛과 향이 변질되지 않아야 한다.

### (6) 블러셔

- 볼 부분에 입체감과 혈색을 부여한다.
- 얼굴형 수정효과가 있다.
- 안정감과 제품의 부서지는 현상이 없어야 한다.

# 3. 모발 화장품

## 1) 세발용

모발 및 두피를 청결하여 관리하도록 사용되는 샴푸 및 린스

### (1) 샴푸

- 탈모억제 및 세정력을 가진다.
- 샴푸 시 거품의 지속력이 높아야 한다.
- 모발의 광택과 윤기를 부여한다.
- 두피. 눈에 자극이 적어야 한다.
- 약산성이나 중성의 pH를 가져야 한다.

### (2) 린스

- 정전기를 방지해야 한다.
- 모발이 표면이 윤기가 있어야 한다.

- 모발의 pH를 조절한다.
- 샴푸 후의 불용성 알칼리 성분을 중화시켜 준다.

## 2) 정발용

모발에 유분을 공급하여 보습효과 및 헤어스타일의 유지 목적으로 사용된다.
(1) 헤어오일 : 광택 및 유분공급 한다.
(2) 헤어크림 : 헤어에 광택을 부여하여 보습효과를 준다.
(3) 헤어로션 : 모발의 보습효과를 준다.
(4) 헤어스프레이 : 헤어스타일을 일정하게 유지 및 고정 한다.
(5) 헤어무스 : 자연스러운 헤어스타일 연출한다.
(6) 헤어 젤 : 모발을 원하는 스타일로 연출한다.

## 3) 트리트먼트

모발의 손상을 방지하며 손상된 모발을 복구한다.
(1) 헤어트리트먼트 크림 : 손상된 모발에 영양공급을 한다.
(2) 헤어 팩 : 손상된 모발에 영양을 주고 손상을 방지 한다.

## 4) 양모제

혈액순환을 촉진하고 비듬과 가려움을 제거하는 역할을 한다.
두피와 모발에 살균효과가 있다.

## 5) 염모제

모발의 염색과 탈색, 착색을 하는 역할을 한다.

## 6) 탈색제

모발의 색을 빼어 모발의 색을 원하는 색조로 만든다.

## 7) 퍼머넌트제

모발에 물리적인 방법과 화학적인 방법으로 웨이브를 형성하는 역할을 한다.

## 4. 바디관리 화장품

목적에 따라 몸을 관리하는 화장품이다.

### 1) 세정제

- 피부의 노폐물을 제거하여 청결함을 유지하기 위한 제품이다.
- 바디샴푸, 바디솔트, 바블바스, 비누 등이 있다.

### 2) 트리트먼트 제품

- 피부의 건조함을 방지하고 유연성을 부여하는 제품으로 바디로션, 바디크림, 바디오일 등이 있다.

### 3) 각질제거제

- 노화된 각질을 제거하는 용도로 바디스크럽, 바디솔트 등이 있다.

### 4) 자외선 방지제

- 햇빛으로부터 피부를 보호하는 역할 제품으로 자외선차단제, 선스크린제 등이 있다.

### 5) 슬리밍 제품

- 신체의 혈액순환을 도와 노폐물을 배출하고 셀룰라이트가 생기지 않도록 예방하는 역할을 하는 제품으로 마사지크림, 지방분해 크림 등이 있다.

### 6) 액취방지제품

- 신체의 불쾌한 냄새를 예방하거나 억제하기 위하여 사용하며 방취 화장품라고도 한다.
- 데오드란트 로션, 데오드란트 스틱, 데오드란트 스프레이 등이 있다.

## 5. 네일 화장품

손톱에 색상과 광택을 더하여 미적효과를 부여하며 손톱에 유수분을 공급하여 손톱을 보호하는 역할을 한다.

### 1) 네일 에나멜

- 폴리쉬, 에나멜, 칼라라고도 하며 유색의 손톱에 바르는 제품이다.
- 적당한 건조 속도와 균일한 피막형성을 해야 한다.
- 색상이 자연네일에 착색이 되거나 변색이 되지 않도록 한다.

### 2) 베이스코트

- 폴리쉬를 바르기 전에 손톱 표면에 바르는 제품이다.
- 성분으로 송진, 부틸아세톤, 톨루엔, 니트로 셀룰로오즈, 나일론, 이소프로필 등이 있다.
- 네일 폴리쉬의 접착을 높이며 손톱의 변색과 오염을 방지한다.

### 3) 탑코트

- 폴리쉬 위에 바르는 것으로 광택, 보호, 지속의 효과가 있다.
- 성분으로 부틸아세톤, 톨루엔, 니트로 셀룰로오즈, 부틸팔레이트, 레진 등이 있다.

### 4) 에나멜 리무버

- 논 아세톤 : 아세톤 성분이 없는 팔리쉬를 제거에 용이하다.
- 퓨어 아세톤 : 인조손톱을 제거에 용이하다.

### 5) 큐티클 리무버

- 네일케어 시 큐티클을 부드럽고 유연하게 만들어 주는데 용이하다.

### 6) 큐티클 오일

- 큐티클과 네일에 유분을 공급하므로 큐티클을 부드럽게 해 주며 굳은살과 큐티클 제거를 용이 하게 한다.
- 아몬드 오일, 조조바, 아보카도 오일이 주성분이다.

### 7) 네일 보강제

- 약한 손톱, 찢어지거나 갈라지는 손톱에 영양을 공급을 해 주는 역할을 한다.
- 베이스코트 전에 바르거나 대용으로도 사용한다.

### 8) 띠너

- 굳어진 네일 폴리쉬를 부드럽게 녹이기 위해 사용하는데 용이하다.

## 6. 향수

- 향수는 향료와 알코올, 증류수로 이루어져 있다.
- 향수는 식물성, 동물성, 합성향료가 사용된다.
- 향수는 독특한 향기, 확산성과 조화로움, 지속성이 좋아야 한다.

## 7. 에센셜(아로마) 오일 및 캐리어 오일

### 1) 에센셜 오일

- 식물의 꽃, 잎, 줄기, 씨앗 등에서 추출한 천연 오일을 의미한다.
- 자연에서 얻을 수 있는 유기체이다.
- 향을 가지고 있으며, 휘발성이 강하다.

| 종류 | 효능 |
| --- | --- |
| 라벤더 | 불면증, 일광화상, 피부재생 등에 효과적이다. |
| 티트리 | 살균, 소독작용이 뛰어나며 여드름과 비듬 등에 효과적이다. |
| 로즈 | 우울증, 진정, 노화예방 등에 효과적이다. |
| 레몬 | 살균, 미백, 수렴, 청정 등에 효과적이다. |
| 일랑일랑 | 피지와 호르몬조절, 긴장완화, 건성 및 지성피부에 효과적이다. |
| 페퍼민트 | 향균, 청정감 등에 효과적이며 눈 가까이 사용을 피한다. |

## 2) 캐리어 오일

- 캐리어 오일은 주로 에센셜 오일을 피부에 효과적으로 흡수시키기 위한 베이스 오일로 사용된다.
- 캐리어 오일은 인체에 유효한 불포화 지방산과 비타민, 미네랄 등의 성분을 가지고 있으며 피부에 연화, 진정 및 영양을 주는 효과적이다.
- 입자가 커서 피부에 침투하지 못하며 에센셜 오일을 피부로 전달하는 매개체 역할을 하며 향을 부드럽게 해 부작용을 없애주는데 효과적이다.

| 종류 | 효능 |
|---|---|
| 호호바 오일 | 피부 친화성, 침투성, 모공속 노폐물 용해, 지성피부에 효과적, 보습 소염작용, 자외선 방지작용에 효과적이다. |
| 코코넛 오일 | 수분공급, 세정력, 거친 피부, 주름진 피부에 효과적이다. |
| 아몬드 오일 | 비타민과 무기질이 풍부하며 가려움증. 건성피부에 효과적이다. |
| 아보카드오일 | 비타민, 프로테인이 풍부, 대부분의 피부에 사용. 각질제거, 건성, 습진피부에 효과적이다. |
| 달맞이꽃오일 | 감마리놀렌산이 함유하고 있으며, 아토피성 피부염 증상완화, 호로몬조절 생리전 증후군, 습진 등에 효과적이다. |

# 8. 기능성 화장품

- 기능성 화장품은 피부 미백에 도움을 주는 제품, 피부의 주름 개선에 도움을 주는 제품 피부를 선탠, 자외선으로부터 보호하는데 도움을 주는 기능에 맞춘 화장품을 말한다.
- 기능성 화장품은 미백화장품, 장외선 차단용 화장품, 각질제거용 화장품, 선탠 화장품 및 리포좀, 주름개선(레티노이드)화장품 등이 있다.

| 종류 | 효능 |
| --- | --- |
| 미백화장품 | 피부의 색소 침착을 완화하고 생성된 색소를 환원해 피부색을 밝게 하얗게 가꾸어주는 제품 |
| | 미백에센스, 미백세럼, 미백크림, 비타민 C 세럼 등이 있다. |
| 자외선차단 화장품 | 피부노화와 색소 침착의 주범인 자외선을 차단하여 피부를 보호하는 제품 |
| | 선 스프레이, 선 로션, 선 크림, 선 스크린, 선 오일 등이 있다. |
| 주름개선 화장품 | 피부의 노화를 막아주는 안티 에이징 효과의 화장품 을 피부 탄력증가, |
| | 주름완화, 피부밀 동 향상 등의 기능을 나타내는 제품 |
| | 주름개선 에센스, 주름개선 에멀젼, 주름개선 크림 등이 있다. |

# Chapter 5

# 네일미용 기술

# 01 손톱 및 발톱관리 (국가자격증 실기편)

## 1. 재료와 도구

### 1) 네일 기구

소모되지 않고 사용되는 것을 기구라 한다. 그 기구들은 마모되어 사용이 불가능할 때까지 오랜 기간 사용할 수 있다. 네일 미용에 필요한 기구에는 큰 작업 테이블과 시술용 의자, 그밖에 여러 가지 용품이 있다.

#### (1) 작업 테이블

각도 조정이 가능한 조명용 램프(40W 밝기)와 미용 재료를 보관할 수 있는 견고하고 청결한 서랍이 부착된 테이블이 좋다.

#### (2) 의자

시술자용은 유동식 의자가 사용이 편리하며, 피시술자용은 안락한 의자로 준비한다.

#### (3) 용품

**① 손을 담그는 용기(Finger bowl)**

유리 또는 플라스틱 용기로 고객의 손끝을 물에 담가서 부드럽게 불릴 수 있도록 할 때 사용한다. 가능하면 잘 깨지지 않는 플라스틱 제품을 사용하도록 한다.

**② 습식 소독기(Wet sanitizer)**

도구의 살균 소독을 위해 지정된 소독액을 담을 수 있는 용기로 액체가 오염되었을 경우 즉시 교환되어야 하기 때문에 투명해야 하며, 사용하지 않을 때를 위해 뚜껑이 있는 것이 좋다.

### ③ 고객용 쿠션(Cushion)

손목 또는 팔의 안락을 위해 필요하다. 매니큐어 전용으로 디자인된 규격제품을 사용하면 편리하다. 타월을 사용할 수도 있는데 이때 고객마다 항상 위생적으로 소독 처리된 타올을 사용 해야만 한다.

### ④ 재료 정리대(Supply tray)

작업에 사용되는 여러 가지 네일 용품들을 정리할 수 있는 적당한 크기의 쟁반이나 바구니를 사용한다.

### ⑤ 전기 네일 건조기(Electronic nail dryer)

네일 폴리쉬를 좀 더 빠르게 건조시키기 위한 전기 기구로 바람을 이용하는 팬(Fan)이 있고, 유브이 광선 건조기(UV, light dryer)도 있다.

### ⑥ 인조 손톱 자동제거기(Ultrasonic nail remover)

인조 손톱을 부착하여 사용하다가 원상태로 환원시킬 때 현재 수작업으로 인하여 장시간이 소요되며, 시술자의 기술이 숙련되지 않을 경우 손톱에 상처나 손상이 오는 불편을 방지하기 위하여 개발한 초음파를 이용한 제품으로 인조 손톱을 용해 제거하는 전자기기이다.

## 2) 소도구/도구

메탈로 된 소도구는 사용한 다음 반드시 소독 처리한 후에 다른 고객에게 사용해야 하며, 안전한 소독 처리를 위해서 액체 소독을 하고 자외선 소독기에 넣어 보관한다.

### ① 오렌지우드 스틱(Orange wood stick)

큐티클을 밀어낼 때나 손톱의 이물질 제거 또는 폴리쉬 교정 등에 다양하게 사용된다. 할 사람 사용 후에는 반드시 폐기 처분해야 한다.

### ② 큐티클 푸셔(Cuticle pusher)

큐티클을 밀어올릴 때 사용하는 도구로 연필 잡는 식으로 잡으면 된다. 큐티클을 밀어 올릴 때는 손톱이 긁히지 않도록 조심해야 한다. 주로 사용되는 것을 메탈 푸셔이고, 다른 종류로는 스톤푸셔(Stone pusher)가 있다. 스톤 푸셔는 큐티클 부위의 손톱에 일어난 찌꺼기를 밀어내 제거하거나 또는 파일하는 기능도 함께 한다.

### ③ 큐티클 니퍼(Cuticle nipper)

손톱 위의 굳은살을 정리하는 도구. 네일 도구 중 감염을 옮기기에 가장 쉬운 도구이다. 철저한 위생 처리가 필요하며, 2개 이상의 니퍼를 소요하는 것이 좋다. 니퍼를 선택할 때는 녹슬지 않는 제품을 선택해야 하며 가장 많이 쓰이는 도구이므로 품질이 좋은 제품을 선택해야 한다.

### ④ 파일(File)

손톱의 모양을 다듬거나 면을 부드럽게 만들 때 사용한다. 파일은 입자의 굵기가 그릿(Grit)로 표시되어 있다. 그릿의 숫자가 낮을수록 면이 거칠며 숫자가 높을수록 부드럽다. 자연 손톱의 모양을 잡아 줄 때는 면이 부드러운 파일을 사용하고 인조 손톱의 여분을 제거하거나 거친 부분을 매끄럽게 만들 때는 100×100(Grit)의 거친 것을 사용한다. 인조 손톱의 전체 면을 부드럽게 할 때는 180×180(Grit)의 파일을 사용하는 것이 적당하다. 파일을 잡을 때는 전체 길이의 1/3정도의 위치에서 한 쪽 면은 엄지손가락으로, 다른 면은 나머지 손가락으로 잡는 것이 가장 편안하다. 손톱 끝의 각도를 부드럽게 내 주려면 45도 각도로 잡고 약간 압력을 가해 파일하면 부드러운 모양이 만들어진다. 파일은 소독이나 살균 처리가 불가능한 일회용 소모품이므로 사용 후 고객에게 주거나 절반으로 꺾어서 폐기 처리해야 한다. 소독 처리해서 재사용할 수 있는 것에는 워셔블(Washable)로 표기된 것만 가능하다.

### ⑤ 버퍼(Buffer)

손톱에 광택을 낼 때 사용되며 세 가지 또는 네 가지의 다른 입자로 구성된 블럭 버퍼(Block buffer), 보드형, 샤미스 등이 있다.

### ⑥ 네일 브러쉬(Nail brush, Dust brush)

손톱을 세척하고 찌꺼기를 제거할 때 사용한다. 세척할 때는 비눗물이 아래쪽으로 향하도록 잡고 솔질한다.

### ⑦ 손톱깎이(Nail clipper)

손톱의 길이를 조절하여 짧게 잘라내는 데 사용된다.

## 3) 재료

매니큐어를 시술할 때 소요되는 소모품을 말하며 이는 한 번 사용한 후에는 반드시 버려야 한다.

**① 종이 타월(Paper Towel)**

위생 처리된 수건 위에 종이 타월을 깔고 시술시 젖었거나 지저분할 때마다 갈아준다.

**② 솜(Cotton)**

오래된 팔리쉬 제거나 오렌지우드 스틱 끝에 솜을 말아서 사용한다.

**③ 스파튤라(Spatula)**

크림과 같은 반고체의 물질들을 덜어낼 때 사용하고, 종류로는 나무, 플라스틱이 있다. 균의 번식을 방지하기 위해 손가락을 사용하지 말고 스파튤라를 사용해야 한다.

**④ 비닐 주머니**

매니큐어 작업 중에 버려지는 소모품, 폐기물, 오물 등을 잠시 담아 두기 위해 테이블 옆에 매달아 사용한다.

**⑤ 알코올(Alcohol)**

작업 테이블과 시술시 사용되는 기구들을 소독하는 데 사용된다. 손 소독(상처가 나지 않은 손일 경우)에도 사용할 수 있다.

**⑥ 지혈제(Styptic Liquid&powder)**

매니큐어 작업시 발생할 수 있는 가벼운 출혈을 멈추게 하기 위하여 사용된다. 액체 또는 분말(스텁틱 파우더)지혈제를 사용할 때 출혈 부위에 한 방울 떨어뜨리거나 오렌지우드 스틱 끝에 솜을 말아 지혈제를 묻혀 출혈 부위를 살며시 눌러 준다. 절대로 손으로 누르거나 문질러서는 안된다.

## 4) 매니큐어에 사용되는 네일 제품

전문 네일리스트라면 자신이 사용하는 제품의 용도와 사용방법을 숙지하고 있어야 한다. 또한 고객에게 사용 제품의 효과, 사용용도, 성분 등을 설명할 수 있어야 하며, 무엇이 고객에게 알맞은 제품인지를 판단하고 적용할 수 있어야 한다.

### ① 안티셉틱(Antiseptic)

피부 소독제로 시술하기 전에 시술자와 고객의 손을 소독하는데 사용된다. 안티셉틱은 기구 소독제로는 효과가 미약하다.

### ② 팔리쉬 리무버(Polish remover)

손톱에 있는 팔리쉬를 제거할 때 사용된다. 보통 유기질의 용해제와 아세톤 액으로 되어 있으며, 기름을 섞어서 아세톤의 증발 속도를 늦추는 제품도 있다. 인조 손톱의 팔리쉬를 제거할 때는 넌아세톤(Nonacetone : acetone이 들어가 있지 않은)을 사용한다. 퓨어아세톤(Pureacetone : 순수한 acetone이 들어간)은 인조 손톱의 끝부분을 녹이거나 약하게 만들기 때문이다.

### ③ 큐티클 용해제(Cuticle solvent)

매니큐어나 패디큐어 시술시 푸셔를 사용하기 전, 큐티클을 부드럽고 느슨하게 만들 때 사용한다. 주성분은 소디움(Sodium), 글리세린(Glycerin)이다.

### ④ 네일 표백제(Nail bleach)

과산화수소와 레몬산이 주성분이며 자연 손톱이 누렇게 변했을 때 희게 표백시키는 용도로 사용한다.

### ⑤ 네일 화이트너(Nail whitner)

손톱의 프리엣지 부분을 희게 보이도록 하는 것으로 주성분은 산화연, 티타늄, 타이옥사이드이다. 제품은 크림, 페이스트(치약 상태)또는 연필 형태로 되어 있다.

### ⑥ 베이스 코트(Base coat)

유색 칼라를 바르기 전 손톱에 바르는 것이다. 베이스 코트는 유색 칼라를 바름으로 해서 자연 네일이 누렇게 착색 또는 변색되는 것을 방지해 주고 유색칼라를 잘 밀착시켜 주는 역할을 한다. 베이스 코트는 매우 묽고 투명하며, 우유빛을 내는 제품도 있다. 주성분은 에틸 아세테이트(Ethyl acetate), 이소프로필 알코올(Esopropyl alcohol), 부틸 아세테이트(Butyls acetate), 니트로셀룰로즈(Nitrocellulose), 송진, 포르말디하이드(Formaldehyde)등이다.

### ⑦ 유색 팔리쉬(네일 Polish 에나멜 Enamel, 락커 Lacquer)

손톱에 바르는 유색의 화장제이다. 한 번으로는 제대로 색이 나오지 않으므로 두세번 정도는 발라야 한다. 바를 때 너무 두껍게 바르지 않도록 한다. 보통 니트로셀룰로즈(Nitrocellulose)를 휘발성 용해액으로 용해시킨 것들이며 매우 휘발성이 강하다. 휘발성을 낮춘 제품들이 나오긴 하지만 마르는 데 시간이 오래 걸리는 단점이 있다.

### ⑧ 탑 코트(Top coat)

묽은 것과 진한 것이 있는데 진한 탑코트는 씨일러(Sealer 디자인 후에 주로 사용)라고도 한다. 유색 팔리쉬 다음에 발라 주는 무색 투명액으로 색상 팔리쉬의 광택을 증가시키고 보호해 준다.

### ⑨ 네일 보강제(Nail hardner/Strengthner)(국가자격증 재료에서는 제외)

자연 네일에만 사용하는 손톱 보강제이다. 찢어지거나 갈라진 약한 손톱을 튼튼하게 만들어 주기 위한 일종의 강화제이다.

### ⑩ 크림 및 핸드로션(Hand cream hand lotion)(국가자격증 재료에서는 제외)

손에 바르는 크림이나 로션은 미용 후의 마지막 손질로 고객의 손을 아름다고 윤기있게 만들어준다.

### ⑪ 네일 테라피(Nail Therapy)(국가자격증 재료에서는 제외)

네일 치료제.

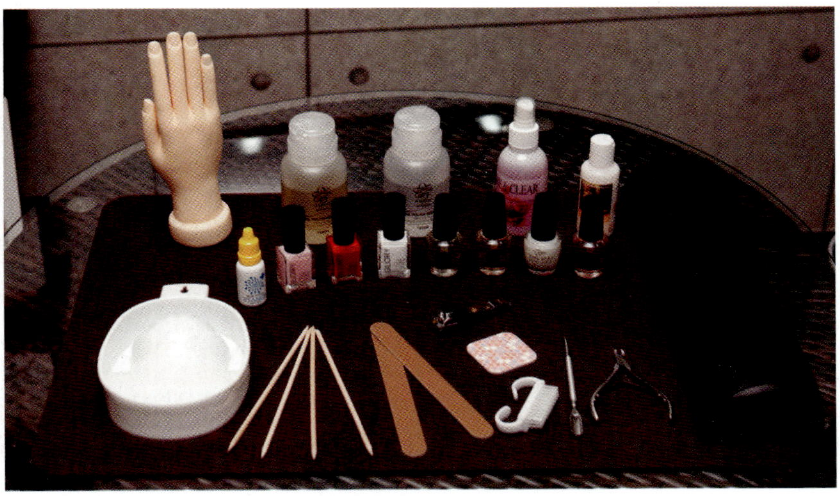

• 그림 5-1 네일케어 제품 •

## 5) 사전 준비 절차

### 가. 작업 테이블의 준비 절차

작업 테이블은 매우 위생적이어야 한다. 필요한 기구와 도구, 재료, 제품 등은 제자리에 준비되어 있어야 하며, 고객이 살롱에 도착하기 전에 모든 준비가 완벽하게 갖춰져 있어야 한다. 다음은 서비스를 하기 전에 항상 해야 하는 사전 절차이다.

(1) 테이블을 알코올로 닦는다.

(2) 위생 처리된 타월을 깔고, 종이 타월을 그 위에 덮는다.

(3) 습식 소독기의 바닥에 솜을 깔고 소독액을 2/3정도 넣은 다음 필요한 철제 기구들을 담가둔다(고객을 받기 최소 20분 전에 실시). 액체 소독기는 사용하는 손의 위치와 같은 방향에 놓는다(오른손 사용자의 경우는 오른쪽에, 왼손 사용자의 경우는 왼쪽에).

(4) 모든 제품에는 제품 이름 라벨이 부착되어 있어야 한다. 라벨의 앞쪽이 보이도록 제품을 잘 정돈하며, 적당한 크기의 쟁반이나 트레이(tray)안에 진열한다.

(5) 테이블의 한 모퉁이에 일회용 비닐 주머니를 달아 작업중에 나오는 쓰레기를 담거나 쓰레기통을 테이블 가까이에 두고 사용한다. 불필요한 제품은 테이블 위에 올려놓지 않도록 한다.

## 2. 습식매니큐어

가장 기본이 되는 매니큐어 시술법으로 손과 손톱의 관리, 칼라링 그리고 마사지가 포함된다.

### 1) 기본재료

알코올, 팔리쉬, 리무버, 솜, 베이스코트, 탑코트, 큐티클 오일, 로션(국가자격증 재료에서는 제외), 안티셉틱, 손톱깎이, 에머리보드, 푸셔, 니퍼, 오렌지 우드스틱, 휭거볼, 습식 소독기, 타올, 페이퍼 타올, 비닐팩, 멸균 거즈

### 2) 사전준비

테이블소독, 타올깔기, 재료정리 및 기구 소독하기, 휭거볼에 미온수 채우기, 비눗물에 손씻기

### 3) 미용절차

(1) 소독하기(Sanitize) : 시술자 및 고객의 손 소독하기 : 솜에 알코올 또는 안티셉틱을 묻혀 소독한다.

(2) 오래된 폴리시 제거(Remover polish) : 솜에 팔리쉬 리무버를 적당히 적셔서 묵은 팔리쉬를 완전히 제거한다.

(3) 모양잡기(Shape. Filing) : 반드시 한 방향으로 파일링한다. 손톱의 왼쪽 바깥으로부터 시작하여 중앙쪽을 향하여 파일링 한다.

(4) 버핑하기 : 손톱면이 거칠 경우 매끄럽게 다듬어 준다.

(5) 큐티클 부드럽게 만들기(핑거볼 사용) : 큐티클을 연화시키기 위해 네일 주변의 피부 상태에 따라 큐티클 리무버나 큐티클 오일을 바른 후 핑거볼에 담근다.

> * 큐티클 오일 바르기 : 물기를 제거한 손톱에 큐티클을 유연하게 하기 위해 오일을 바른다.

(6) 큐티클 밀기(푸셔) : 연필 잡는 식으로 잡고 45도 각도로 자연손톱이 긁히지 않게 큐티클을 밀어 준다.

(7) 큐티클 정리(니퍼) : 니퍼를 사용하여 불필요하고 지저분한 큐티클을 제거한다. 각도를 잘 조절하여 피부조직이 상하여 출혈이 일어나지 않도록 한다.

(8) 가제수건을 사용하면 거스러미를 깨끗하게 정리할 수 있으며 멸균 거즈로 대신

하여 사용할 수 있다.

(9) 소독하기 : 철제도구는 사용 후에 소독용기에 담가 소독하고 일회용 도구는 버린다. 철제 도구가 닿는 피부는 소독제를 적셔 소독한다.

(10) 유분기 제거(아세톤/폴리시 리무버 사용) : 손톱 표면과 큐티클 주변, 손톱 밑까지 깨끗하게 제거한다.

(11) 베이스 코트 바르기(1회) : 손톱을 보호하고 폴리시가 잘 도포되는 역할, 너무 두껍게 바르면 팔리쉬가 빨리 벗겨지고 말리는 데 오래 걸리므로 아주 얇게 바른다.

(12) 폴리시 바르기(2회) : 고객이 원하는 폴리시를 2회 반복하여 얇게 펴 바른다. 사이드 월 부분과 큐티클 부분에 최대한 가깝도록 꽉 채워 도포하며, 네일 폴리시의 지속성을 높이기 위해 프리엣지 끝부분까지 세심하게 발라준다.

개인의 취향, 피부색, 의상, 손톱 모양 등에 따라 칼라의 선택이 다르게 된다. 계절별로는 겨울에는 진하고 어두운 빨강이나 밤색 계열, 여름에는 누드톤이나 연한 핑크계열을 주로 선택한다.

(13) 수정 : 소량의 솜을 감은 오렌지 우드스틱이나 네일폴리시 수정용 브러시를 이용하여 컬러링 라인을 수정한다.

(14) 탑코트 바르기(1회) : 네일 폴리시를 보호하고 광택을 주기위해 바른다. 폴리시가 어느정도 마른 후 탑코트를 바르는 것도 색상이 오래가게 하는 한 방법이다. 브러쉬를 너무 눌러 바르면 색상에 자국이나 얼룩이 남으므로 가볍게 바른다.

**Tip** UV젤로 컬러링 할 시에는 베이스 - 큐어링 - 유색젤(젤 폴리시) 2회 - 큐어링 - 탑젤 - 큐어링 - 젤 클린저 사용 순으로 한다.

## 습식 매니큐어

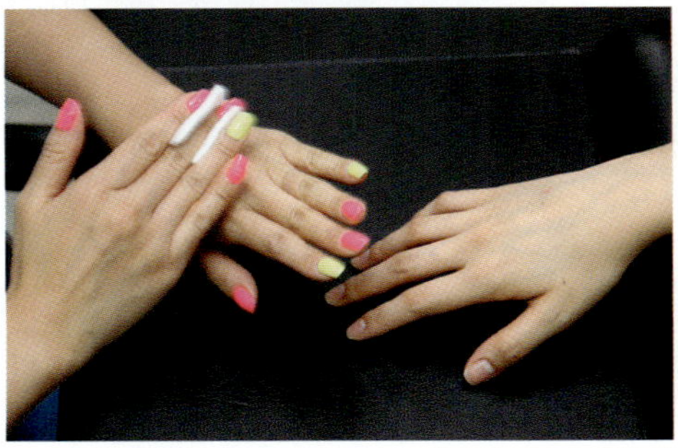

1. 안티셉틱을 솜에 뿌려 시술자의 손을 소독한다.

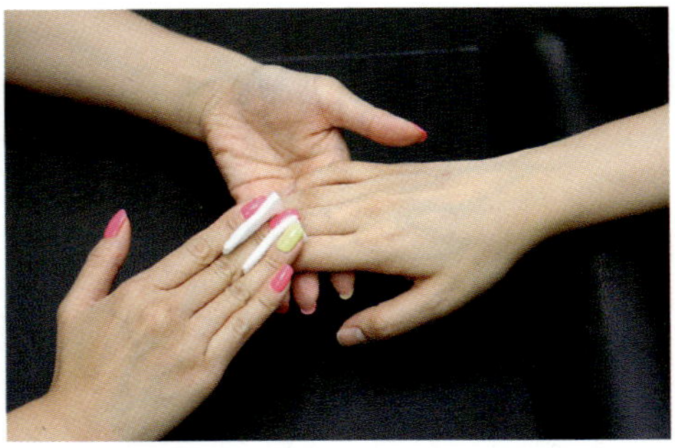

2. 안티셉틱을 솜에 뿌려 피시술자의 손을 소독한다.

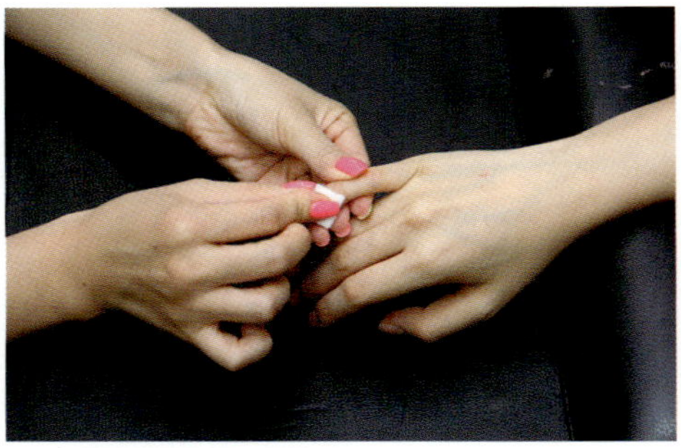

3. 묵은 폴리시를 지운다.

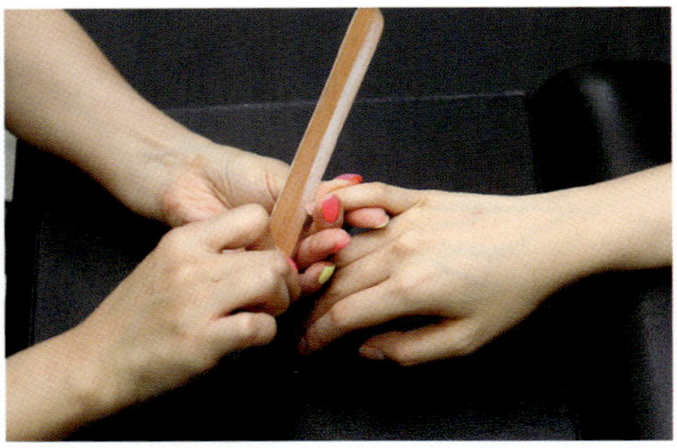

4. 우드파일을 사용하여 라운드쉐입으로 파일링한다.

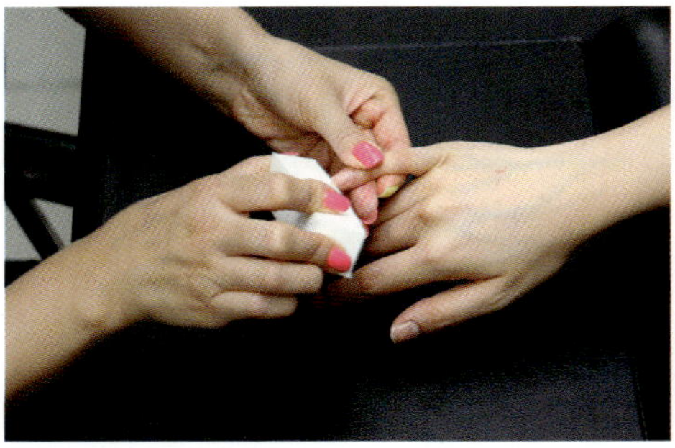

5. 표면을 버핑한다.

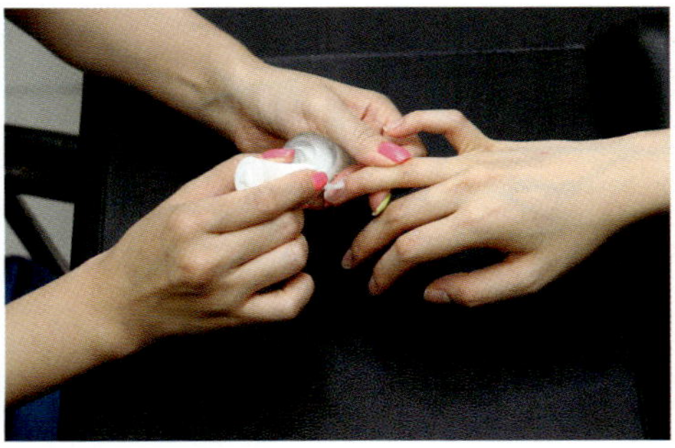

6. 큐티클 리무버를 바른다.

7. 핑거볼에 손을 담근다.

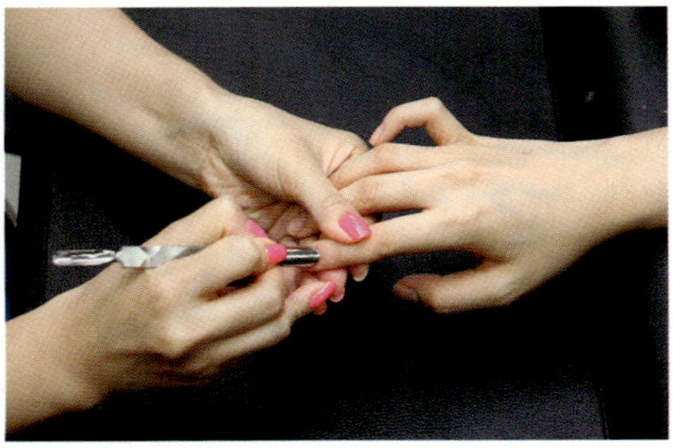

8. 푸셔를 사용해 큐티클을 밀어준다.

9. 니퍼를 사용해 큐티클과 거스러미를 제거한다.

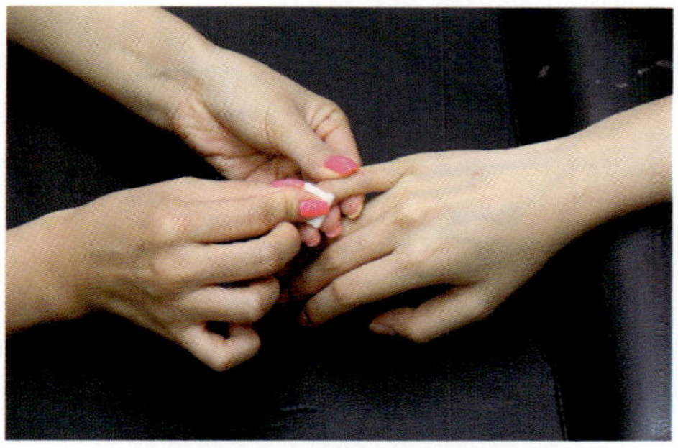
10. 리무버를 사용해 유분기를 제거한다.

11. 베이스코트를 바른다.

12. 폴리시를 두 번 바른다.

13. 탑코트를 바른다.

# 3. 매니큐어 컬러링

고객에게 가장 어울리는 색상의 폴리시를 선택하는 것도 네일리스트가 해야 할 중요한 부분 중의 하나이다. 개인의 취향, 피부색, 의상, 손톱 모양 등에 따라 칼라의 선택이 다르기 때문이다. 계절별로는 겨울에는 진하고 어두운 빨강이나 밤색 계열, 여름에는 누드톤이나 연한 핑크 계열을 주로 선택한다.

## 1) 자연 네일 모양(Shape)

손톱의 모양에는 네 가지의 기본 모양은 둥근형(Round), 네모(Square), 타원형(Oval), 그리고 송곳형(Pointed)이 있다.

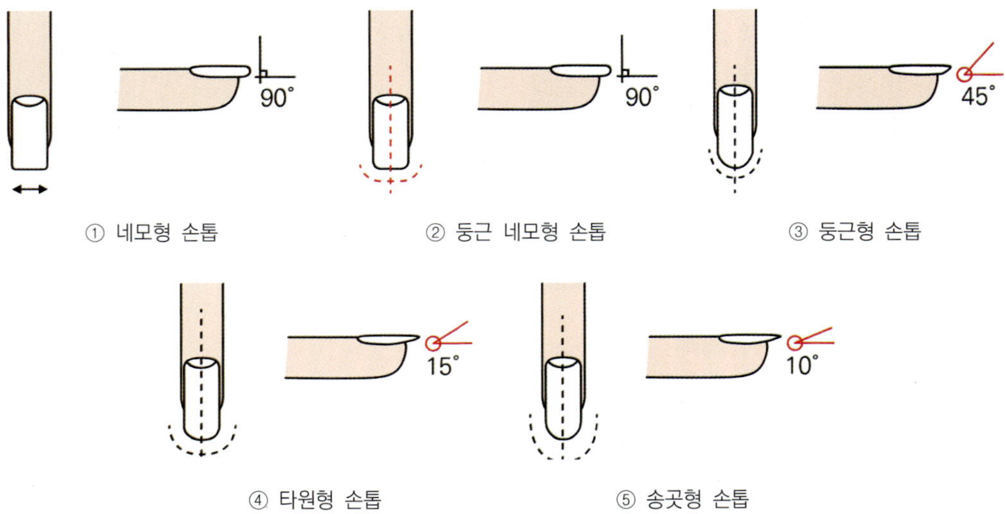


• 그림 5-2 손톱 모양(쉐입) 잡는 방법 •

### (1) 둥근형(Round)

손톱의 프리엣지 부분이 거의 없이 짧게 자르는 고객의 경우 양쪽 모서리만 짧게 자르는 고객의 경우 양쪽 모서리만 약간 둥글게 굴려 준 라운드가 가장 무난하다. 현재 손톱 모양이 다른 형태일 때는 손톱깎이로 둥글게 자르고 파일을 45도 정도의 각도로 모서리에서 중앙 쪽으로 갈아 준다.

### (2) 사각형(Square/Rectangular)

손톱의 바디가 길고 프리엣지가 손톱에 어울리는 형으로서 네모형에는 완전 네모형과 모서리만 둥근 네모형이 있다.

① 완전 네모형(Square) : 양쪽 모서리를 굴리지 않고 각을 그대로 살려 놓은 모양.

② 모서리만 둥근 네모형(Oval square) : 가로 모양은 직선 네모 모양인데 양쪽 모서리만 약간 둥글게 만들어 놓은 모양. 사각형을 만들 때는 파일을 양쪽 방향으로 교차하지 않고 어느 쪽이든지 한쪽 방향으로 파일링한다.

### (3) 타원형(Oval)

가장 여성스럽고 자연스러운 모양으로서 대단히 선호되어 왔던 형태이다. 둥근형보다 모서리를 더 많이 둥글게 굴려준 모양. 둥근형이나 네모형의 경우 양쪽 모서리를 약간 사선으로 잘라내듯 파일을 양쪽 모서리에서 중앙쪽으로 갈아 준다.

### (4) 송곳형(Pointed)

타원형보다 훨씬 많이 양쪽 모서리를 갈아 뾰족하게 만들어 주는 모양. 손톱 끝이 가늘어 보이기는 하나 자연 손톱이 쉽게 부러지고 파손되는 단점이 있다.

## 2) 기초재료

유색 폴리시, 폴리시 리무버, 베이스 코트, 탑 코트, 솜, 오렌지우드 스틱

## 3) 사전준비

베이스 코트한다. 시술자가 시술하기 편한 손의 소지에서 시작하여 반대쪽 손의 엄지에서 끝낸다.

## 4) 폴리시 바르는 절차

(1) 긴 손톱의 경우 브러쉬의 뒷면을 가볍게 닦아내고 짧을 경우 강하게 닦아서 폴리시가 브러쉬에 많이 묻어 있지 않게 한다.

(2) 브러쉬를 연필 잡는 식으로 잡고 흔들림을 방지하기 위해 소지를 반대쪽 중지 또는 소지 위에 고정시킨 후 손톱의 중간 부분을 바른다. 이때 브러쉬 각도는 45도가 가장 편하다.

(3) 위와 같은 방법으로 왼쪽 모서리 부분을 발라주되 중앙에서 약간 왼쪽으로 브러쉬를 굴려준 후 그루브 부분을 위에서 아래로 내려 준다.
(4) 오른 쪽 면을 바르고 뭉친 부분을 가볍게 끌어내린다. 오른쪽 위 모서리 부분은 약간 굴려준 후 그루브 부분을 한 번 더 위에서 아래로 길게 브러쉬한다.
(5) 폴리쉬가 겹쳐 일정하지 않은 부분을 한 번 더 위에서 아래로 가볍게 브러쉬 한 후 손톱의 프리엣지 끝 부분을 잘 발라준다.
(6) 탑 코트 한다.

## 5) 폴리시 바르는 방법(8가지 방법)

(1) 전체 코트, 풀코트(Full coat) - 손톱 전체를 바르는 방법, 손톱 자체인 네일바디 전반에 걸쳐 프리엣지 끝단부분부터 사이드 월부분, 큐티클 라인 부분까지 꽉채워 세심하게 도포하는 방법.
(2) 프리엣지(Free edge) - 물건을 잡거나 일을 했을 때 가장 벗겨지기 쉬운 프리엣지 부분에 팔리쉬를 바르지 않는 방법.
(3) 헤어라인 팁(Hairline tip) - 프리엣지와 같은 이유로 일단 팔리쉬를 전체 코트 한 후 1.5mm 닦아주어 파손을 사전에 방지하는 방법
(4) 슬림 라인 또는 프리 월(Slim line or Free walls) - 손톱이 길고 가늘게 보이도록 하는 방법으로 손톱의 양쪽 옆면을 1.5mm 정도 남기고 바르는 방법.
(5) 반달형, 루눌라(Half moon or Lunula) - 손톱의 반달 부분, 루눌라를 남겨 놓고 바르는 방법
(6) 프렌치(French) - 자라난 프리엣지 너비와 엘로우 라인의 둥근선에 맞추어 스마일 라인을 만들어 주는 방법.
(7) 그라데이션(Gradation) - 얼룩 없이 프리엣지에서 큐티클 라인쪽으로 갈수록 컬러가 자연스럽게 연해지며 큐티클 부분에는 투명감을 표현하는 컬러링 방법.
(8) 딥프렌치(Deep French) - 자연 네일의 반월이 존재하는 부분을 제외하고 네일 전체 길이의 중·상단 부분에 스마일 라인을 만들어 주는 방법.

**Tip** 펄이 많이 들어있는 폴리시는 폴리시의 양을 브러쉬에 많이 묻혀서 천천히 바르게 되면 세로로 줄이 생기고 광택이 없어진다. 그러므로 폴리시의 양을 적당히 묻혀 위에서 아래로 빨리 발라주어야 한다.

Tip 무광의 파스텔계 칼라 폴리시의 경우는 바르다보면 너무 빨리 마르거나 고르지 않게 발라진다. 폴리시의 양을 충분히 브러쉬에 묻혀서 브러쉬 각도를 너무 눕히지 말고 약간 세워서 가볍게 위에서 아래로 빨리 발라야 한다. 첫 번째 바른 색깔이 약간 고르지 않더라도 그대로 두었다가 두 번째 바를 때 완전하게 바른다.

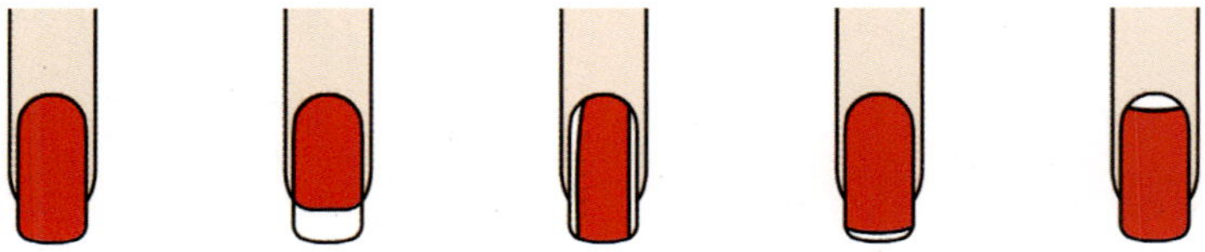


**• 그림 5-3 폴리쉬 바르는 방법 •**

### * 풀코트 도포방법

(1) 풀코트는 손톱 전체를 바르는 방법으로 손톱표면을 바르기 이전에 프리엣지의 가장자리를 꼭 발라준다.

(2) 큐티클에서 약간 떨어지게 붓을 놓은 후 큐티클 쪽으로 살짝 밀어주어 라인을 잡아주고 밑으로 당기듯 붓을 끌어 내리면서 컬러링 한다.

(3) 오른손잡이의 경우 오른쪽 손톱의 가장자리를 채워 컬러링 한다. 그 후 왼쪽 가장자리를 채워 컬러링 한다.

(4) 네일 그루브 부분은 자연스러운 경사에 맞추어 손목에 힘을 빼고 브러시를 돌리듯이 바른다.

## 풀코트

1. 베이스코트를 바른다.

2. 폴리시를 두번 바른다.

3. 탑코트를 바른다.

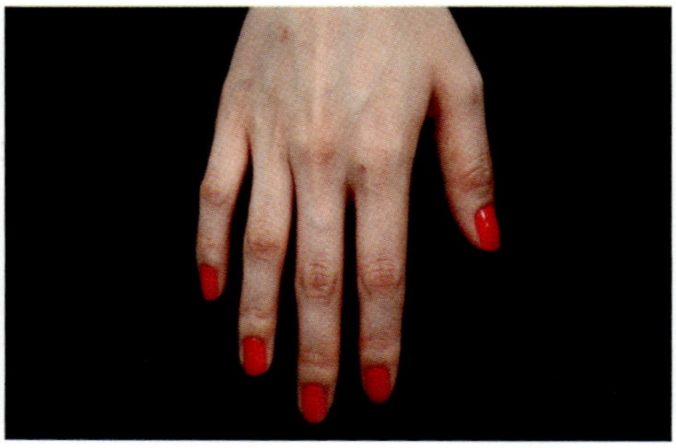

### * 프렌치 코트 도포 방법

(1) 프렌치 라인은 좌우 대칭이 중요하다.

(2) 라인을 잡을 때 브러시 각도는 손톱 표면과 45도를 유지하도록 한다.

(3) 오른손잡이를 기준으로 왼쪽에서 오른쪽으로 선을 그으며 처음에 손톱 가로 너비의 2/3지점까지, 두 번째는 손톱의 1/2지점에서 시작하여 가로 너비의 오른쪽 끝까지 채워준다.

**Tip** 프렌치 라인을 바르기 전 투명핑크 또는 투명 베이지 컬러로 컬러링 하는 것이 원칙이다. 하지만 고객의 요청에 따라 이 단계를 서비스 하지 않을 수 있다.

### * 딥 프렌치 도포 방법

(1) 프렌치 라인은 좌우 대칭이 중요하다.

(2) 라인을 잡을 때 브러시 각도는 손톱 표면과 45도를 유지하도록 한다.

(3) 오른손잡이를 기준으로 왼쪽에서 오른쪽으로 선을 그으며 처음에 손톱 가로 너비의 2/3지점까지, 두 번째는 손톱의 1/2지점에서 시작하여 가로 너비의 오른쪽 끝까지 채워준다. 딥 프렌치 컬러링은 스마일 라인을 잡아준 후 나머지 프리엣지 부분을 세로 방향으로 컬러링한다.

#### 프렌치 매니큐어

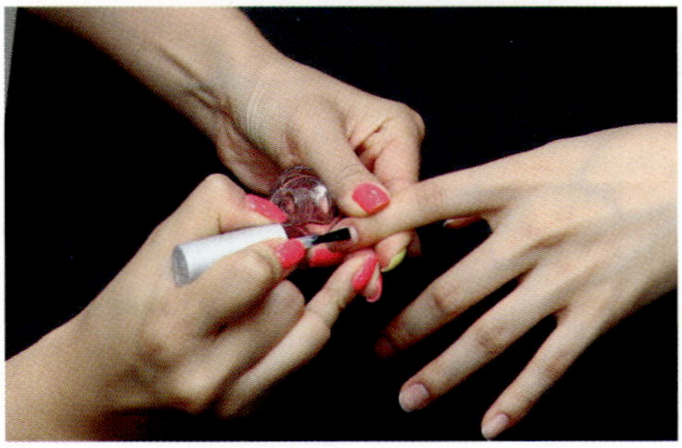

1. 베이스코트를 바른다.

2. 프리엣지 부분 0.3~0.5cm에 스마일라인을 만든다.

3. 프리엣지 부분 0.3~0.5cm에 스마일라인을 만든다.(2coat)

4. 탑코트를 바른다.

## 프렌치 화이트, 레드

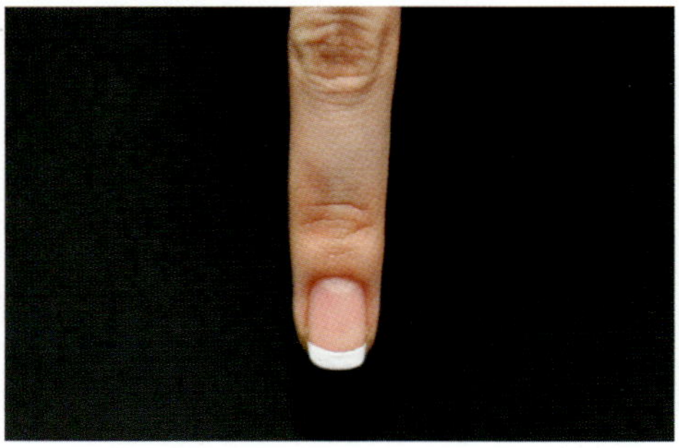

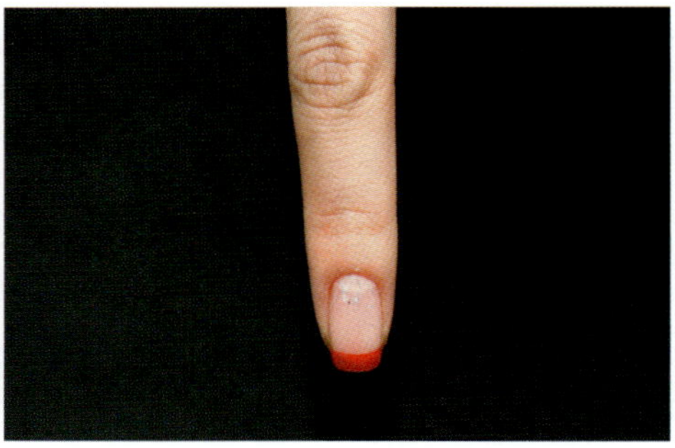

## 딥프렌치 화이트

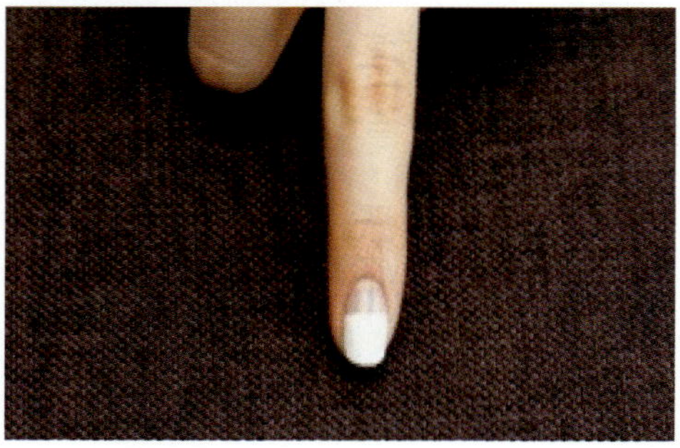

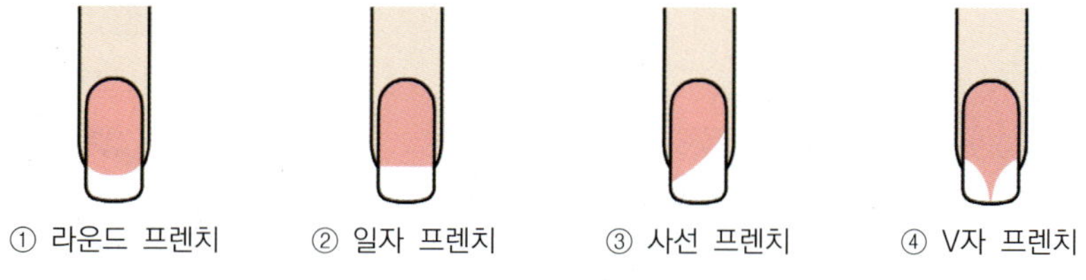


• 그림 5-4 프렌치의 종류 •

### * 그라데이션 도포 방법

- 원 컬러 그라데이션(브러시 또는 스펀지 사용가능)

(1) 스펀지를 이용하여 먼저 프리엣지 끝에서부터 천천히 표면을 터치하여 두드리며 네일길이의 2/3지점까지 컬러링 한다.

(2) 같은 컬러로 프리엣지에서부터 2/3지점 까지 2/3지점 까지 천천히 표면을 터치하여 두드리며 컬러링 한다.

### * 투 컬러 그라데이션(브러시 또는 스펀지 사용가능)

(1) 먼저 두 가지 컬러 중 옅은 색을 스펀지에 발라 프리엣지에서부터 천천히 표면을 터치하여 두드리며 네일 길이의 2/3 지점까지 컬러링 한다.

(2) 짙은 색 컬러로 1/3지점 정도까지 옅은 색과 겹치도록 천천히 표면을 터치하여 두드리며 컬러링 한다.

Tip
- 모든 네일의 그라데이션 범위가 일정해야 하며 얼룩이 없어야 한다.
- 반월부분의 손톱 노출이 자연스럽게 이루어져야 한다.
- 그라데이션의 경우 컬러가 자연스럽게 이어져야 하며 비슷한 계열의 컬러로 컬러링 하는 것이 대체로 아름답다.
- UV젤의 적용 시에도 같은 방법을 활용 할 수 있다.

#### 그라데이션 화이트

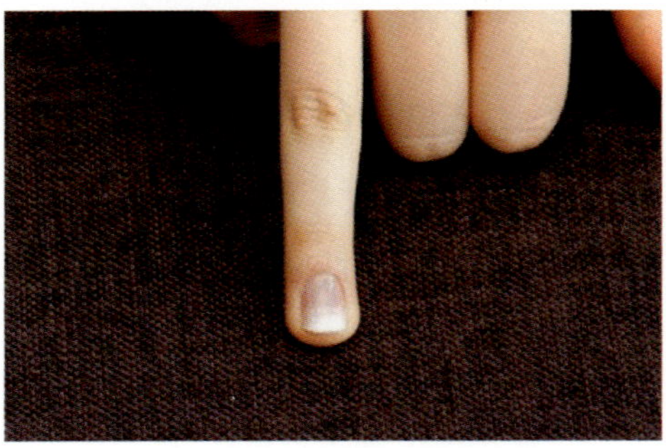

<호일 사이즈>

8cm × 8cm 이하 정도

* 흰색 타월 : 40cm × 80cm 내외
* 정리함(바구니) : 20cm × 30cm 이상

# 4. 패디큐어

## 1) 패디큐어의 정의

패디큐어란 라틴어로 발을 뜻하는 '페디스'와 손질을 의미하는 '큐라'와의 합성어로 패디큐어라는 총체적인 의미로 사용되어지고 있다. 발톱의 모양 다듬기, 큐티클 정리, 마사지, 컬러링 등의 발 관리를 의미한다.

## 2) 재료 및 준비 사항

### (1) 기본재료

| 순서 | 구분 | 재료 및 명칭 | 용도 |
|---|---|---|---|
| 1 | 도구 | 정리대 | 사용되는 도구나 재료를 정리하는 받침대 |
| 2 | 재료 | 위생비닐 봉투 | 소모품과 폐기물을 처리 |
| 3 | 재료 | 솜 | 발을 소독하거나 팔리쉬 등을 제거 할 때 사용 |
| 4 | 도구 | 소독 용기 | 소독시 사용되는 투명한 소독용기 |
| 5 | 재료 | 물티슈 | 여러용도로 쓰인다 |
| 6 | 도구 | 솜통 | 솜을 넣어 두는 용기 |
| 7 | 도구 | 파일 꽂이 | 네일파일을 꽂아 두는 용기 |
| 8 | 도구 | 각탕기 | 발을 담구어 세척, 굳은살을 불려 주는 역할을 한다. |
| 9 | 재료 | 종이 타월 | 잔여물을 처리하는 일회용 타월 |
| 10 | 도구 | 우드파일 | 자연네일에 사용하며 발톱의 길이를 조절할 때 사용 |
| 11 | 도구 | 오렌지 우드 스틱 | 팔리쉬 제거시 잔여분의 팔리쉬를 제거하고큐티클을 밀어 올릴 때 사용 |
| 12 | 도구 | 큐티클 니퍼 | 큐티클과 거스러미 제거 시 사용 |
| 13 | 도구 | 큐티클 푸셔 | 발톱주변의 큐티클을 밀어올리는 역할 |
| 14 | 도구 | 네일 클리퍼 | 발톱을 자를 때 사용 |
| 15 | 도구 | 더스트 브러쉬 | 먼지 등을 제거 할 때 사용 |
| 16 | 도구 | 버퍼 | 발톱표면을 정리 시 사용 |
| 17 | 재료 | 베이스 코트 | 폴리시를 바르기 전. 발톱의 변색을 방지, 폴리시를 밀착 시켜주는 역할 |
| 18 | 재료 | 탑 코트 | 폴리시를 바른 후. 폴리시를 보호하여 오랫동안 지속시켜 주며 변색을 방지한다. |
| 19 | 재료 | 폴리시 | 유색의 컬러로 발톱 위에 바른다. |

| 순서 | 구분 | 재료 및 명칭 | 용도 |
|---|---|---|---|
| 20 | 재료 | 큐티클 오일 | 연화작용을 하며 영양을 공급 |
| 21 | 재료 | 큐티클 리무버 | 큐티클을 연화시키는 역할 |
| 22 | 재료 | 지혈제 | 출혈을 멈추게 하는 상처 처치용 |
| 23 | 재료 | 폴리시 리무버 | 폴리시 제거 시 사용 |
| 24 | 재료 | 안티셉틱 | 피부 소독제로 시술자와 피시술자 모두 사용 |
| 25 | 재료 | 알코올 | 도구나 기구 소독제 |
| 26 | 재료 | 항균 비누 | 살균 비누 |
| 27 | 도구 | 디스펜서 | 폴리시 리무버를 담아 두는 용기<br>(국가자격증 재료에서는 제외되는 재료) |
| 28 | 도구 | 토우세퍼레이터 | 폴리시를 바를 때 발가락을 끼워주는 역할 |

### (2) 사전준비

① 모든 도구와 재료에 이름표 부착한다.

② 원통형 유리 용기에 70% 알코올을 80% 정도 채워 도구 소독

③ 미온수의 각탕기에 살균비누를 푼다.

### (3) 모델의 준비

① 최대 발톱 2개 보수 가능

② 빨강색으로 사전 컬러링

③ 일주일이상 케어가 되는 않은 발톱

## 3) 패디큐어 시 주의 사항

① 쉐입은 스케어로 한다.

② 콘 커터는 발의 결 방향으로 한다.

③ 패디파일은 로션을 파일에 도포하여 사용하며 족문결 방향으로 거친 면에서 부드러운 면으로 사용한다.

④ 철제도구는 알코올에 소독한다.

⑤ 발톱에 질병, 전염성이 있는 발톱인지 체크한다.

### 4) 패디큐어 시술과정

**① 소독하기**

- 항균소독제로 시술자의 손을 먼저 소독하고 피시술지의 발을 소독한다.

**② 팔리쉬 지우기**

- 팔리쉬리무버를 사용하여 발톱의 표면과 발톱 밑,월 부분까지 꼼꼼하게 지운다.

**③ 발톱의 모양 만들기**

- 한 방향으로 파일링하고 쉐입은 스퀘어나 스퀘어오프로 잡는다.

**④ 발톱 표면 정리**

- 매끄럽지 못한 발톱일 경우 버퍼로 표면을 매끄럽게 해준다.

**⑤ 먼지 제거**

- 더스트브러쉬로(소독이 가능한 나일론 모)먼지를 제거하고 라운드 패드로 발톱 밑 먼지를 제거한다.

**⑥ 큐티클 리무버나 큐티클 오일 바르기**

- 큐티클 리무버나 오일을 발라 큐티클을 부드럽게 연화시켜준다.

**⑦ 발 담그기**

- 각탕기에 살균비누를 풀고 발을 담근다.
- 각질을 불릴때는 10분, 피로회복시에는 20분정도가 적당하다.
- 물의 온도는 40~43도가 적당하다.

**⑧ 큐티클 밀기**

- 푸셔를 45도 각도로 사용하여 발톱의 표면의 각질을 부드럽게 밀어준다.

**⑨ 큐티클 정리하기**

- 니퍼를 이용하여 큐티클을 정리한다.

**⑩ 굳은살 제거**

- 콘커터 - 족문결 방향으로(안쪽에서 바깥쪽) 굳은살을 제거하며 칼날은 반드시 1회용으로 사용한다.
- 패디파일 - 패디파일에 각질제거크림을 바르고 족문결 방향으로(안쪽에서 바깥쪽)파일링한다.

### ⑪ 유분기 제거

- 오렌지우드스틱에 솜을 말아 폴리시리무버를 묻혀 발톱위의 유분기를 꼼꼼하게 제거한다.

### ⑫ 토우세퍼레이터 끼우기

- 컬러링전 컬러링이 용이하도록 발가락 사이에 끼운다.

### ⑬ 컬러링

- 베이스코트(1회)
- 네일팔리쉬(2회) - 큐티클과 사이드월부분에 가깝도록 꽉 채워 발라주며 프리엣지 끝부분까지 발라준다.
- 수정 - 솜을 감은 오렌지우드스틱을 이용하여 수정한다.
- 탑코트(1회) - 도포된 폴리시 위에 꽉 채워 바른다.

**패디큐어**

1. 안티셉틱을 솜에 뿌려 시술자의 손을 소독한다.

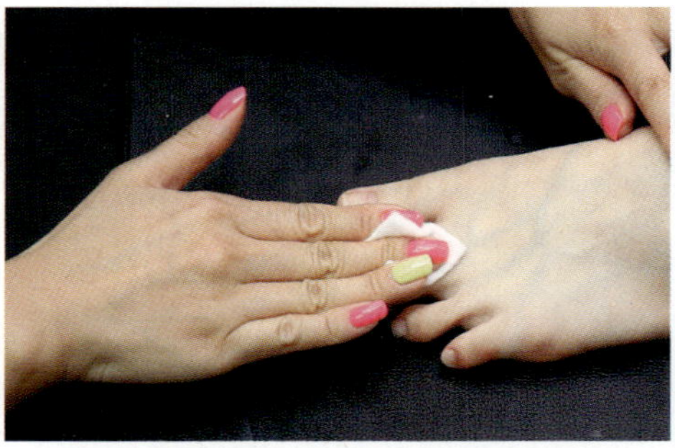

2. 안티셉틱을 솜에 뿌려 피시술자의 발을 소독한다.

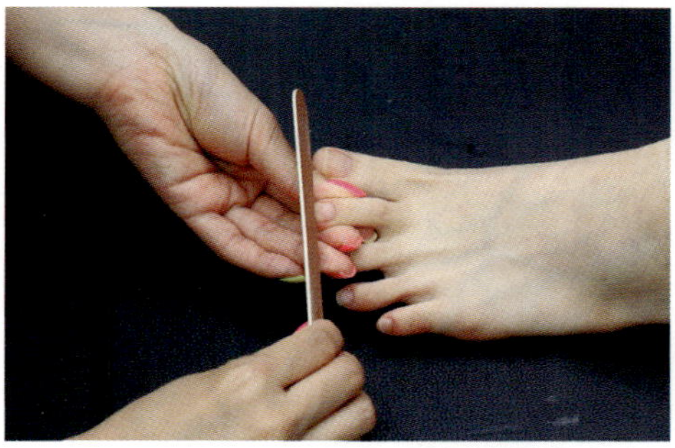

3. 우드파일을 사용하여 스퀘어쉐입으로 파일링한다.

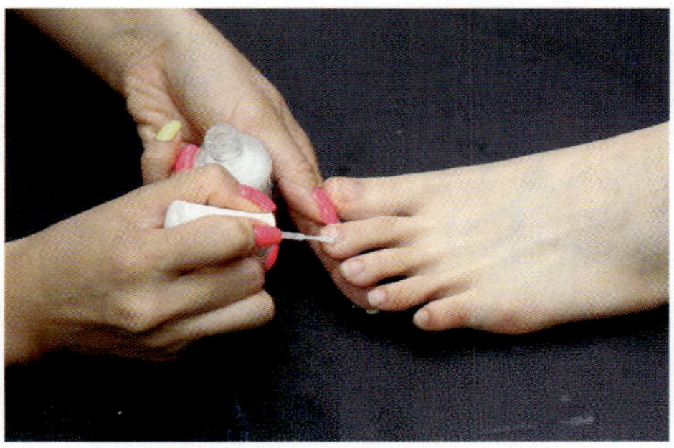

4. 큐티클 리무버를 바른다.

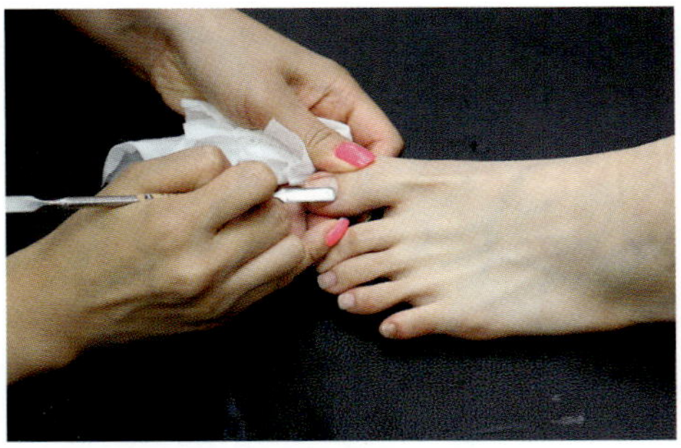
5. 푸셔를 사용해 큐티클을 밀어준다.

6. 니퍼를 사용해 큐티클과 거스러미를 제거한다.

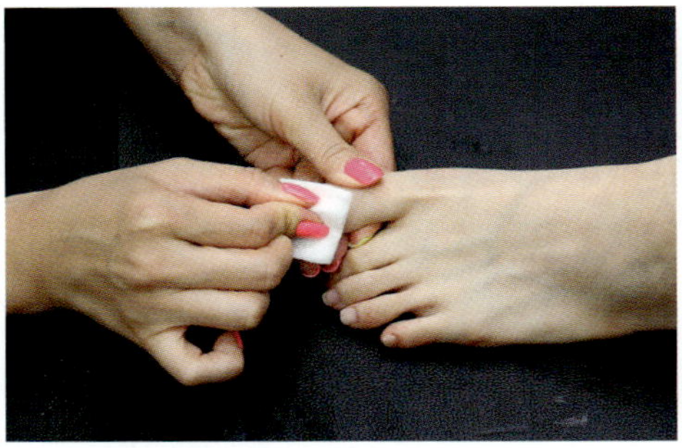
7. 리무버를 사용해 유분기를 제거한다.

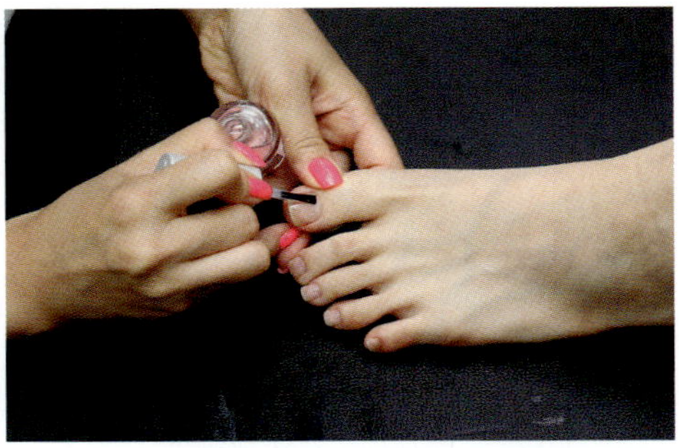
8. 토우세퍼리이터를 끼우고 베이스코트를 바른다.

9. 폴리시를 두번 바른다.

10. 탑코트를 바른다.

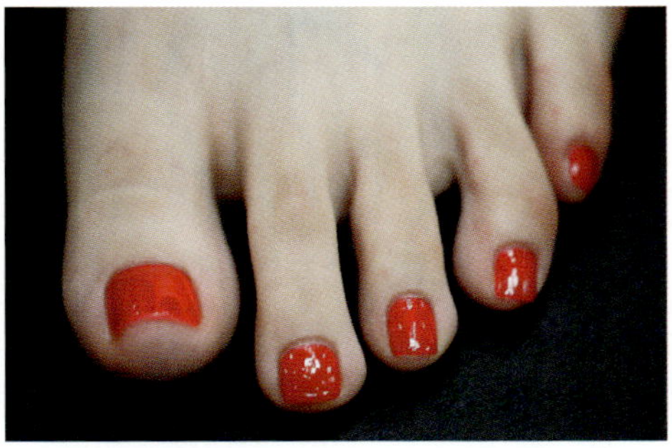

# 02 인조네일 I (국가자격증 실기편)

## 1. 재료와 도구

### 1) 팁미용에 사용되는 용품

#### (1) 화일 또는 에머리 보드(File or Emery board)

손톱의 모양을 잡거나 네일 표면을 매끄럽게 갈아 줄 때, 그리고 광택을 제거할 때 사용하는 줄

#### (2) 샌딩 버퍼(sanding buffer)

매우 가볍고 잡기 쉽게 만들어진 직육면체 연마제로 네일의 표면을 매끄럽게 마무리 할 때나 오일을 발라 손톱 표면을 부드럽게 할 때도 사용한다.

#### (3) 네일 글루(Nail glue)

인조네일을 자연네일에 접착시키거나 랩을 붙일 때 사용되는 네일 전용 접착제, 제품용기형태와 묽기에 따라 나뉘는데 묽을수록 빨리 마르고 진할수록 늦게 마른다.

#### (4) 네일 팁(Nail tip)

이미 모양이 만들어진 인조손톱, 모든 팁의 접착되어질 부분은 약간의 턱이 있다. 그 곳을 웰(well)이라 부르는데 팁의 컷 모양에 따라 풀 웰(full well) 또는 하프 웰(half well)이라고 부른다. 팁을 붙일 대는 자연손톱의 1/3 정도가 적당하고 1/2 이상을 커버해서는 안된다. 또한 너무 큰 사이즈를 붙이거나 작은 사이즈를 붙여서도 안되며 가장 잘 맞는 사이즈의 팁을 붙여야 한다.

## 2) 아크릴릭에 필요한 재료

### (1) 아크릴릭 리퀴드(Acrylic liquid)

이 액체는 아크릴릭 분말을 여 적당히 반죽하는데 사용된다.

### (2) 아크릴릭 파우더(Acrylic powder)

아크릴릭 네일에 사용되는 분말, 여러 가지 색상이 시중에 나와 있다. 네츄럴, 핑크, 투명, 살구색 등은 자연손톱이나 팁 위에 올려주는 파우더이고, 화이트는 프렌치를 표현할 때 사용하는 파우더이다.

### (3) 프라이머(Primer)

아크릴릭 제품이 자연네일 표면에 잘 접착되도록 네일에 발라 주는 것이다. 프라이머는 매우 효율적이지만 잘못 사용하였을 경우 커다란 손상을 주게 되므로 피부나 눈에 묻어서는 절대 안된다. 사용시 프라이머를 고정시킬 수 있는 홀더에 놓고 사용하면 안전하다.

### (4) 디펜디쉬(Dappen dish)

아크릴릭 리퀴드를 담을 수 있는 도자기 또는 유리용기

### (5) 아크릴릭 브러쉬(Acrylic brush)

아크릴릭 파우더를 네일 위에 얹을 때 사용하는 붓의 모양, 길이, 크기에 따라 여러 종류가 있다. 자신에게 맞는 브러쉬를 선택하며 2개이상 가지고 있어야 한다. 왜냐하면 시술 시 브러쉬에 아크릴이 많이 묻었을 경우 청소가 곤란하므로 다른 것이 있으면 편리하다.

### (6) 보안경

### (7) 비닐 장갑

### (8) 안전 마스크

### (9) 네일 폼(Nail form)

스캅춰 네일(Sculpture nail) 시술 시 사용하는 틀이다. 일회용으로 사용하는 종이폼은 뒷면에 접착제가 발라져 있고, 재사용하는 폼에는 알루미늄, 플라스틱 등으로 만들어진 것이 있다.

#### (10) 브러쉬 크리너(Brush cleaner)

아크릴릭 시술 후 브러쉬를 세척하는 액

### 3) 젤네일에 필요한 재료

#### (1) 라이트 큐어드 젤

젤시술시 인조손톱의 두께, 모양 등을 만들기 위해 사용되며 흰색, 핑크, 투명한 것을 주로 사용하며 그 외 네일디자인용으로 여러 가지색의 젤이 있다.

#### (2) 램프

젤을 굳게 할 수 있는 자외선 또는 할로겐, LED 램프

#### (3) 젤 브러쉬

젤을 바를 수 있는 브러쉬

#### (4) 와이퍼

큐어링 후 남은 잔여 젤을 닦아줄 때 사용하는 스폰지

#### (5) 본더젤(베이스젤)

젤시술 시 접착이 잘 되도록 하기 위해서 손톱표면에 바르는 투명액체이다.

#### (6) 탑젤

네일시술 후 젤네일을 보호하고 젤의 투명도와 광택을 뛰어나게 돋보이도록 해주는 제품이다.

#### (7) 클렌저

큐어링 후 남은 잔여젤을 없애 주는 제품

## 2. 팁 위드 랩

손톱 연장시 사용되는 네일 팁(레귤러팁, 화이트팁)은 플라스틱, 나일론, 아세테이트 등의 재료로 만들어졌다.

팁을 이용하여 손톱의 길이를 연장하는데 팁만으로는 약하기 때문에 그 위에 훼브

릭 랩(faric wrap), 아크릴릭 시스템(acrylic system), 젤 시스템(UV gel system)의 재료를 이용하여 자연네일에 붙여진 팁 위로 씌어주어 보강하게 되는 시스템이다.

> * 훼브릭 랩(fabric erap) : 적당한 작은 조각의 리넨, 실크, 화이버글라스, 천 조각을 고객의 네일 모양으로 오려서 쓸 만큼 사용, 접착제가 있는 제품을 찾을 수도 있다.
> ▷ 실크(silk) ▷ 화이버글라스(fiber glass) ▷ 리넨(linen)

## 1) 네일 팁

- 자연 네일에 접착되는 팁 부분을 웰(Well)이라 한다. 팁의 모양에 따라 풀 웰(Full well), 또는 하프 웰(Half well) 이라고 한다.
- 팁을 붙일 때는 자연손톱의 1/2 이상을 덮지 않는 것이 좋으며 1/3 정도가 적당하다.
- 팁은 자연 손톱 사이즈보다 한 사이즈 큰 것을 고른다.
- 손톱이 크고 납작한 경우에는 약간 끝이 좁은 네로우팁(Narrow tio)을 선택한다.
- 손톱 끝이 위로 솟은 손톱(Sky jump nail)은 커브 팁(Curve tip)을 선택한다.
- 웰 부분이 너무 두껍지 않고 투명한 팁이 편리하고 자연스럽다.
- 웰 라인 부분이 깊을수록 좋은 팁이다.

• 그림 5-2 팁 위드 랩 제품 •

### (1) 팁 위드 랩의 순서

**① 손소독**

- 시술자와 모델 양손을 소독한다.

**② 사전 준비(Preparation)**

- 자연 네일 길이 조정
- 큐티클 푸셔로 밀어 올려주기
- 자연 네일에 붙어 있는 루즈스킨 제거하기
- 180Grit 의 파일로 광택제거 하기
- 더스터 브러쉬를 이용하여 먼지 털기
- 프리프라이머 (Pre-primer) 도포로 pH 발란스 맞추기

**③ 팁 선택하기**

- 자연네일에 맞는 팁을 선택한다.

**④ 팁부착하기**

- 팁 부착시 공기가 들어가지 않도록 유의한다.

**⑤ 팁길이 조정**

- 팁의 길이를 규정된 길이로 자른다.

**⑥ 팁턱 제거**

- 자연네일 위에 붙은 웰 부분을 매끄럽게 갈아준다(180Grit 파일사용).

**⑦ 필러파우더 올리기**

- 팁 제거 후 자연손톱이 완만한 상태가 아니면 표면을 글루와 필러파우더로 채워주어야 손톱의 모양이 자연스럽다.

**⑧ 랩 붙이기**

- 랩은 자연네일보다 1mm~2mm 정도 작게 재단하여 부착한다.
- 랩은 붙일 때 손이 닿지 않도록 얇은 비닐을 이용하여 문지르듯이 부착한다.
- 손이 닿는 부분에 유분기 때문에 들뜸 현상이 생길 수 있다.

**⑨ 두께올리기**

- 글루, 젤글루를 도포하여 큐티클 부분과 사이드 부분에 글루가 닿지 않도록 주의한다.

- 글루 드라이를 이용하여 건조 시킨다.
- 글루, 젤 글루을 이용하여 2~3회 반복하여 두께를 조형한다.

**⑩ 파일링하기**

- 프리엣지 길이를 일정하게 한다(규정된 형태).
- 프리엣지 형태를 일정하게 한다(규정된 형태).
- 큐티클부분과 주변 파일링 시 피부의 손상이 없도록 한다.
- 규정된 20%~30%의 C-커버를 완성한다.
- 사이드 스트레이를 정확하게 파일링 한다.
- 표면의 정리와 두께를 일정하게 파일링 한다.

**⑪ 표면 정리**

- 버퍼를 이용하여 표면을 매끄럽게 만들어 준다.

**⑫ 먼지 제거**

- 표면과 프리엣지 밑 안쪽까지 먼지를 깨끗하게 제거한다.

**⑬ 광택내기**

- 표면 전체적으로 매끈하며 고르게 광택을 낸다.

**⑭ 마무리하기**

- 잔여물이 남지 않도록 멸균거즈로 깨끗이 닦아내어 준다.

**팁위드랩**

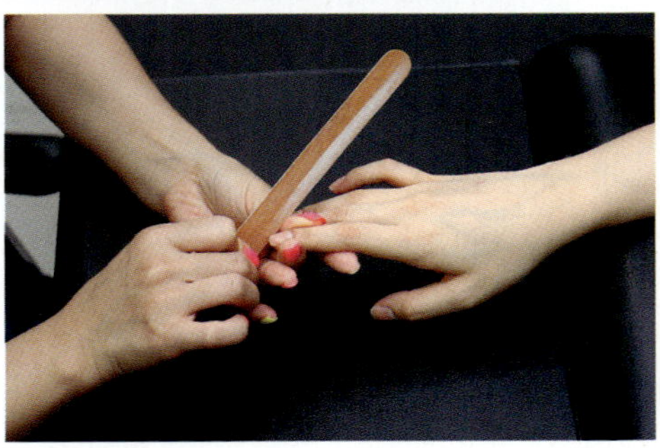

1. 자연네일의 길이를 조절한다.

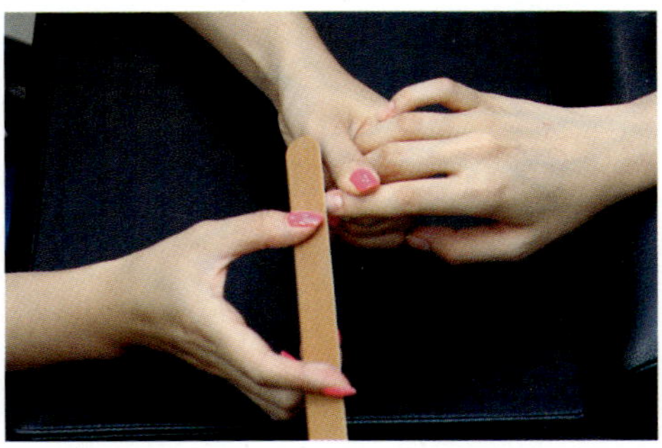

2. 자연네일의 표면에 에칭을 준 후 프리프라이머를 도포한다.

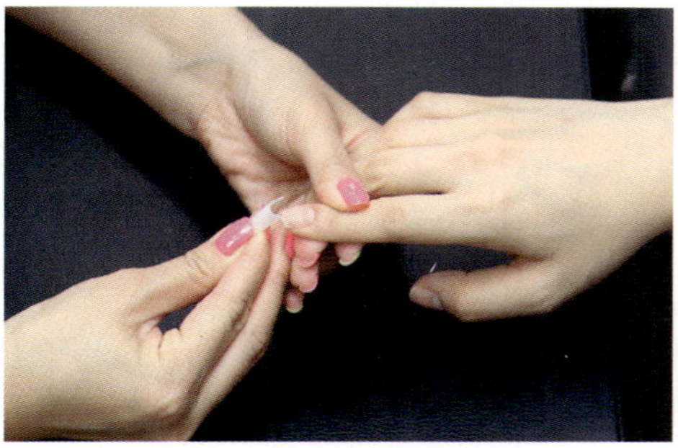

3. 내추럴 팁을 부착한다(45도 각도로 공기가 들어가지 않도록 밀착).

4. 글루드라이어를 뿌린다.

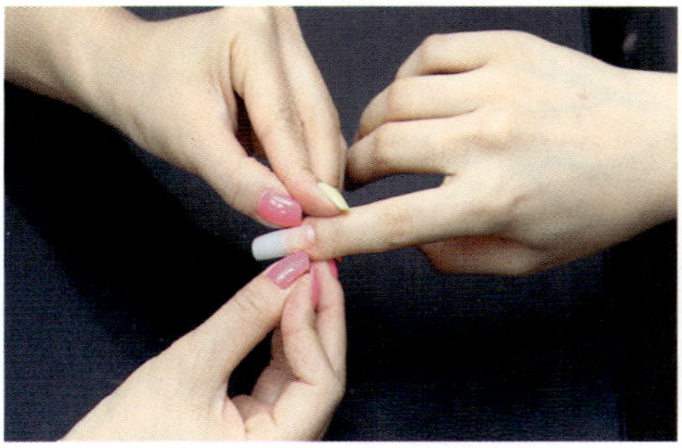

5. 양쪽측면을 살짝 눌러 밀착시킨다.

6. 팁커터기를 사용해 길이를 조절한다.

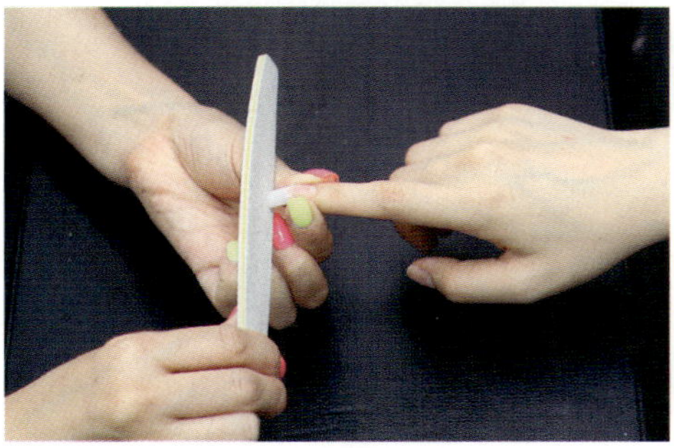

7. 스퀘어쉐입으로 파일링한다.

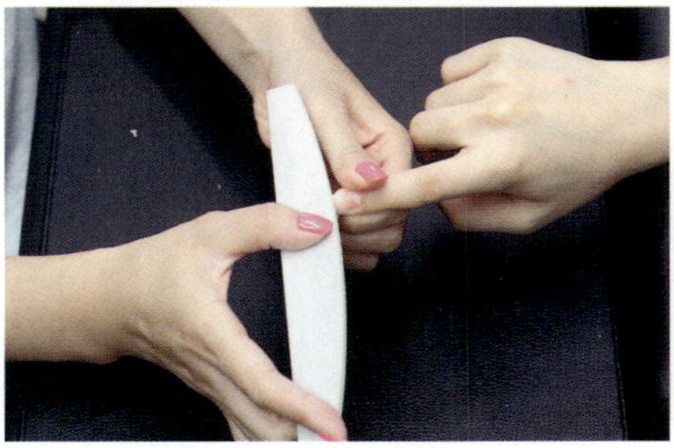

8. 팁턱부분을 매끄럽게 갈아준다.

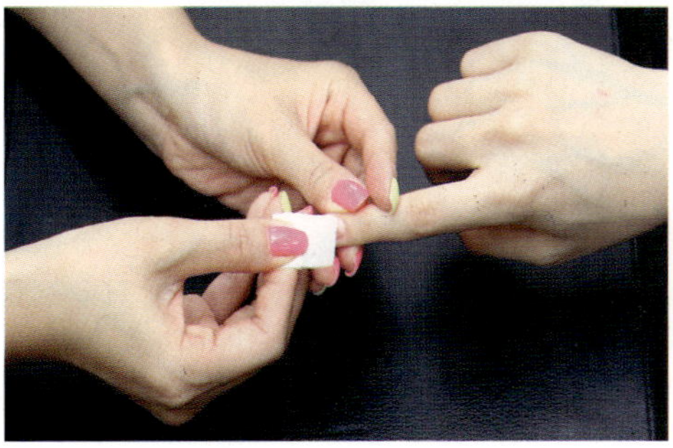

9. 실크를 부착한다.

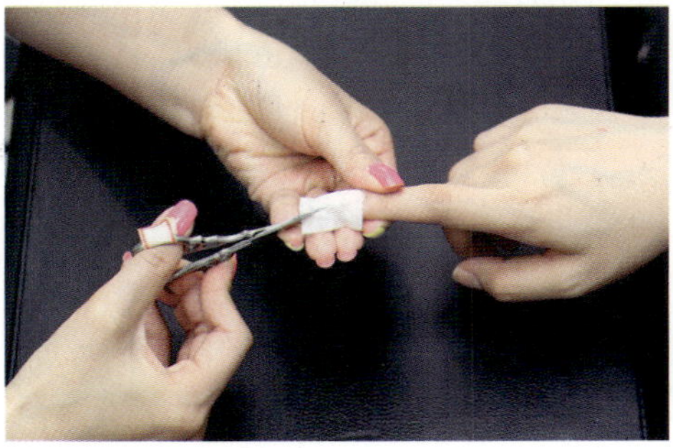

10. 실크를 재단한다.

11. 라이트글루를 도포한다.

12. 글루드라이를 사용하여 건조시킨다.

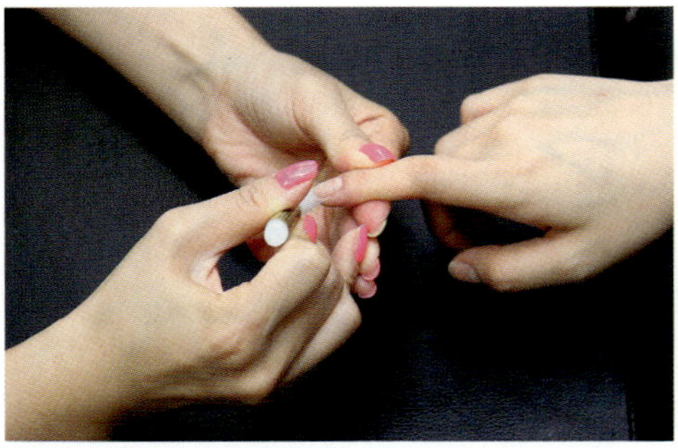
13. 라이트글루와 필러파우더를 2~3회 반복한다.

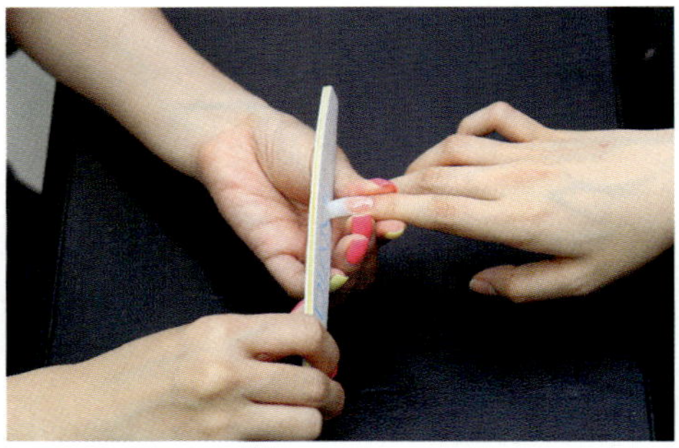
14. 프리엣지 길이를 일정하게 한다.

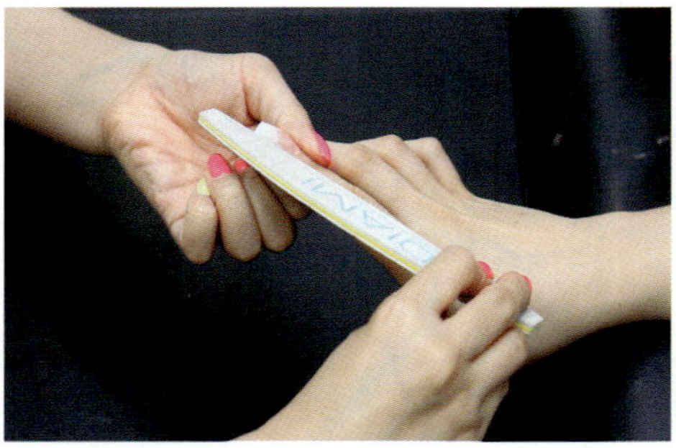
15. 오른쪽 사이드스트레이트를 조형한다.

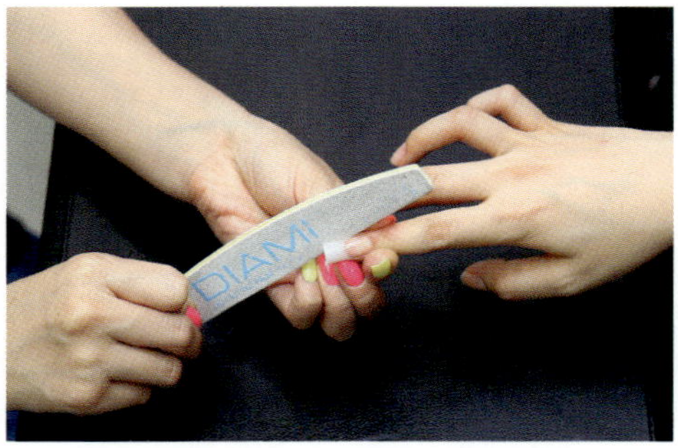

16. 왼쪽 사이드스트레이트를 조형한다.

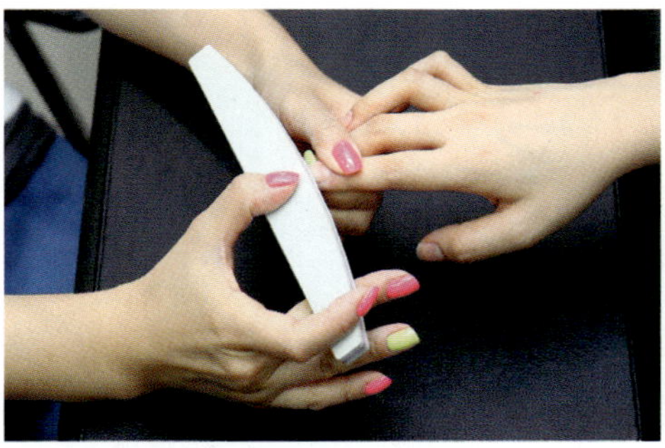
17. 표면을 파일링한다.

18. 젤글루를 도포한다.

19. 화이트 샌딩을 사용하여 표면을 정리한다.

20. 피니싱버퍼를 사용하여 표면을 정리한다.

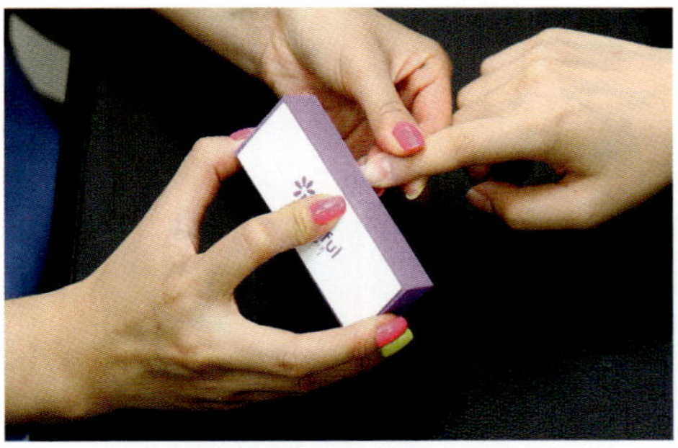

21. 광버퍼를 사용하여 표면에 고르게 광택을 낸다.

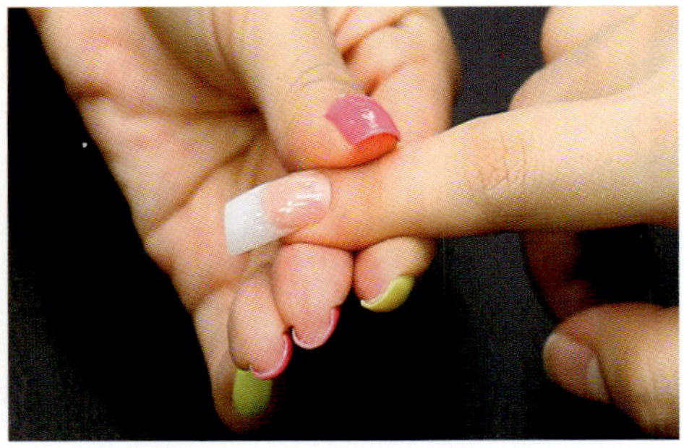

22. 완성한다.

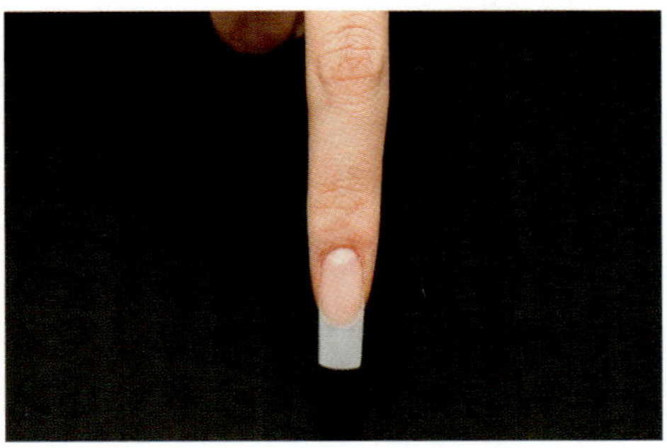

# 3. 프렌치 스컬프처

*** 아크릴 스컬프처**

1) 아크릴릭(Acrylic) 네일개념과 종류

(1) 아크릴릭 네일개념

- 아크릴릭 리퀴드(Acrylic liquid)와 아크릴릭 파우더(Acrylic powder) 제품의 혼합으로 만드는 것
- 두 물질의 적절한 혼합으로 손톱의 두께를 조절할 수 있으며 매우 단단한 인조 네일이 된다.
- 자연손톱 위에 씌울 수 있음은 물론, 인조 팁 위에도 가능하다.
- 아크릴릭의 기본 물질은 세가지로 이루어져 있다.

(2) 아크릴릭의 종류

- 인조손톱 위에 하는 아크릴릭 팁(Acrylic tips) 또는 아르릴릭 오버레이(Acrylic overlays)
- 폼 위에 아크릴릭으로 올려 손톱을 길게 만들어 주는 스캅취 네일(Sculpture nail)

(3) 화학성분

첫째, 모너머(Monomer)로 아주 작은 구슬 형태의 구형 물질이며 액체 아크릴릭 제품의 하나이다.(단량체)

둘째, 폴리머(Polymer)로 구슬들이 길게 체인 모양으로 연결된 형태로 구성되었으며 매우 단단하게 변화된다. 제작 완료된 아크릴 네일은 폴리머이다.(종합체)

셋째, 카탈리스트(Catalyst)라고 불리는 첨가 물질이 있는데 이것은 아크릴릭을 빨리 굳게하는 작용을 한다. 카탈리스트의 양 조절로 빨리 굳게 할 수도 있다.

우리가 흔히 사용하는 분말 형태의 아크릴릭은 분말로 걸러 만든 폴리머와 카탈리스트이다.

## (1) 손소독

## (2) 자연네일의 전처리(Preparation)

- 묵은 팔리쉬 제거
- 자연네일의 길이 정리(프리엣지 1mm이내)
- 루즈스킨 제거
- 유·수분 및 광택제거
- 먼지제거
- Pre-primer 도포

### (3) 네일 폼 부착

- 폼 부착 전 또는 후에 primer를 도포한다.
- 자연네일과 폼 사이가 벌어지면 안 된다.
- 자연네일과 폼이 수평이 되도록 부착한다.

### (4) 아크릴 볼 올리기-프리엣지(화이트 폴리머)

- 정량의 모노머와 내추럴 폴리머를 사용해 프리엣지 부분을 조형한다.
- 스마일라인의 좌우 대칭의 균형과 균일한 볼을 만든다.
- 스마일라인이 매끄럽게 되도록 한다.
- 프리엣지 길이가 일정하도록 한다.

### (5) 아크릴 볼 올리기-네일베드(핑크폴리머)

- 핑크폴리머를 사용하여 네일 베드에 조형한다.

### (6) 아크릴 볼 올리기-네일 바디(클리어폴리머)

- 클리어 폴리머를 사용하여 바디부분에 조형한다.
- 인조 네일이 중심에 하이포인트가 만들어지게 조형한다.
- 측면의 사이드스트레이트가 올라가거나 처지지 않게 조형한다.
- 스트레스 포인트가 얇지 않게 조형한다.

### (7) 네일 폼 제거하기

- 인조 네일이 손상되지 않도록 주의하여 제거한다.

### (8) 핀치넣기

- 인조 네일의 모양(스퀘어)을 잡기 위해 아크릴이 굳어가는 것을 확인하고 핀치를 넣는다.
- 네일 베드의 양쪽 측면에서부터 프리엣지까지 곧은 직선이 되도록 양쪽 엄지를 사용하여 핀치를 넣는다.

### (9) 파일링하기

- 프리엣지의 길이가 일정하도록 한다.
- 인조 네일의 형태를 규정에 맞게 한다(스퀘어).

- 파일링 시 큐티클의 손상이 없도록 주의한다.
- 인조네일과 자연네일의 큐티클이 자연스럽게 연결 되도록 한다.
- C커브는 30~40% 정도로 한다.
- 측면의 스트레이트와 스트레스 포인트의 손상이 없도록 한다.
- 컨벡스가 일정한 모양이 되도록 파일링한다.
- 규정에 맞는 두께로 프리엣지를 만든다.

### (10) 분진 제거

- 더스트 브러쉬로 먼지를 제거한다.
- 인조 네일 표면과 밑 부분까지 청결을 확인한다.

### (11) 광택내기

- 전체적으로 스크래치 없이 광이 나야 한다.

### (12) 마무리

- 먼지를 깨끗하게 제거하고 멸균거즈로 닦아낸다.

## 프렌치 스컬프처

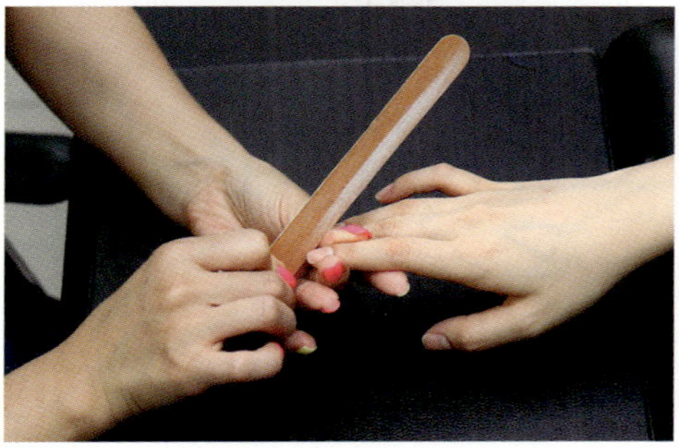

1. 자연네일의 길이를 조절한다.

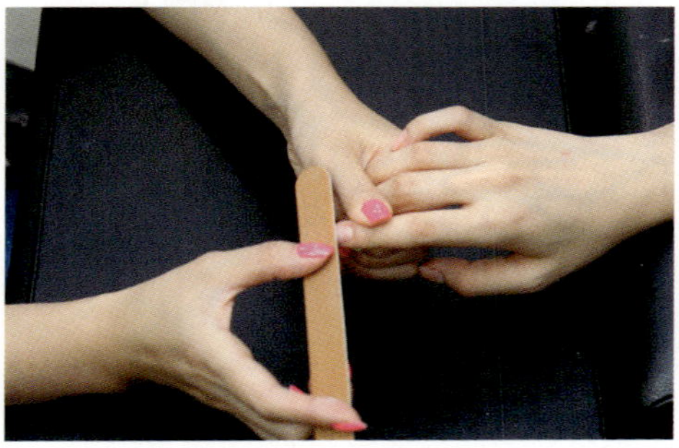

2. 자연네일의 표면에 에칭을 준 후, 프리프라이머를 도포한다.

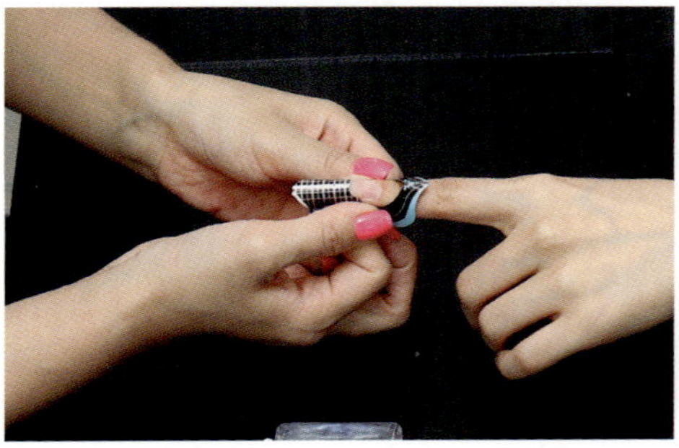

3. 폼을 부착한다.

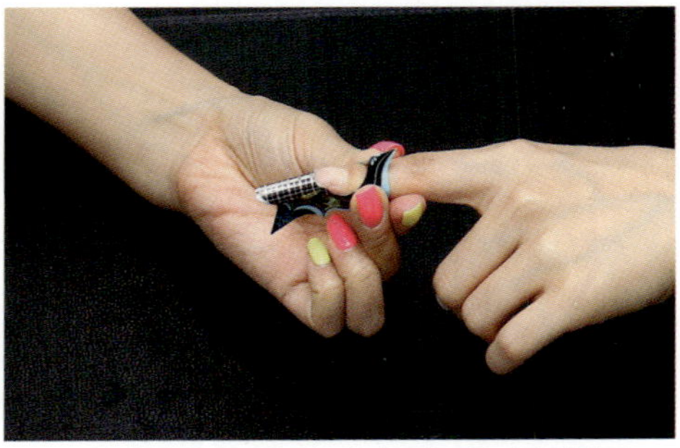

4. 자연네일과 폼이 수평이 되도록 부착한다.

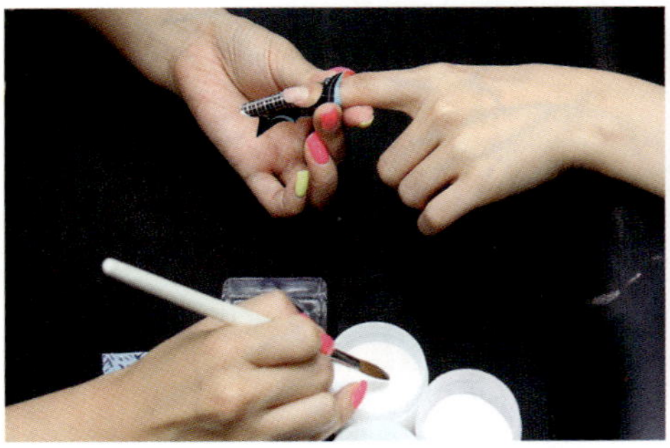

5. 모노머와 화이트폴리머를 믹스추어한다.

6. 믹스추어의 점도를 조절한다.

7. 프리엣지 부분을 조형한다.

8. 스마일 라인을 조형한다.

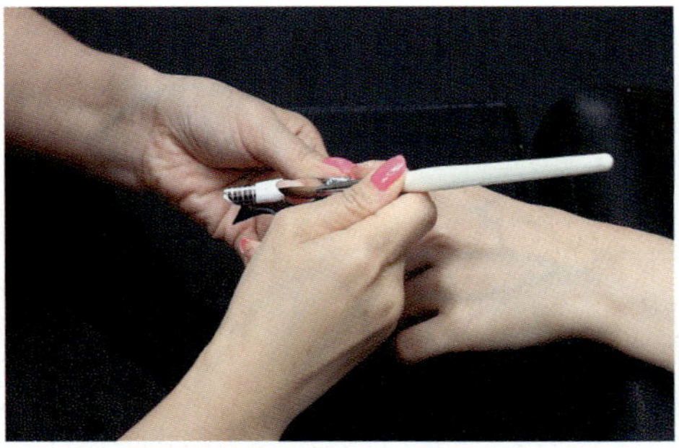

9. 백브러쉬로 스마일라인을 조형한다.

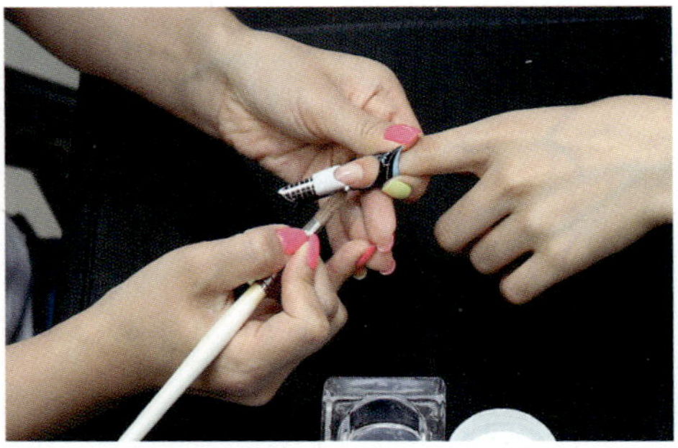

10. 양쪽 스마일라인 끝부분을 뾰족하게 조형한다.

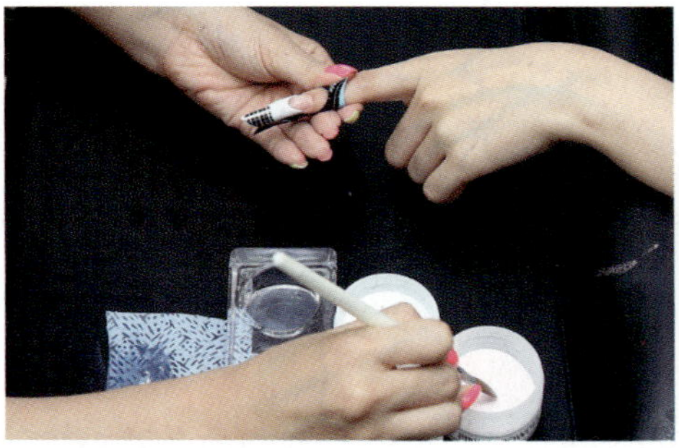

11. 핑크폴리머를 사용하여 네일바디 부분을 조형한다.

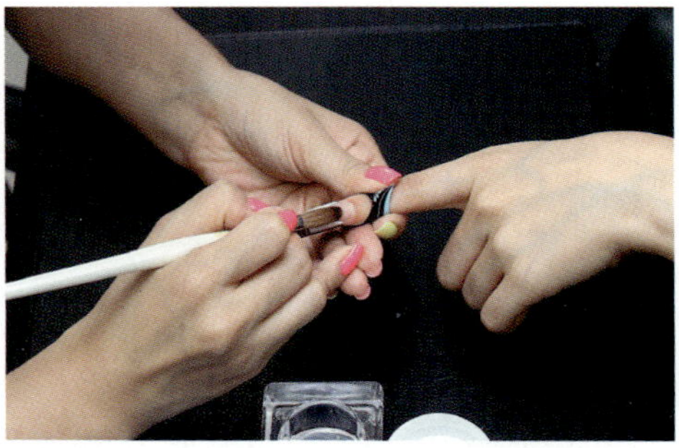

12. 클리어폴리머를 사용하여 네일바디 부분을 조형한다.

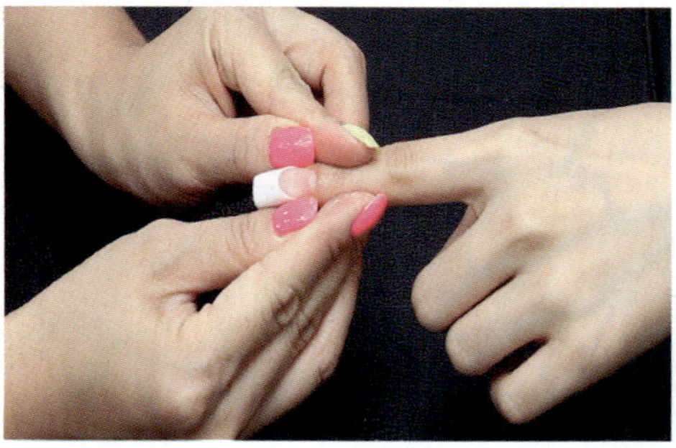

13. 핀치를 주어 C커브를 만든다.

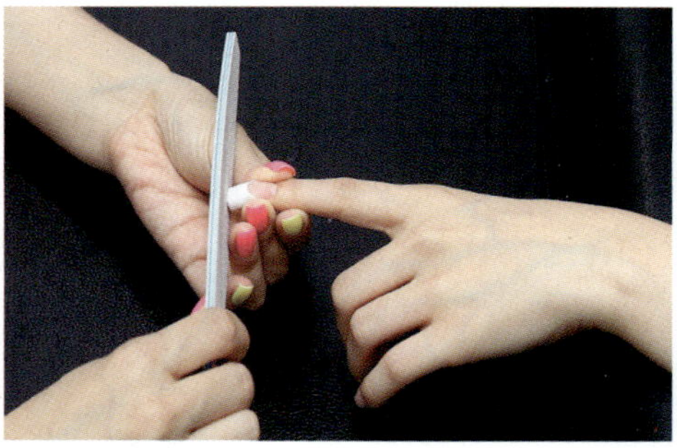

14. 길이를 조절한다.

15. 오른쪽 사이드를 파일링한다.

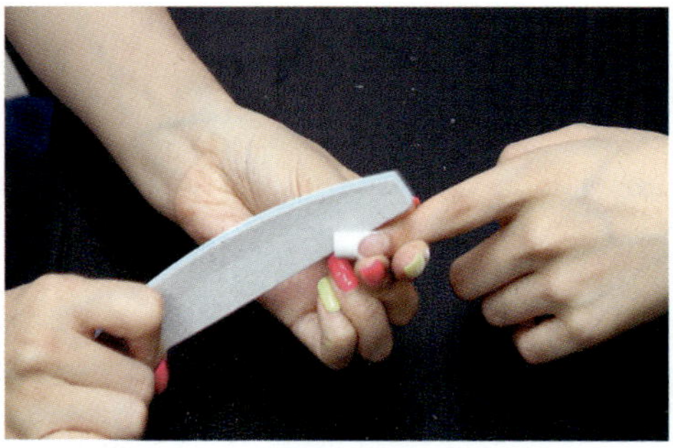

16. 왼쪽사이드를 파일링한다.

17. 표면을 정리한다.

18. 화이트샌딩을 사용하여 버핑한다.

19. 피니싱버퍼를 사용하여 표면을 정리한다.

20. 광버퍼를 사용하여 광택을 부여한다.

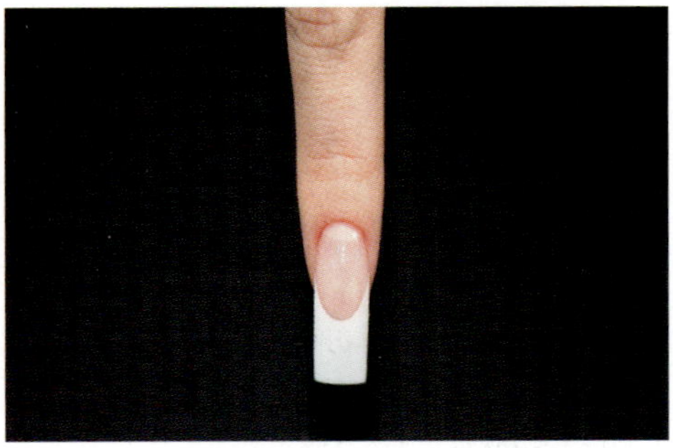

# 4. 젤 원톤 스컬프처

## 1) 젤 원톤 스컬프처

### (1) 손소독

### (2) 자연네일의 전처리(Preparation)

- 묵은 팔리쉬 제거
- 자연네일의 길이 정리(프리엣지 1mm 이내)
- 루즈스킨 제거
- 유·수분 및 광택제거
- 먼지제거
- Pre-primer 도포

### (3) 네일 폼 부착

- 폼 부착 전 또는 후에 primer를 도포한다.
- 자연네일과 폼 사이가 벌어지면 안 된다.
- 자연네일과 폼이 수평이 되도록 부착한다.

### (4) 베이스 젤

- 자연 네일 부분에 베이스 젤을 도포한다.

### (5) 큐어링(램프)

- 제품과 램프에 따라 큐어링 시간을 지킨다.

### (6) 클리어 젤-프리엣지

- 프리엣지 부분에 클리어 젤로 두께를 조형한다.

### (7) 큐어링

### (8) 클리어 젤-전체

- 네일 플레이트 전체에 젤을 올린다.
- 하이포인트의 위치를 확인하여 조형한다.

### (9) 큐어링

### (10) 폼제거

### (11) 미경화 젤 제거

- 젤 클린저를 사용하여 미경화 젤을 제거한다.

### (12) 파일링하기

- 아크릴릭보다 가볍게 파일링한다.
- 프리엣지의 길이가 일정하도록 한다.
- 인조 네일의 형태를 규정에 맞게 한다(스퀘어).
- 파일링 시 큐티클의 손상이 없도록 주의한다.
- 인조네일과 자연네일의 큐티클의 자연스러운 연결이 되도록 한다.
- C커브는 30~40% 정도로 한다.
- 측면의 스트레이트와 스트레스 포인트의 손상이 없도록 한다.
- 컨백스가 일정한 모양이 되도록 파일링한다.
- 규정에 맞는 두께로 프리엣지를 만든다.

### (13) 분진 제거

- 더스트 브러쉬로 먼지를 제거한다.
- 인조 네일 표면과 밑 부분까지 청결을 확인한다(젤은 특히 먼지에 취약하다).

### (14) 탑젤 도포

### (15) 큐어링

### (16) 미경화 젤 제거

• 그림 5-4 젤 제품 •

## 젤 원톤 스컬프처

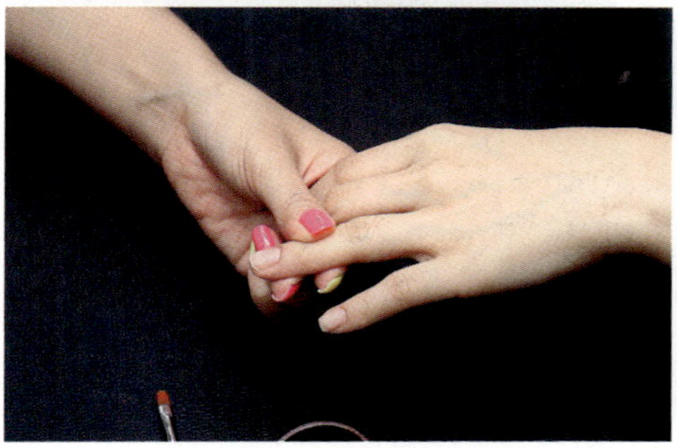

1. 자연네일의 길이를 조절한다.

2. 자연네일의 표면에 에칭을 준 후, 프리프라이머를 도포한다.

3. 폼을 부착한다.

4. 자연네일과 수평이 되도록 부착한다.

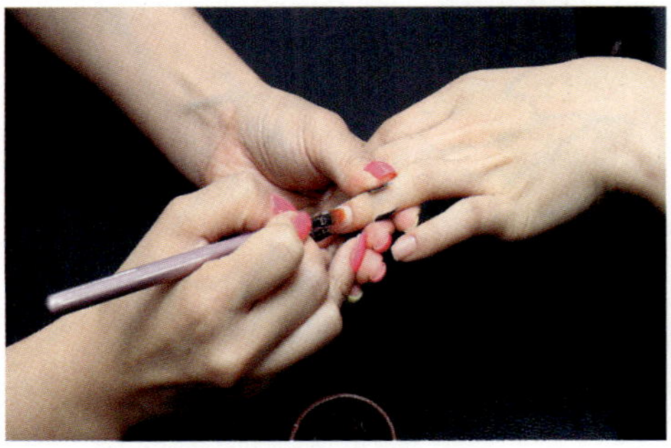

5. 베이스젤을 도포한다.

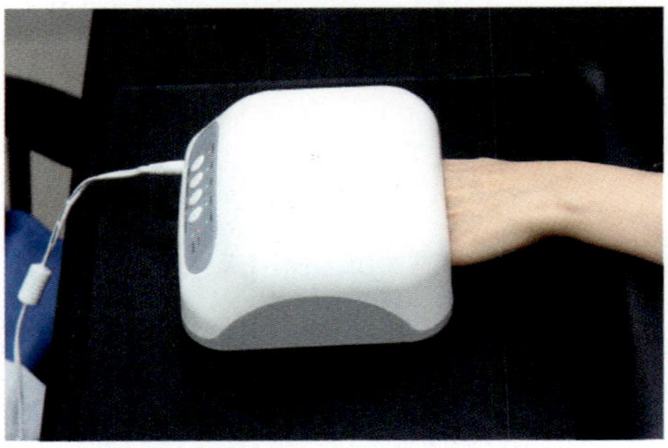

6. 큐어링한다.

7. 프리엣지를 조형한다.

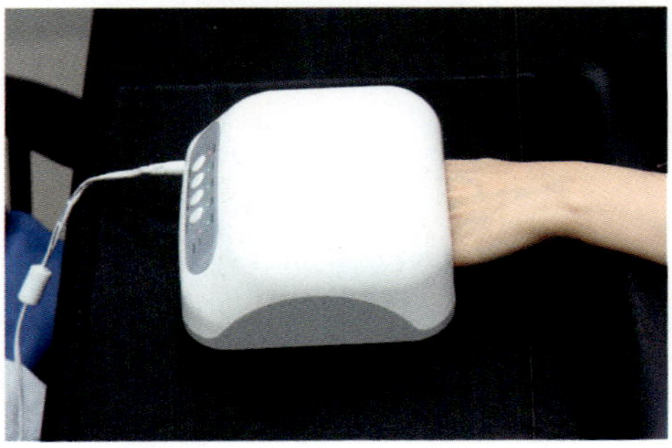

8. 큐어링한다.

9. 네일플레이트 전체에 젤을 조형한다.

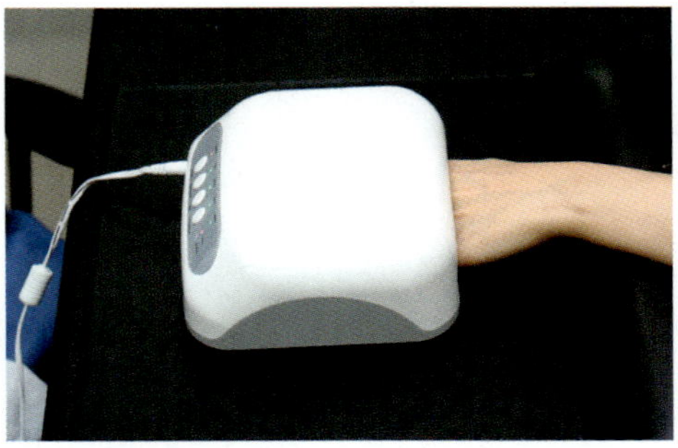
10. 큐어링한다.

11. 핀치를 주어 모양을 잡는다.

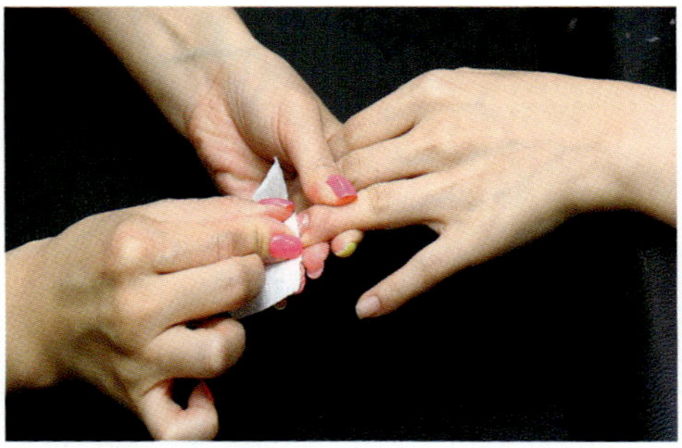
12. 미경화젤을 제거한다.

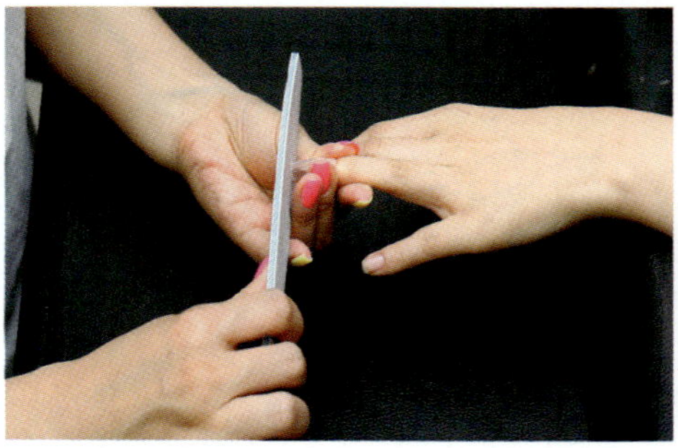
13. 길이를 조절한다.

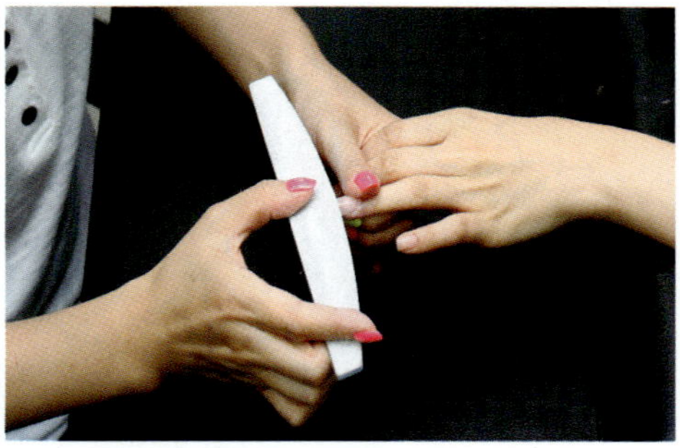
14. 표면을 파일링한다.

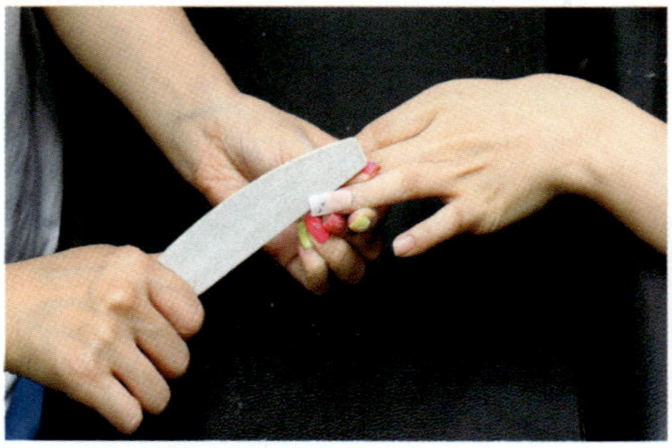
15. 사이드 스트레이트를 조형한다.

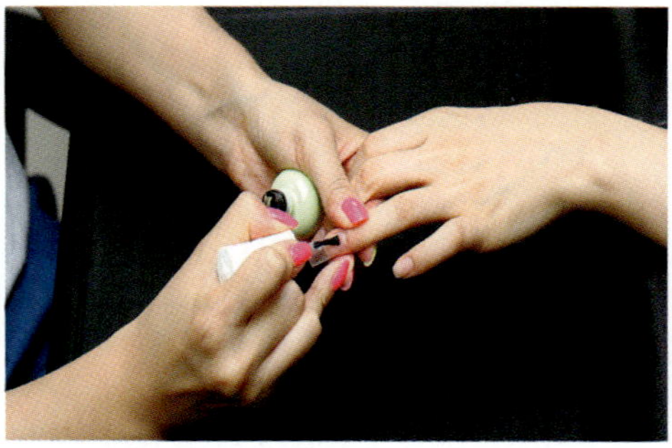
16. 탑젤을 도포한다.

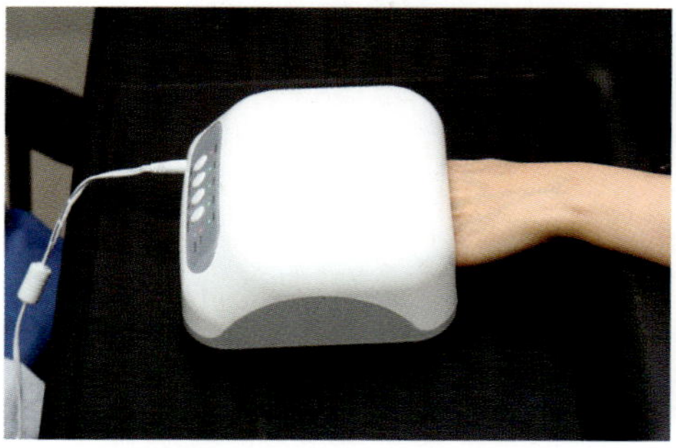

17. 큐어링한다.

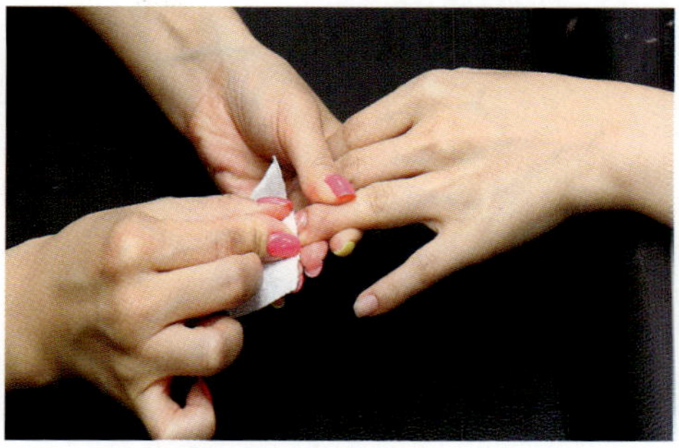

18. 미경화젤을 제거한다.

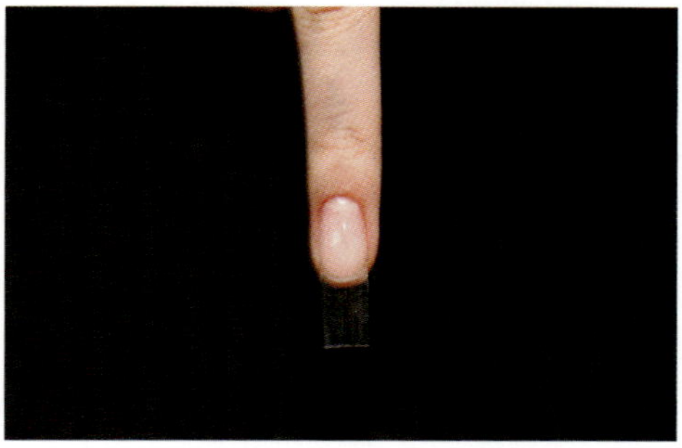

## 5. 실크 익스텐션

### (1) 손소독

- 시술자와 모델 양손을 소독한다.

### (2) 사전준비(Preparation)

- 자연 네일 길이 조정
- 큐티클 푸셔로 밀어 올려주기
- 자연 네일에 붙어있는 루즈스킨 제거하기
- 더스트 브러쉬를 이용하여 먼지 털기
- 프리프라이머(Pre-primer) 도포로 pH 발란스 맞추기

### (3) 실크의 크기를 맞춘다

- 실크를 재단한다.

### (4) 글루 도포

- 네일 바디부분에 글루를 바른다.
- 프리엣지부분에 글루를 바른다.
- 필러파우더를 얇게 도포한다.

### (5) 형태 잡기

- 프리엣지부분에 1차 C커브를 만든다.
- 글루 드라이어를 뿌린다.
- 글루, 필러파우더, 글루 순으로 두께를 만든다.
- 2차 C커브를 만든다.
- 클리퍼를 이용하여 길이를 조절한다.

### (6) 파일링하기

- 프리엣지의 길이가 일정하도록 한다.
- 인조 네일의 형태를 규정에 맞게 한다(스퀘어).
- 파일링 시 큐티클의 손상이 없도록 주의한다.
- 인조네일과 자연네일의 큐티클의 자연스러운 연결이 되도록 한다.
- C커브는 30~40% 정도로 한다.

- 측면의 스트레이트와 스트레스 포인트의 손상이 없도록 한다.
- 컨백스가 일정한 모양이 되도록 파일링한다.
- 규정에 맞는 두께로 프리엣지를 만든다.

### (7) 샌딩하기

### (8) 글루를 앞, 뒷면에 얇게 도포한다.

### (9) 마무리

- 글루드라이어를 뿌리고, 피니싱버퍼, 광버퍼로 마무리한다.

**실크 익스텐션**

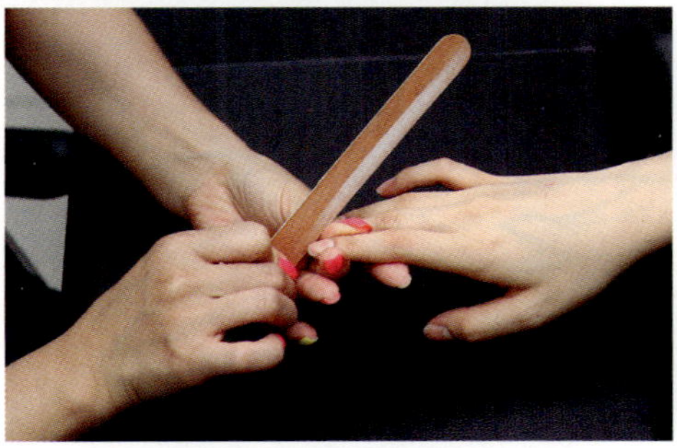

1. 자연네일의 길이를 조절한다.

2. 자연네일의 표면에 에칭을 준다.

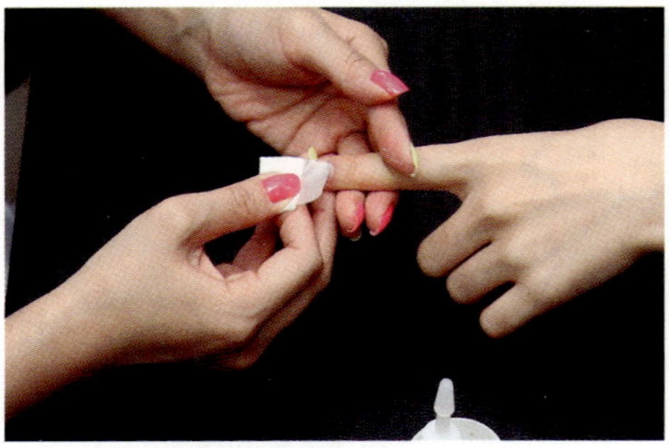

3. 실크의 크기를 맞춘다.

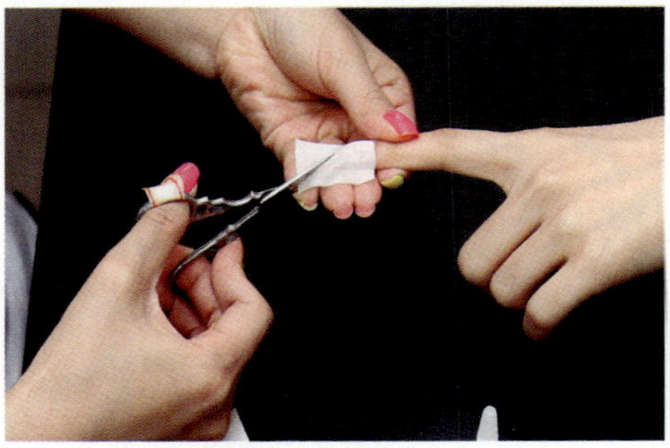

4. 실크를 재단한다.

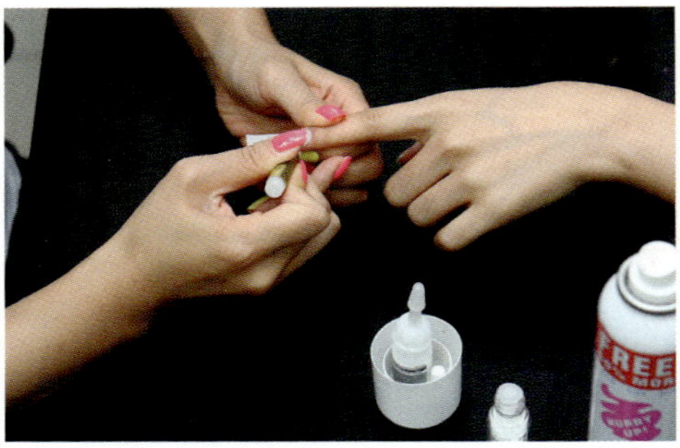
5. 네일바디부분에 글루를 바른다.

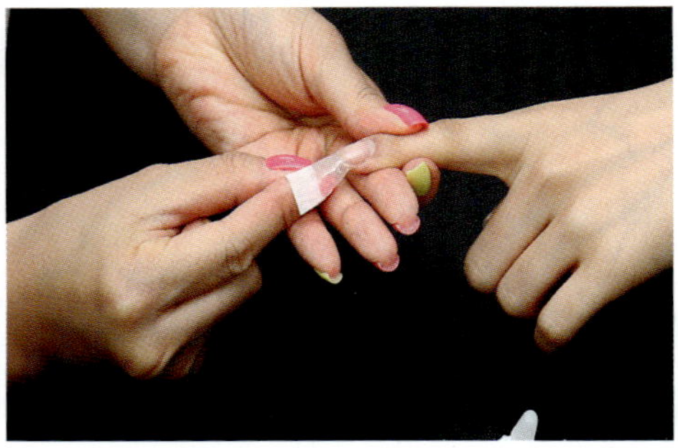
6. 프리엣지부분의 1차 C커브를 만든다.

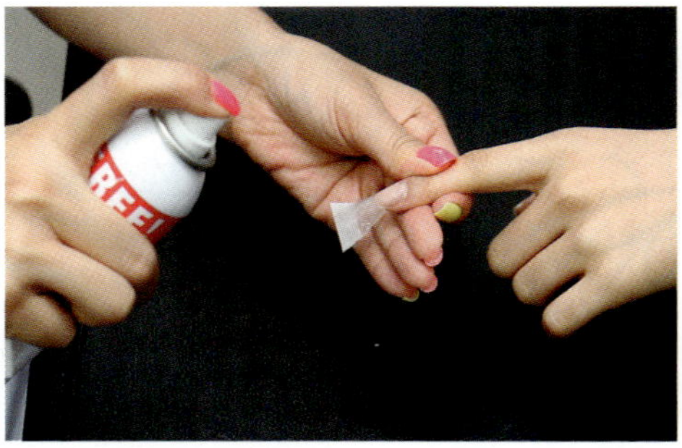
7. 글루드라이를 뿌린다.

8. 글루, 필러파우더, 글루 순으로 두께를 만든다.

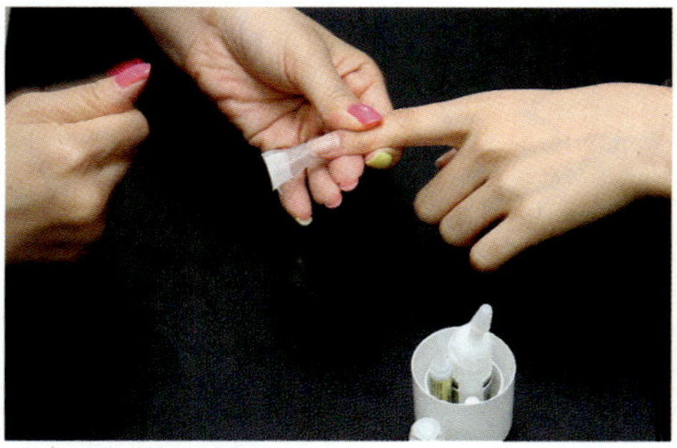
9. 2차 C커브를 만든다.

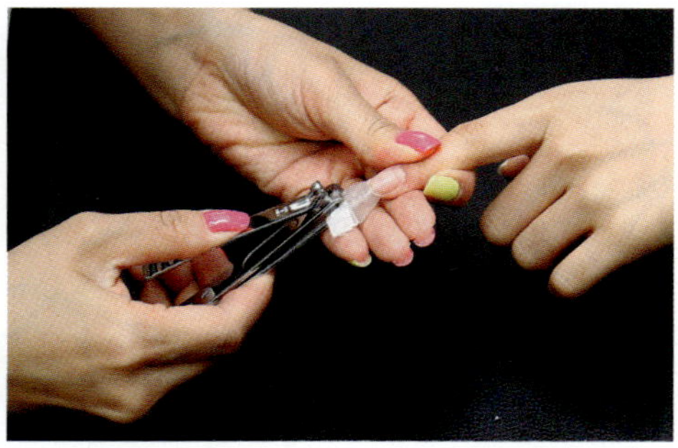
10. 클리퍼로 길이를 조절한다.

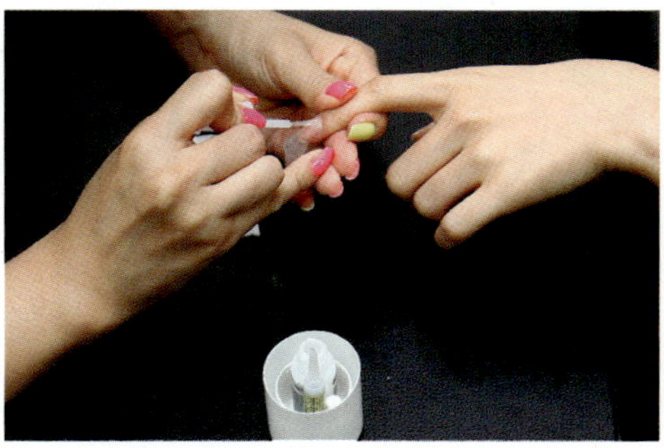
11. 젤글루를 앞표면에 바른다.

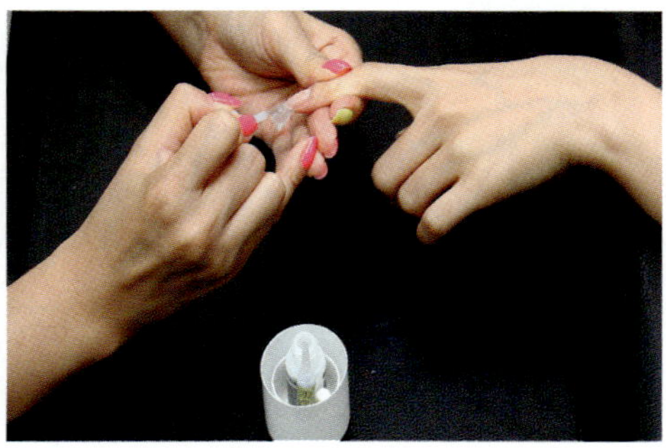
12. 젤글루를 뒷면에 바른다.

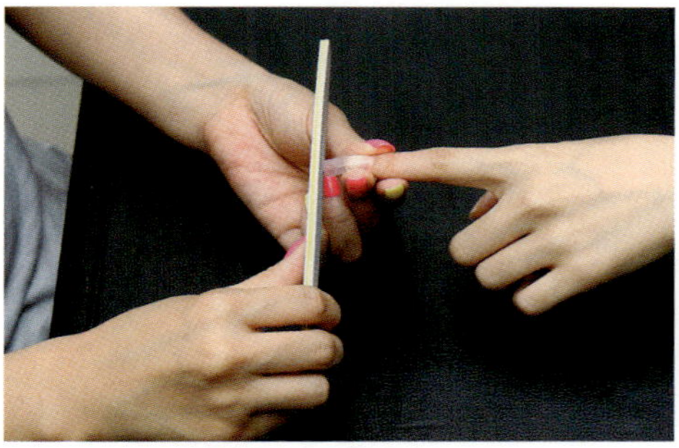

13. 길이를 조절한다.

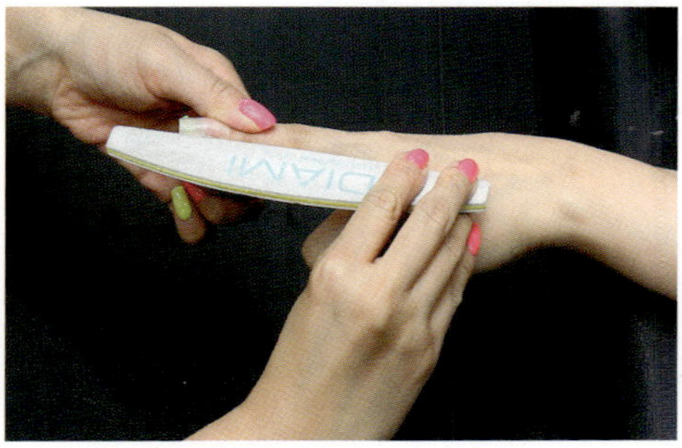

14. 파일링, 샌딩한다.

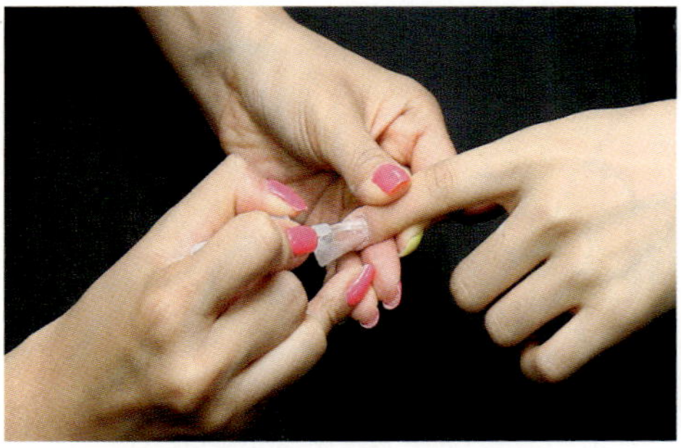

15. 글루를 앞표면에 얇게 도포한다.

16. 글루를 뒷면에 얇게 도포하고 피니싱버퍼, 광버퍼로 마무리한다.

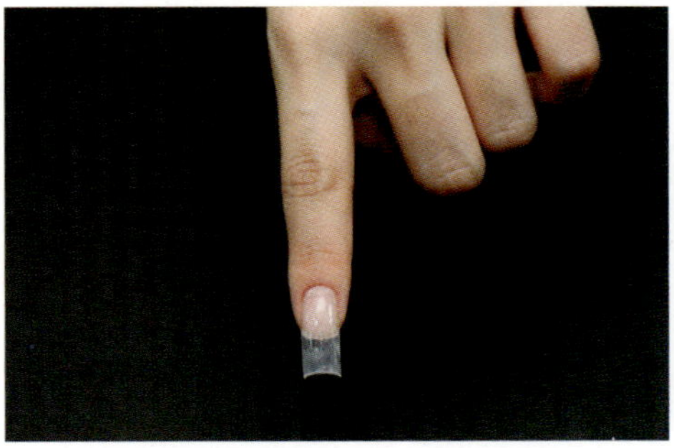

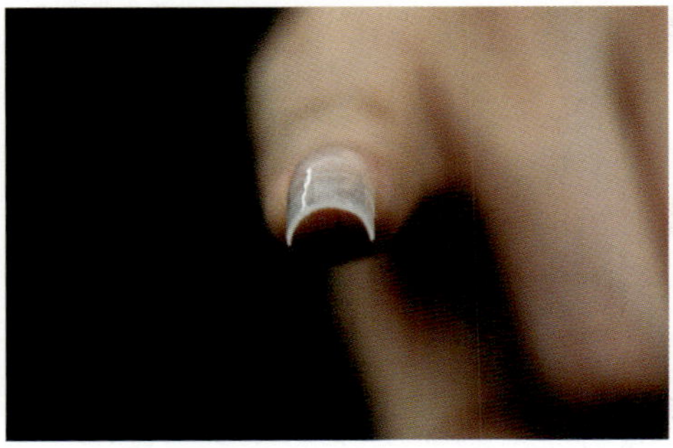

# 6. 젤 매니큐어

## 젤 풀코트

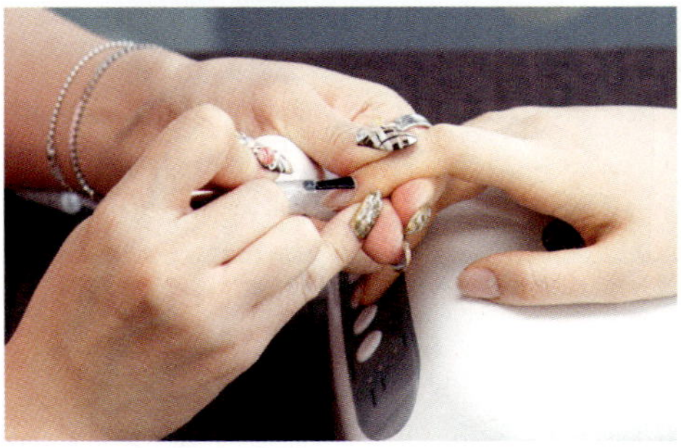

1. 베이스젤을 도포한 후 큐어링한다.

2. 빨간색 젤을 도포한다.

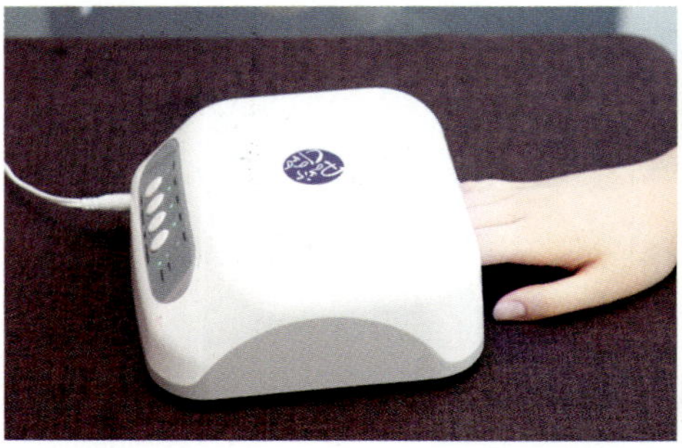

3. 큐어링한다.

4. 탑젤을 도포하고 큐어링한다.

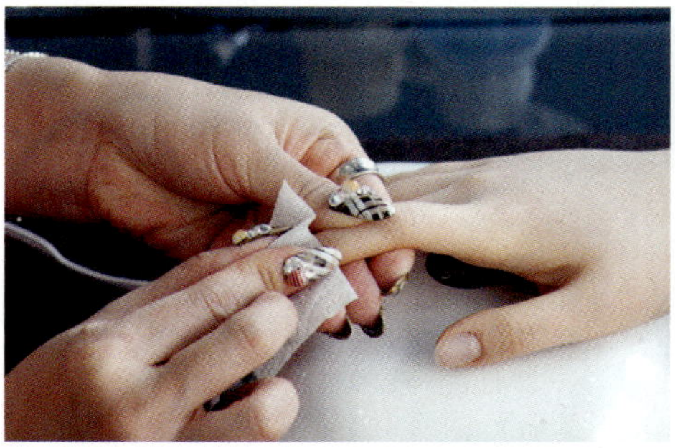

5. 미경화젤을 닦아낸다.

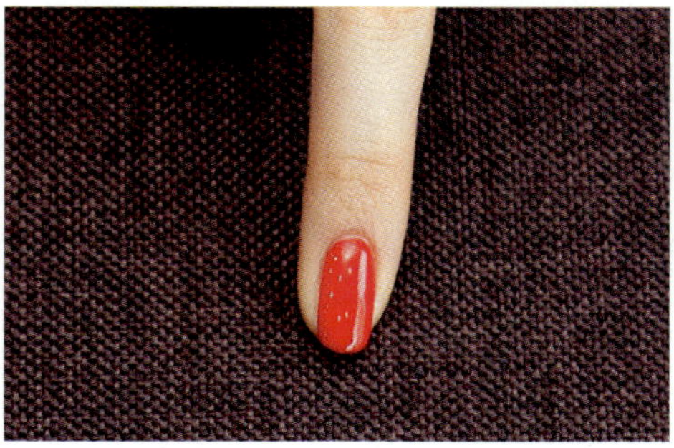

## 1) 부채꼴마블링 젤 매니큐어

### 부채꼴마블링

1. 빨간색젤 풀코트 도포 후 흰색 젤을 이용해 가로 라인을 총 7줄(흰색 4줄, 빨간색 3줄) 그려준다.

2. 흰색젤 사이에 빨간색 젤로 가로라인을 그려준다.

3. 라인브러시를 이용해 세로선을 그어 마블형태를 만들고 큐어링한다.

4. 탑젤을 도포하고 큐어링 후 미경화젤을 닦아낸다.

## 2) 선마블링 젤 매니큐어

### 선마블링

1. 빨간색젤을 프리엣지부분에 도포 후 흰색 젤을 이용해 세로 라인을 총 8줄(흰색 4줄, 빨간색 4줄) 그려준다.

2. 흰색젤 사이에 빨간색 젤로 세로라인을 그려준다.

3. 라인브러시를 이용해 가로선을 그어 마블형태를 만들고 큐어링한다.

4. 탑젤을 도포하고 큐어링 후 미경화젤을 닦아낸다.

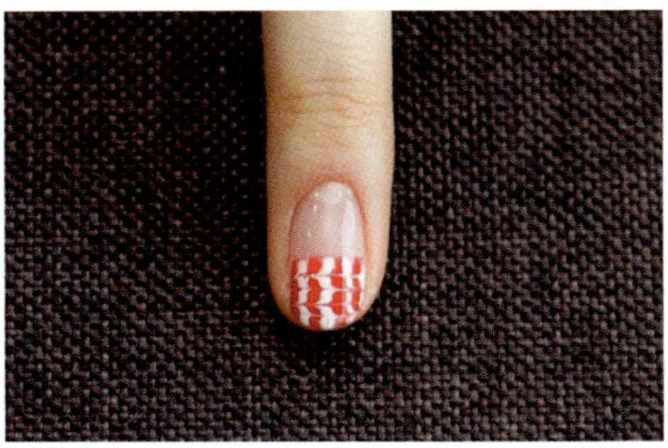

## 7. 인조네일의 보수와 제거

### 1) 필요한 재료와 도구

퓨어 아세톤, 잘려진 솜, 알루미늄 호일(8cm × 8cm 이하), 가위, 큐티클오일, 핀셋, 우드스틱, 푸셔, 클리퍼, 파일류, 화이트블럭, 광버퍼, 멸균거즈, 위생봉투, 종이타월

### 2) 인조네일의 보수

#### (1) 손소독

- 시술자와 고객 모두 손을 소독한다.

#### (2) 길이 정리

- 인조네일의 길이를 짧게 한다.

#### (3) 손톱 주변 보호

- 큐티클 오일을 발라 피부를 보호한다.

#### (4) 퓨어아세톤

- 잘려진 솜에 퓨어 아세톤을 적신 뒤 핀셋을 사용해 손톱위에 올린다.

#### (5) 호일

- 알루미늄 호일로 손톱을 감싼다.

#### (6) 호일 제거

- 호일을 제거하고 우드스틱이나 푸셔를 사용해 용해된 인조네일의 잔여물을 제거한다.

#### (7) 파일링

- 높은 Grit의 파일로 남아있는 잔여물을 없애주고 버퍼를 사용해 표면을 부드럽게 한다.

#### (8) 분진제거

- 더스트브러쉬로 먼지를 제거한다.

## (9) 광택

- 광 버퍼로 광택을 낸다.

## (10) 마무리

- 자연 네일의 표면과 밑 부분까지 청결하게 한다.
- 멸균거즈로 깨끗이 닦아 마무리 한다.

*** 종류별 인조네일의 보수와 제거**

1) 팁 위드 실크 보수

(1) 미용 절차

① 고객의 미용카드를 확인한다.

② 시술자와 고객의 손을 안티셉틱을 소독한다.

③ 랩이 손상되지 않도록 비아세톤계의 폴리쉬 리무버를 사용하여 폴리쉬를 깨끗하게 지운다. 폴리쉬를 지울 때 상처난 피부에 리무버가 닿지 않도록 주의한다.

④ 손톱상태를 관찰한다. 사람의 손톱 상태에 따라 많은 차이가 있는데 2주 정도밖에 시간이 지나지 않았는데 팁이 많이 부러졌거나 들떴다면 원인은 여러 가지로 분석할 수 있다.

첫째, 시술자의 경험 부족으로 인한 잘못된 서비스

둘째, 고객의 관리 부주의(물을 많이 사용하면서 장갑 착용을 안했다거나 너무 오랫동안 보수 서비스를 받지 않음)

셋째, 고객의 자연손톱이 원래 유분과 수분을 많이 가지고 있을 경우

⑤ 랩이 너무 들떴거나 팁일 부러졌을 경우 고객에게 설명하고 아세톤에 담가 떼어낸다. (약간의 금이 갔을 경우 팁 전체를 떼어내는 것 보다 랩을 한번 더 씌운다.)

⑥ 들뜬 부분은 자연손톱이 상하지 않는 한도 내에서 들뜬 부분만 니퍼로 깨끗이 제거한다.

⑦ 부러지거나 들뜬 부분 없이 깨끗하게 자라 내려온 손톱은 전체 면을 고르게 화일링한다. 들뜬 곳을 제거한 부분을 매끄럽게 갈아 주고 전체 면을 골고루 화일링한다.

⑧ 손톱 뒤의 불순물을 더스트 브러쉬나 라운드 패드로 깨끗이 제거한다.

⑨ 글루를 큐티클에 닿지 않게 주의하면서 전체에 펴 바른다.

⑩ 들뜸 없이 깨끗하게 내려온 랩이나 젤의 경우 새로 자라난 손톱 부위에 젤을 약간 두껍게 올려주고 아래쪽으로 자연스럽게 브러쉬로 쓸어내린다. 또는 젤을 전체에 얇게 펴 바르고 새로 자라난 손톱 부위에 약간의 휠러를 뿌려서 글루를 펴 바른다.

⑪ 글루 드라이를 고르게 뿌려서 잘 말린다.
⑫ 젤이 말랐는지 확인하고 큐티클 부위의 턱은 화일로 조심스럽고 매끄럽게 간 다음 전체 면을 고르게 화일링하고 모양을 정리한다.
⑬ 글루를 큐티클에 닿지 않도록 주의하면서 전체에 펴 바르고 손톱의 뒷면 가장자리에도 글루를 잘 바른다.
⑭ 글루가 마른 후 블록 버퍼로 전체 면과 손톱의 뒷면을 매끄럽게 버핑한다. 버핑할 때 버퍼의 마무리가 매끄럽지 못해 피부에 손상을 줄 수 있기 때문에 큐티클과 주변 피부에 닿지 않도록 한다.
⑮ 큐티클 오일을 큐티클에 바른다.

(2) 4주 후의 보수 절차

4주 정도 지나면 손톱의 길이가 많이 자라 한번의 보수과정을 거쳤다고 해도 새로 자라난 부위에 랩이 없기 때문에 부러지기 쉽다. 그래서 손상되지 않은 인조 팁을 떼어내는 것 보다 새로 자라는 부위에 랩을 덧붙여 준다.

① 시술자와 고객의 손을 소독한다.
② 폴리쉬를 제거한다.
③ 자라난 부위의 턱을 매끄럽게 갈아내고 나머지 부분도 가볍게 갈아낸다.
④ 불필요한 먼지를 잘 털어내고 새로 자라난 부위에 랩을 붙인다.
⑤ 글루를 바르고 말린 다음 전체 턱을 매끄럽게 간다.
⑥ 불필요한 찌꺼기를 털어내고 적당한 양의 글루를 바른다.
⑦ 필요하면 젤을 얇게 발라 드라이어를 뿌려 말린다.
⑧ 불록 버퍼로 샌딩한다.

(3) 실크, 리넨의 문제점과 원인

① 들뜸(Lifting) : 랩이 자연손톱으로부터 분리되어 떨어지기 시작하는 것을 말한다.
㉠ 부주의한 관리(물에 너무 오래 담금, 손톱으로 떼어냄)
㉡ 광택 제거를 제대로 하지 않은 경우
㉢ 큐티클 주위에 글루가 묻었을 때
㉣ 랩을 부착시킬 때 글루가 말라버린 상태에서 바른 후 교정시켰거나 랩이 구겨졌을 때
㉤ 글루를 너무 많이 발랐을 때
㉥ 랩의 턱 부분을 제대로 갈지 않았을 때
㉦ 손톱의 베이스는 너무 짧은데 길이 길게 했을 때 손톱이 자라 나와 보수가 필요할 때
㉧ 손톱에 유분이 너무 많거나 수분이 너무 많을 때
㉨ 글루의 품질이 떨어지거나 오래된 글루를 사용했을 때
㉩ 마무리 작업시 후리엣지 부분에 글루를 잘 바르지 않았을 경우

② 부러짐(Breaking) : 깨지거나 쪼개지거나 부러져 파손된 상태
㉠ 손톱이 너무 길 때
㉡ 부적절한 화일링이나 과다한 화일링
㉢ 글루가 충분하지 않고 너무 얇게 발라졌을 때
㉣ 보수가 필요할 때

③ 벗겨짐(Peeling) : 손톱의 후리엣지 부분에서 랩이 일어나는 현상
㉠ 자생적으로 발생하는 손톱의 수분과 유분으로 인하여 가장 많이 사용하는 손톱의 끝부분이 벗겨진다.
㉡ 손톱의 길이를 자를 때 클리퍼를 너무 깊게 넣어 랩고 자연손톱에 틈이 생길 수도 있다.

2) 아크릴릭 보수와 제거

(1) 아크릴릭 네일의 제거

① 고객과 시술자의 손을 씻고 안티셉틱으로 소독한다.
② 폴리쉬를 제거한다.
③ 자연손톱을 제외한 여분의 팁 부분을 클리퍼로 자른다.
④ 고객의 손이 잠길 정도 분량의 아세톤을 유리용기에 담아둔다.
⑤ 고객의 손톱을 아세톤에 15분 이상 불린다. 이 대 타올을 덮어주면 아세톤이 공기 중에 분산되는 것을 방지할 수 있다. (아세톤을 적신 솜으로 아크릴릭 손톱 위에 얹은 다음 쿠킹호일로 감사면 아세톤이 증발되는 것을 막으며 손쉽게 제거된다.)
⑥ 오렌지우드스틱 끝으로 불려진 아크릴릭을 밀어서 떼어준다. 덜 떨어진 아크릴릭은 다시 불렸다가 같은 방법으로 떼어준다. 대부분의 살롱에서 시간 절약을 위해 니퍼를 사용해서 떼어내는데 이 같은 방법은 자연손톱에 손상을 준다.
⑦ 아크릴릭이 모두 제거되면 버퍼의 고운 면으로 부드럽게 버핑한다.
⑧ 고객이 자연네일 그대로 간직하기를 원하면 모양을 잡고 매니큐어 서비스를 한다.
⑨ 인조손톱을 다시 원할 경우 손을 씻고 안티셉틱을 뿌린 후 서비스를 한다.

(2) 2주 후의 보수

① 시술자와 고객의 손을 소독한다.
② 폴리쉬를 제거한다.
③ 큐티클을 밀어낸다.
④ 심하게 들뜬 부분은 아크릴릭 니퍼로 떼어낸다.(들뜨지 않은 부분을 잘못 떼어내면 손톱이 손상된다.)
⑤ 최대한 매끄럽게 들뜬 부분을 갈아 내고 전체 면도 매끄럽게 간다.
⑥ 불필요한 찌꺼기를 라운드 패드나 더스트 브러쉬로 털어낸다.

⑦ 새로 자라난 자연손톱 부분에 프라이머를 한 번 바른다.
⑧ 첫 번째 바른 프라이머가 하얗게 되면 한 손가락식 시술하기 전에 다시 프라이머를 바른다.
⑨ 아크릴릭 파우더를 준비하고 리퀴드를 필요한 만큼 따라낸다.(브러쉬를 닦아 낼 수 있는 깨끗한 타올로 준비한다.)
⑩ 두 번째 발른 프라이머가 마르기 전에 필요한 양의 아크릴릭 볼을 만들어 네일의 자란 부분에 올려서 밑으로 잘 쓸어내린다.
⑪ 아크릴릭이 잘 말랐는지 확인하고 전체 턱을 매끄럽게 갈아낸다.
⑫ 모양을 정리한다.
⑬ 블록 버퍼로 샌딩한다.
⑭ 오일을 바른다.

(3) 아크릴릭 네일의 문제점과 원인

① **들뜸(Lifting)** : 아크릴릭의 자연손톱으로부터 따로 분리되어 들뜨는 현상
㉠ 아크릴릭 리퀴드와 파우더의 부적절한 혼합(대체적으로 큐티클 아래 부분의 아크릴릭을 물게 했을 경울 덜 들뜸)
㉡ 자연손톱의 유분기, 수분기 즉 광택을 충분히 제거하지 않음
㉢ 큐티클 아래 반월 부분의 아크릴릭을 너무 두겁게 올리고 자연손톱과의 턱을 충분히 제거하지 않아 그 틈 사이로 습기가 스며들기 때문이다.
㉣ 불순물이 섞인 아크릴릭 파우더나 리퀴드를 사용했을 때
㉤ 프라이머가 오염되었거나 공기가 빛의 노출로 산이 약화되었을 때
㉥ 바디가 짧은 자연손톱에 팁을 길고 두껍게 붙였을 때
㉦ 자연손톱 그 자체가 유분 또는 수분이 많을 경우
㉧ 화일링을 너무 강하게 했을 경우

② **깨짐(Crack)** : 손톱에 어떤 충격이 가해졌을 때 어느 부분이 금이 가는 현상, 아크릴릭은 실크에 비해 두껍지만 두께에 비해 잘 깨지는 편이다.

③ **들뜸(Lifting)** : 랩이 자연손톱으로부터 분리되어 떨어지기 시작하는 것을 말한다.
㉠ 아크릴릭을 너무 얇게 올렸을 경우
㉡ 부주의한 취급
㉢ 낮은 온도(여름보다는 겨울에 잘 나타남)

④ **곰팡이(Fungus)** : 자연손톱과 인조손톱 사이엑 습기가 스며들어 생겨나는 곰팡이 현상
㉠ 들뜸 현상을 방치했을 때 발생
㉡ 아크릴릭 보수 작업 시 들뜬 부분을 충분히 제거하지 않고 그 위에 아크릴릭을 올렸을 때

㉢ 물을 많이 사용하면서 장갑을 안 했을 때
㉣ 아크릴릭을 떼어내야 할 시기에 떼어내지 않고 계속 보수 작업만 했을 때 자연손톱에서 자생하는 수분으로 인해 발생

## 인조손톱의 제거

1. 연장된 손톱을 자른다.

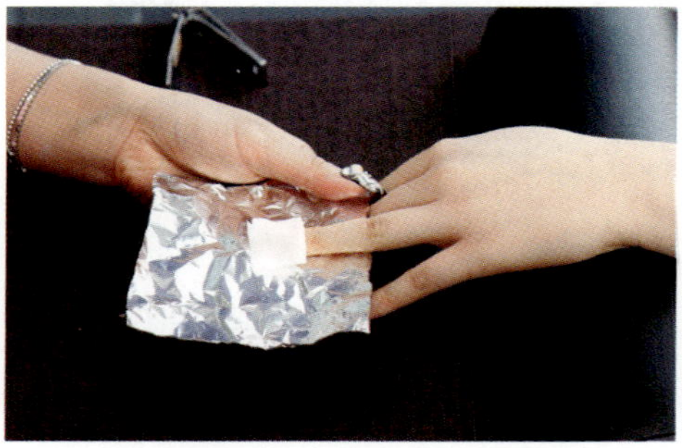

2. 아세톤원액을 솜에 적셔 인조손톱 위에 올린다.

3. 호일로 감싸준다.

4. 녹은 부분을 오렌지우드스틱을 이용해 걷어낸다.

5. 덜 떨어진 부분은 파일을 이용해 제거한다.

6. 피니싱 버퍼로 표면을 매끄럽게 해준다.

7. 광버퍼로 광을 내고 마무리한다.

# 03 인조네일 Ⅱ

## 1. 팁 위드 아크릴릭

### (1) 팁 위드 아크릴릭의 순서

#### ① 손소독

- 시술자와 모델 양손을 소독한다.

#### ② 사전준비(Preparation)

- 자연 네일 길이 조정
- 큐티클 푸셔로 밀어 올려주기
- 자연 네일에 붙어 있는 루즈스킨 제거하기
- 180Grit 의 파일로 광택제거 하기
- 더스터 브러쉬를 이용하여 먼지 털기
- 프리프라이머(Pre-primer) 도포로 pH 발란스 맞추기

#### ③ 팁선택하기

- 자연네일에 맞는 팁을 선택한다.

#### ④ 팁 부착하기

- 팁 부착시 공기가 들어가지 않도록 유의한다.

#### ⑤ 팁길이 조정

- 팁의 길이를 규정된 길이로 자른다.

### ⑥ 팁턱 제거

- 자연네일 위에 붙은 웰 부분을 매끄럽게 갈아준다(180Grit 파일사용).

### ⑦ 프라이머 바르기

- 자연손톱에 프라이머를 얇게 바른다.
- 프라이머를 바를 때 피부에 묻지 않도록 주의한다.

### ⑧ 아크릴릭볼 올리기

- 적당량의 리퀴드를 브러쉬에 묻혀 아크릴릭 파우더에 넣고 볼을 만들어 준다.
- 손톱 연장의 길이에 따라 아크릴 볼을 올려준다.
- 손톱 중앙에 하이포인트의 위치가 일정하게 올려준다.
- 큐티클 부분과 양 사이드 부분은 얇게 올려준다.
- 볼을 올릴 때 기포가 있는지를 살핀다.

### ⑨ 형태잡기(핀칭잡기)

- 아크릴릭이 굳기 전에 형태를 잡아준다.
- 규정되어 있는 C 커버의 형태를 확인하다.

### ⑩ 파일링

- 150Grit의 파일을 이용하여 프리엣지를 일정하게 한다.
- 150Grit의 파일을 이용하여 양쪽 측면과 사이드를 파일하여 손톱의 전체적인 형태를 만든다.
- 150~180Grit 파일을 이용하여 표면을 매끄럽게 파일링한다.
- 우드파일을 이용하여 큐티클 부분과 사이드 부분에 자연스럽게 연결하여 파일링한다.
- 파일링시 큐티클 부분과 사이드 부분에 파일에 의해 손상이 없어야한다.
- 프리엣지 두께가 일정한지 확인한다.

### ⑪ 표면정리

- 샌딩버퍼로 표면을 스크래치가 없도록 샌딩한다.
- 피니쉬 파일로 다시 한 번 샌딩한다.
- 표면정리를 깨끗하게 하지 않으면 광택이 잘 나지 않는다.
- 더스트 브러쉬를 이용하여 남아 있는 먼지들을 깨끗하게 닦아준다.

### ⑫ 광택내기

- 광버퍼를 이용하여 매끄럽게 샌딩하여 광택을 낸다.

### ⑬ 마무리하기

- 프리엣지 안쪽이나 전체적으로 다시 한 번 잔여물이 있는지 확인한다.
- 손톱 주위에 오일을 발라준다.

## 팁 위드 아크릴릭

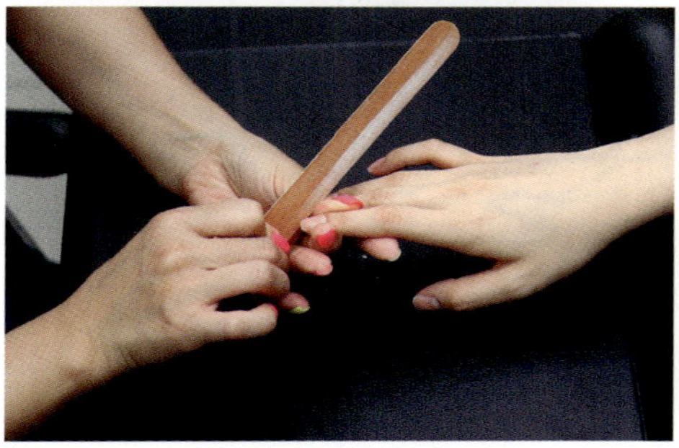

1. 자연네일의 길이를 조절한다.

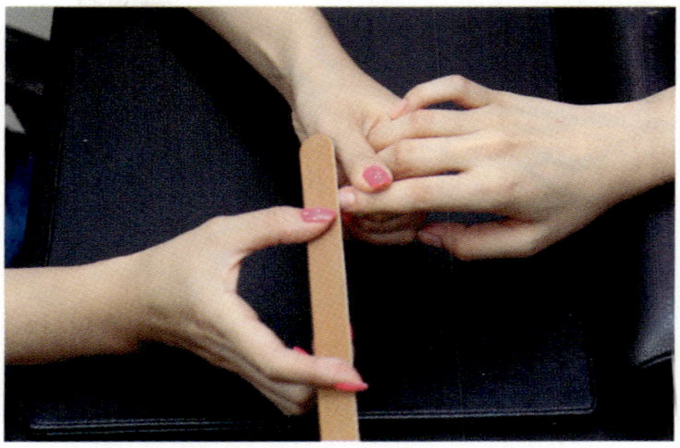

2. 자연네일의 표면에 에칭을 준 후, 프리프라이머를 도포한다.

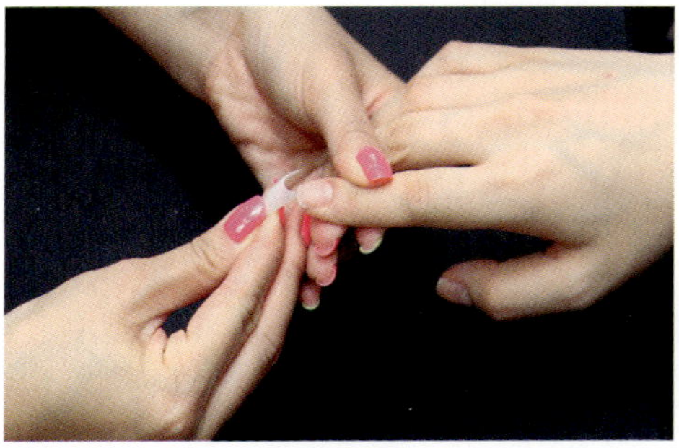

3. 내추럴 팁을 부착한다(45도 각도로 공기가 들어가지 않도록 밀착).

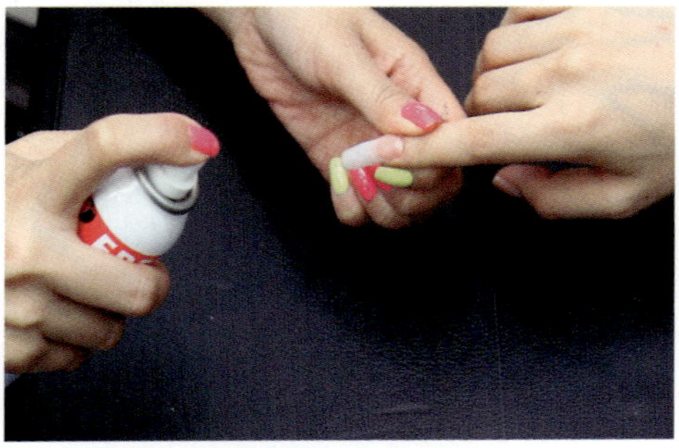

4. 글루드라이어를 뿌린다.

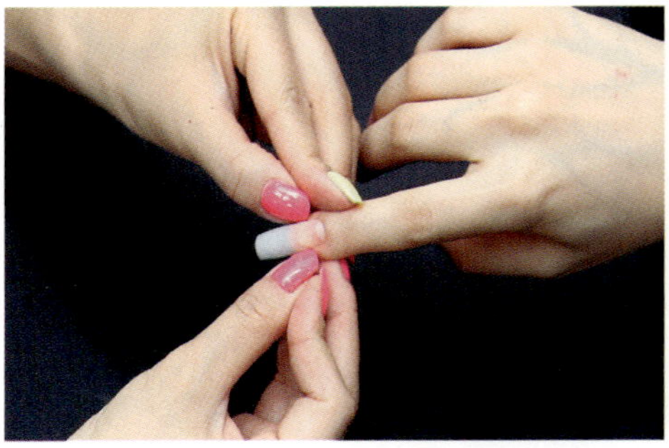

5. 양쪽측면을 살짝눌러 밀착시킨다.

6. 팁커터기를 사용해 길이를 조절한다.

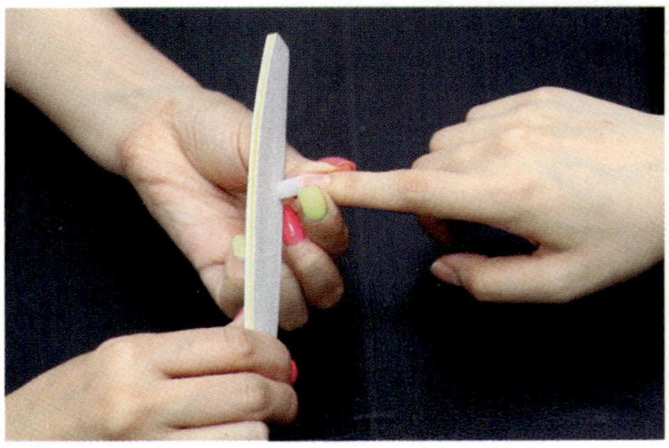

7. 스퀘어쉐입으로 파일링한다.

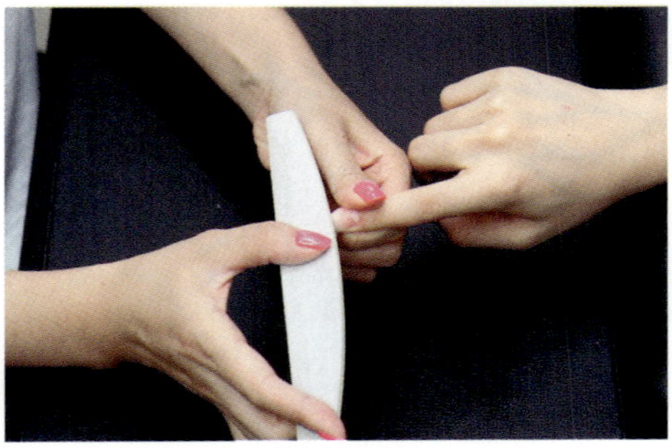

8. 팁턱부분을 매끄럽게 갈아준다.

9. 클리어파우더를 믹스추어한다.

10. 믹스추어의 점도를 조절한다.

11. 네일바디부분에 클리어믹스추어를 올려준다.

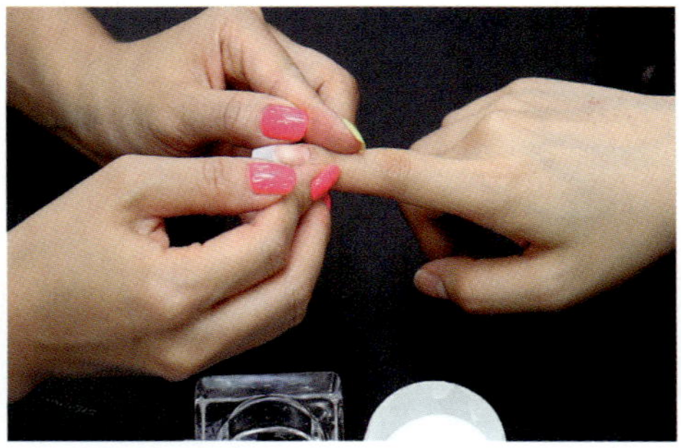
12. 핀치를 준다.

13. 표면을 정리한다.

14. 화이트샌딩을 사용하여 버핑한다.

15. 피니싱버퍼를 사용하여 표면을 정리한다.

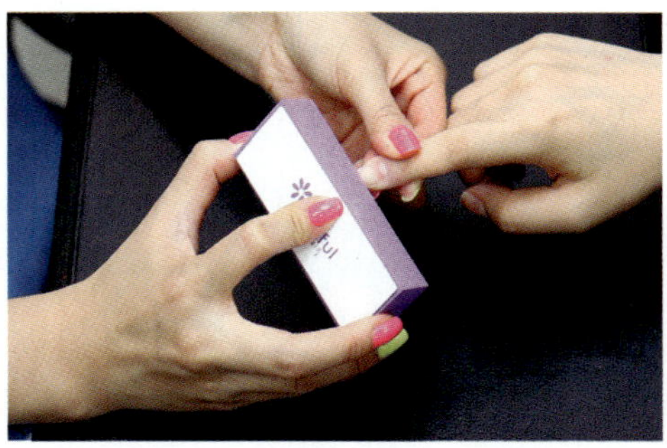
16. 광버퍼를 사용하여 광택을 부여한다.

## 2. 팁 위드 젤

### (1) 손소독

- 시술자와 모델 양손을 소독한다.

### (2) 사전준비(Preparation)

- 자연 네일 길이 조정
- 큐티클 푸셔로 밀어 올려주기
- 자연 네일에 붙어있는 루즈스킨 제거하기
- 더스트 브러쉬를 이용하여 먼지 털기
- 프리프라이머(Pre-primer) 도포로 pH 발란스 맞추기

### (3) 팁 선택하기

- 자연네일에 맞는 팁을 선택한다.

### (4) 팁 부착하기

- 팁 부착시 공기가 들어가지 않도록 유의한다.

### (5) 팁길이 조정

- 팁의 길이를 규정된 길이로 자른다.

### (6) 팁 턱 제거

- 자연네일 위에 붙은 웰 부분을 매끄럽게 갈아준다(180Grit 파일 사용).

### (7) 프라이머 바르기

- 자연손톱에 프라이머를 얇게 바른다.
- 프라이머를 바를 때 피부에 묻지 않도록 주의한다.

### (8) 베이스 젤 도포하기

- 팔리쉬 바르듯이 얇게 발라준다.

### (9) 1분 큐어링하기

### (10) 클리어 젤을 올려준다.

### (11) 1분 30초 큐어링한다.

### (12) 미경화젤을 제거한다.

### (13) 파일링

- 180Grit의 파일을 이용하여 프리엣지를 일정하게 한다.
- 180Grit의 파일을 이용하여 양쪽 측면과 사이드를 파일하여 손톱의 전체적인 형태를 만든다.
- 180Grit 파일을 이용하여 표면을 매끄럽게 파일링 한다.
- 우드파일을 이용하여 큐티클 부분과 사이드 부분에 자연스럽게 연결하여 파일링 한다.
- 파일링시 큐티클 부분과 사이드 부분에 파일에 의해 손상이 없어야한다.
- 프리엣지 두께가 일정한지 확인한다.

### (14) 광택내기

- 탑젤로 마무리한다.

### (15) 마무리하기

- 프리엣지 안쪽이나 전체적으로 다시 한 번 잔여물이 있는지 확인한다.
- 손톱 주위에 오일을 발라준다.

## 팁 위드 젤

1. 자연네일의 길이를 조절한다.

2. 자연네일의 표면에 에칭을 준 후, 프리프라이머를 도포한다.

3. 내추럴 팁을 부착한다(45도 각도로 공기가 들어가지 않도록 밀착).

4. 글루드라이어를 뿌린다.

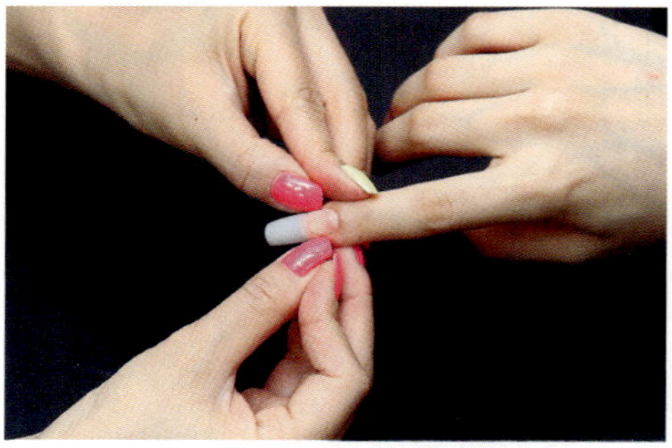

5. 양쪽측면을 살짝눌러 밀착시킨다.

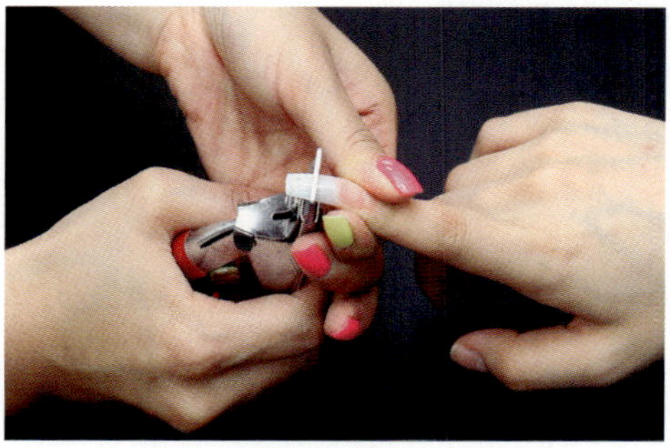

6. 팁커터기를 사용해 길이를 조절한다.

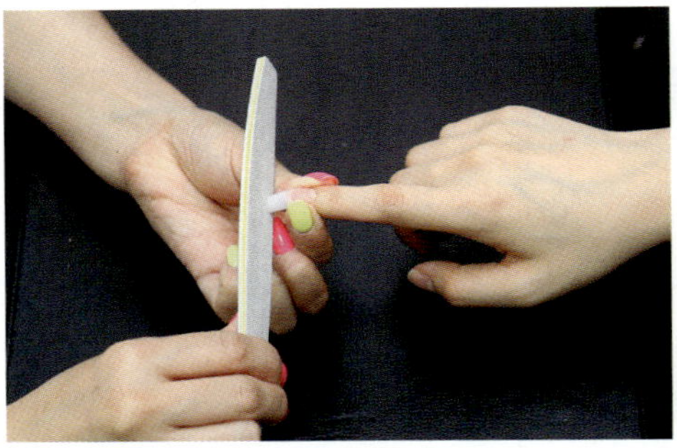
7. 스퀘어쉐입으로 파일링한다.

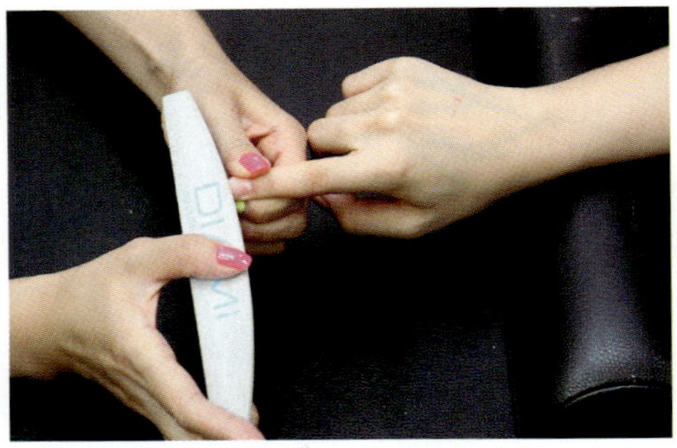
8. 팁턱부분을 매끄럽게 갈아준다.

9. 베이스젤을 도포한다.

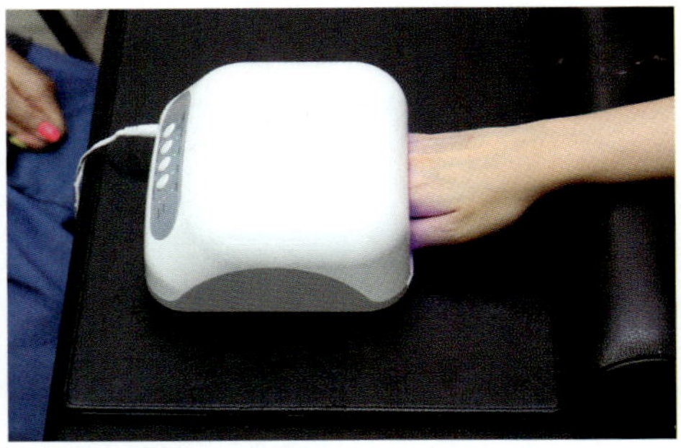
10. 큐어링한다.

11. 클리어젤을 올려준다.

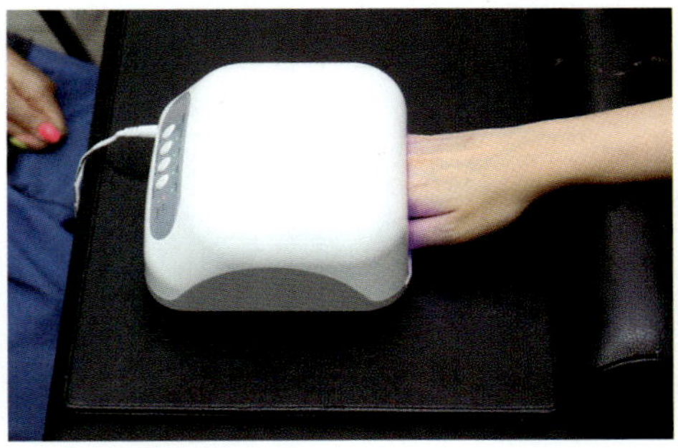
12 큐어링한다.

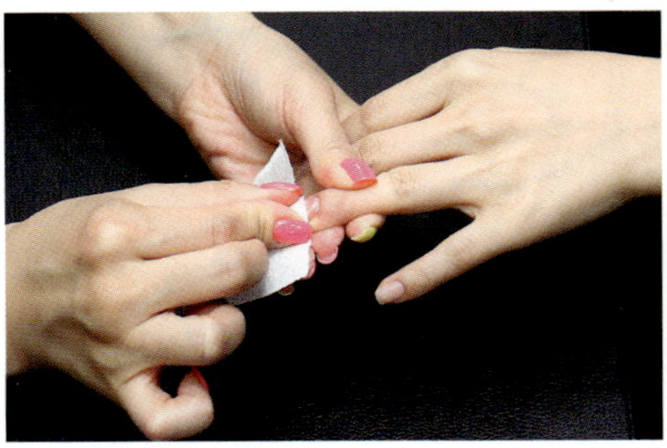
13. 미경화젤을 제거한다.

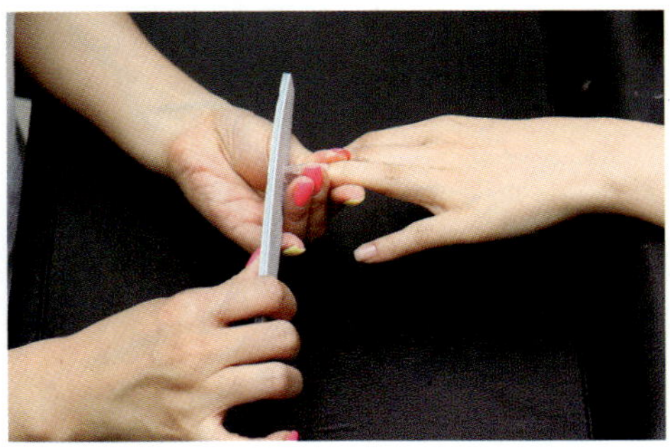
14. 길이를 조절한다.

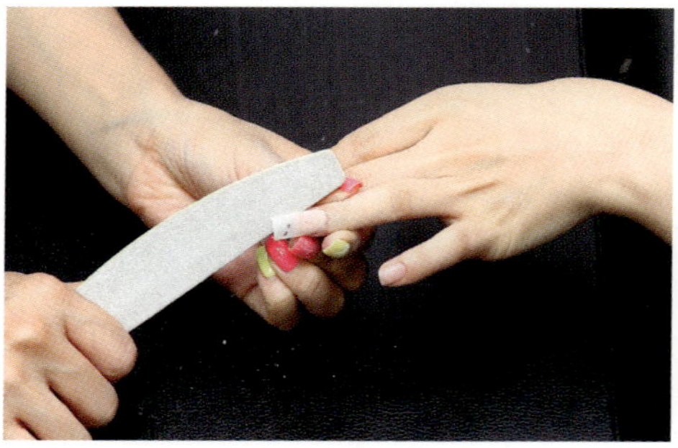

15. 파일링한다.

16. 탑젤을 도포한다.

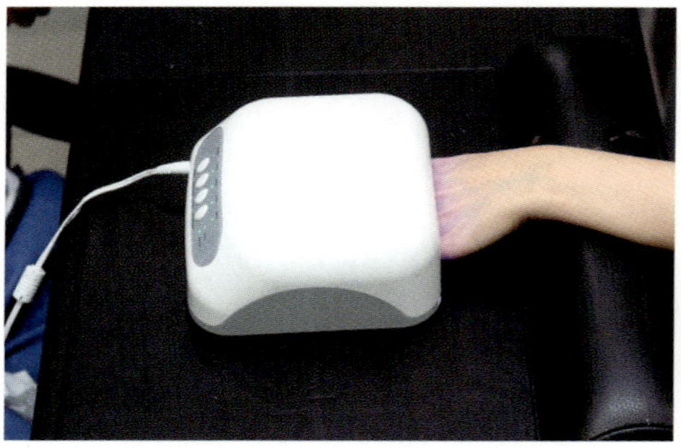

17. 큐어링한다.

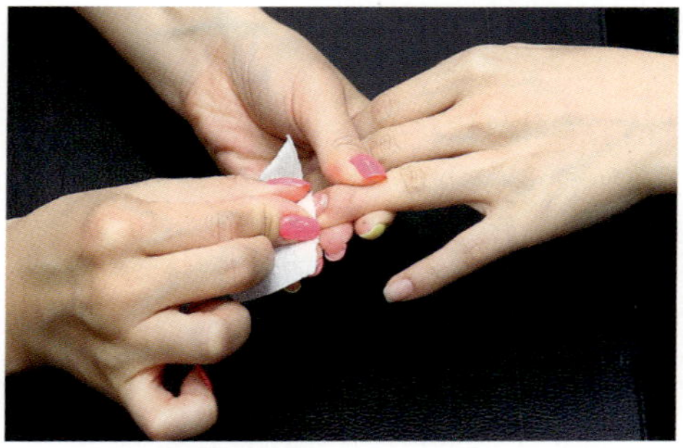

18. 미경화젤을 제거한다.

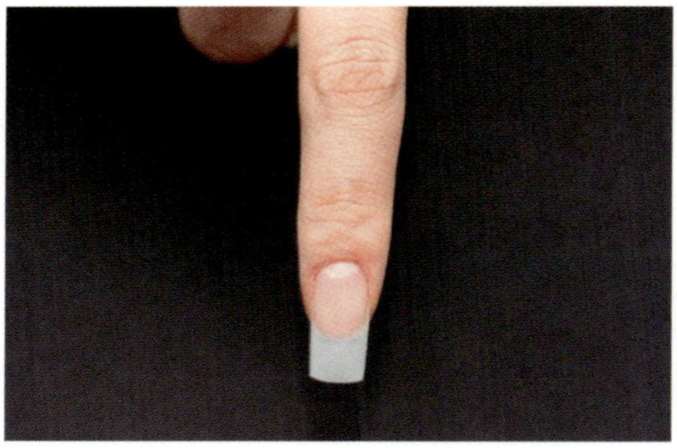

## 3. 원톤 스컬프처

### (1) 손소독

### (2) 자연네일의 전처리(Preparation)

- 묵은 팔리쉬 제거
- 자연네일의 길이 정리(프리엣지 1mm이내)
- 루즈스킨 제거
- 유·수분 및 광택제거
- 먼지제거
- Pre-primer도포

### (3) 네일 폼 부착

- 폼 부착 전 또는 후에 primer를 도포한다.
- 자연네일과 폼 사이가 벌어지면 안 된다,
- 자연네일과 폼이 수평이 되도록 부착한다,

### (4) 아크릴 볼 올리기

- 모노머와 폴리머를 적절한 양으로 볼을 만들어 폼 위에 조형한다(기포나 얼룩이 생기지 않게 한다).
- 규정된 길이로 프리엣지를 조형한다.
- 인조 네일이 중심에 하이포인트가 만들어지게 조형한다.
- 측면의 사이드스트레이트가 올라가거나 처지지 않게 조형한다.
- 스트레스 포인트가 얇지 않게 조형한다.

### (5) 네일 폼 제거하기

- 인조 네일이 손상되지 않도록 주의하여 제거한다.

### (6) 핀치넣기

- 인조 네일의 모양(스퀘어)을 잡기 위해 아크릴이 굳어가는 것을 확인하고 핀치를 넣는다.
- 네일 베드의 양쪽 측면에서부터 프리엣지까지 곧은 직선이 되도록 양쪽 엄지를 사용하여 핀치를 넣는다.

### (7) 파일링하기

- 프리엣지의 길이가 일정하도록 한다.
- 인조 네일의 형태를 규정에 맞게 한다(스퀘어).
- 파일링 시 큐티클의 손상이 없도록 주의한다.
- 인조네일과 자연네일의 큐티클의 자연스러운 연결이 되도록 한다.
- C커브는 30~40% 정도로 한다.
- 측면의 스트레이트와 스트레스 포인트의 손상이 없도록 한다.
- 컨백스가 일정한 모양이 되도록 파일링한다.
- 규정에 맞는 두께로 프리엣지를 만든다.

### (8) 분진 제거

- 더스트 브러쉬로 먼지를 제거한다.
- 인조 네일 표면과 밑 부분까지 청결을 확인한다.

### (9) 광택내기

- 전체적으로 스크래치 없이 광이 나야 한다.

### (10) 마무리

- 먼지를 깨끗하게 제거하고 멸균거즈로 닦아 낸다.

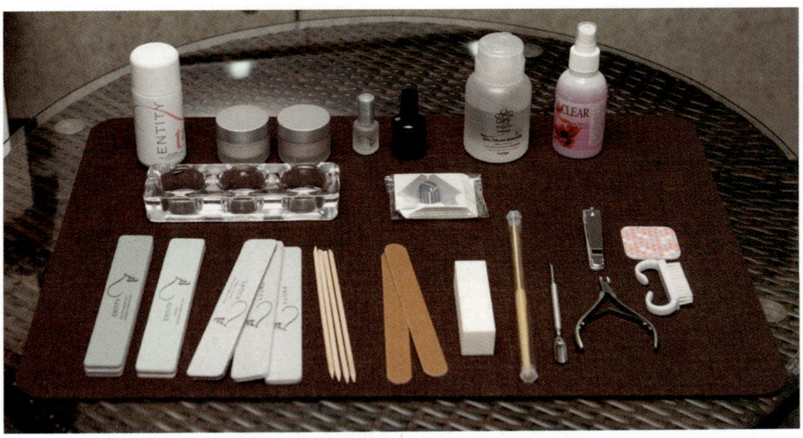


• 그림 5-3 아크릴릭 제품 •

## 원톤 스컬프처

1. 자연네일의 길이를 조절하고 에칭을 준 후, 프라이머를 도포한다.

2. 종이폼을 끼운다.

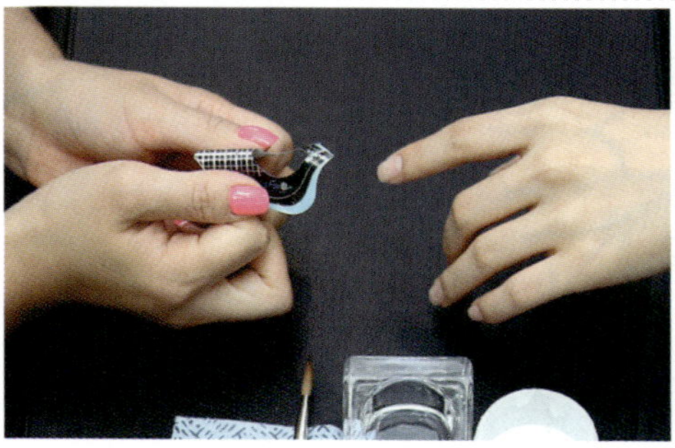

3. 종이폼이 C커브가 나오도록 한다.

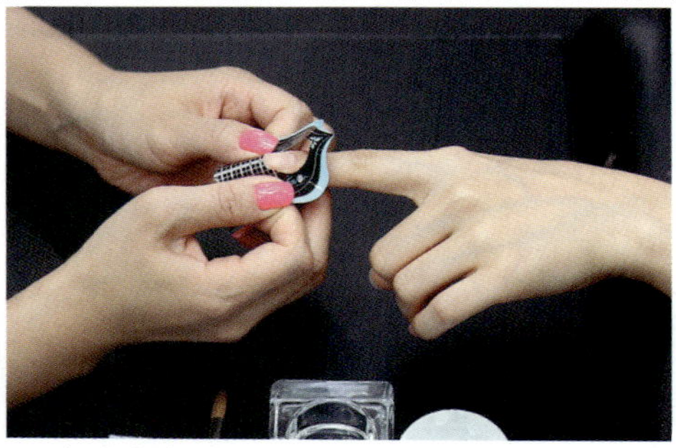

4. 손가락에 처지지 않도록 끼운다.

5. 사이드부분을 정확하게 부착한 후, 2차 프라이머를 도포한다.

6. 클리어파우더를 믹스추어한다.

7. 클리어파우더 믹스추어로 프리엣지 부분을 조형한다.

8. 클리어파우더 믹스추어로 네일바디 부분을 조형한다.

9. 클리어파우더 믹스추어로 큐티클 부분을 조형한다.

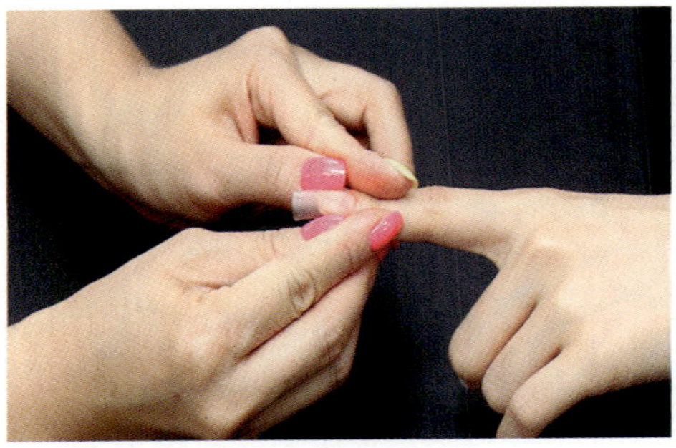

10. 핀치를 주어 C커브를 만든다.

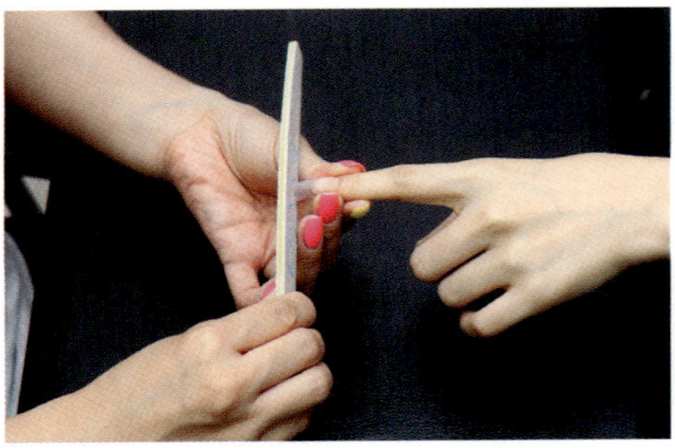

11. 길이를 조절한다.

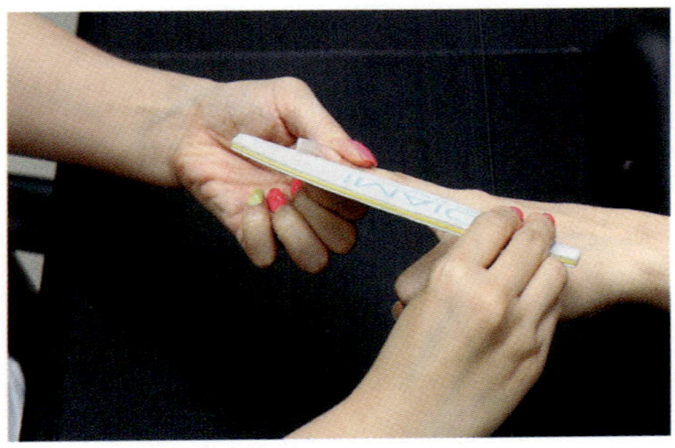

12. 오른쪽 사이드를 파일링한다.

13. 왼쪽사이드를 파일링한다.

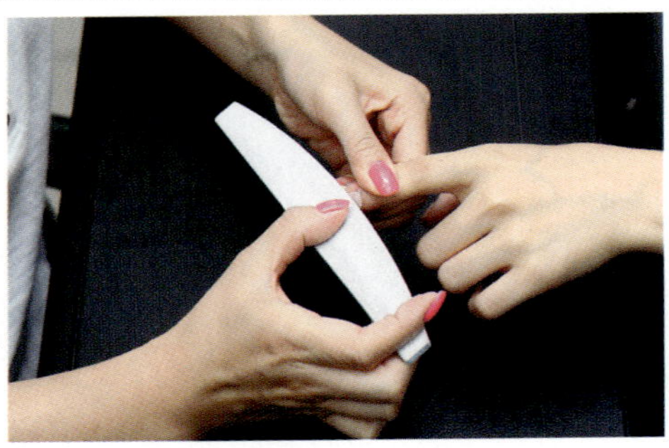

14. 표면을 파일링한다.

15. 화이트샌딩을 사용하여 버핑한다.

16. 피니싱버퍼를 사용하여 표면을 정리한다.

17. 광버퍼를 사용하여 광택을 부여한다.

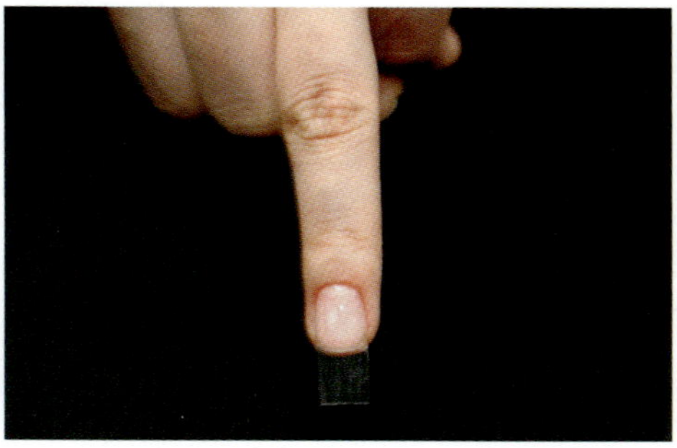

# 4. 아크릴 디자인 스컬프처

## (1) 손소독

## (2) 자연네일의 전처리(Preparation)

- 묵은 팔리쉬 제거
- 자연네일의 길이 정리(프리엣지 1mm이내)
- 루즈스킨 제거
- 유·수분 및 광택제거
- 먼지제거
- Pre-primer 도포

## (3) 네일 폼 부착

- 폼 부착 전 또는 후에 primer를 도포한다.
- 자연네일과 폼 사이가 벌어지면 안 된다.
- 자연네일과 폼이 수평이 되도록 부착한다.

## (4) 아크릴 볼 올리기

- 모노머와 폴리머를 적절한 양으로 볼을 만들어 폼위에 조형한다(기포나 얼룩이 생기지 않게 한다).
- 규정된 길이로 프리엣지를 조형한다.
- 인조 네일이 중심에 하이포인트가 만들어지게 조형한다.
- 측면의 사이드스트레이트가 올라가거나 처지지 않게 조형한다.
- 스트레스 포인트가 얇지 않게 조형한다.

## (5) 믹스추어 만들기

- 프리엣지 부분에 베이스가 되는 칼라파우더를 만든다.
- 네일바디 부분에 칼라파우더를 올린다.

## (6) 디자인 올리기

- 화이트 파우더를 이용해 꽃잎을 조형한다.
- 칼라파우더를 이용해 꽃잎을 그라데이션한다.
- 꽃 가장자리 부분에 디자인을 올린다.

- 세밀하게 전체 디자인을 한다.

### (7) 오버레이하기

- 클리어파우더를 이용해 전체 오버레이한다.

### (8) 핀치넣기

- 인조 네일의 모양(스퀘어)을 잡기 위해 아크릴이 굳어가는 것을 확인하고 핀치를 넣는다.
- 네일 베드의 양쪽 측면에서부터 프리엣지까지 곧은 직선이 되도록 양쪽 엄지를 사용하여 핀치를 넣는다.

### (9) 파일링하기

- 프리엣지의 길이가 일정하도록 한다.
- 인조 네일의 형태를 규정에 맞게 한다(스퀘어).
- 파일링 시 큐티클의 손상이 없도록 주의한다.
- 인조네일과 자연네일의 큐티클의 자연스러운 연결이 되도록 한다.
- C커브는 30~40% 정도로 한다.
- 측면의 스트레이트와 스트레스 포인트의 손상이 없도록 한다.
- 컨백스가 일정한 모양이 되도록 파일링한다.
- 규정에 맞는 두께로 프리엣지를 만든다.

### (10) 분진 제거

- 더스트 브러쉬로 먼지를 제거한다.
- 인조 네일 표면과 밑 부분까지 청결을 확인한다.

### (11) 광택내기

- 전체적으로 스크래치 없이 광이 나야 한다.

### (12) 마무리

- 먼지를 깨끗하게 제거하고 멸균거즈로 닦아 낸다.

## 아크릴 디자인 스컬프처

1. 칼라파우더와 모노머를 준비한다.

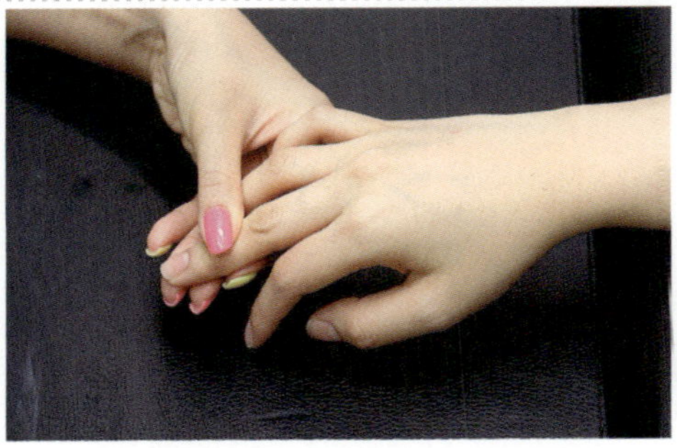

2. 자연네일을 전처리한 후, 1차 프라이머를 도포한다.

3. 종이폼을 끼운 후, 2차 프라이머를 도포한다.

4. 폴리머와 모노머를 믹스추어한다.

5. 프리엣지부분에 베이스가 되는 칼라파우더를 올린다.

6. 프리엣지부분의 디자인을 조형한다.

7. 네일바디부분에 칼라파우더를 올린다.

8. 프리엣지와 바디부분을 자연스럽게 그라데이션 시킨다.

9. 화이트파우더를 이용해 꽃잎을 조형한다.

10. 칼라파우더를 이용해 꽃잎을 그라데이션 한다.

11. 꽃 가장자리 부분에 디자인을 올린다.

12. 세밀하게 전체 디자인을 한다.

13. 클리어파우더로 전체 오버레이한다.

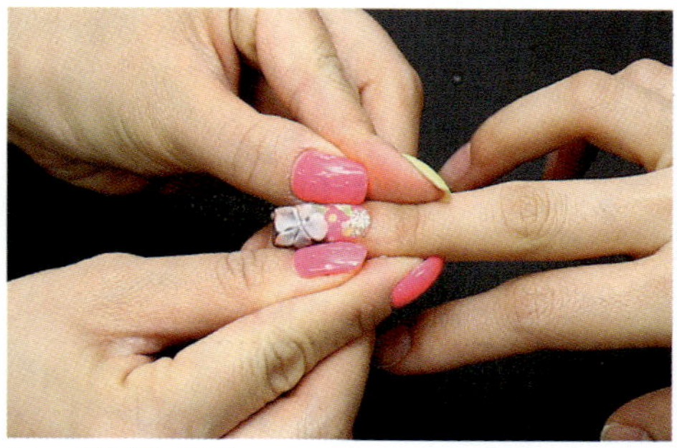

14. 핀치를 준다.

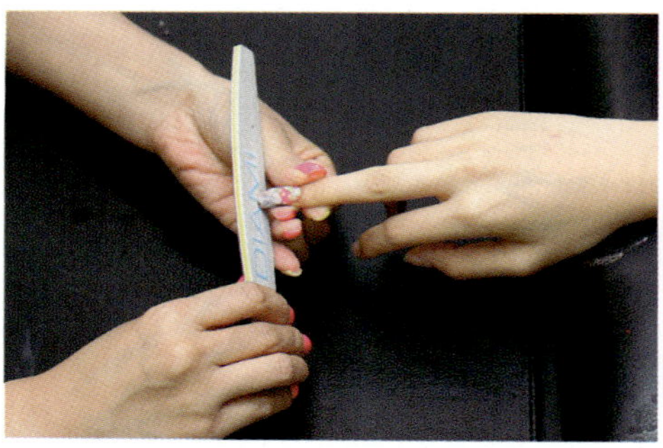

15. 길이를 조절한다.

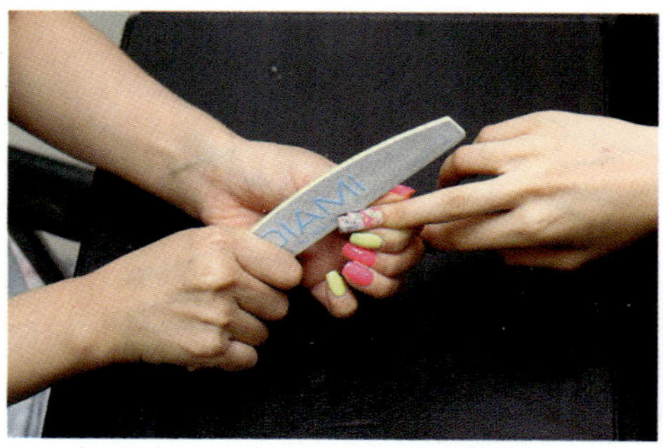

16. 사이드 스트레이트를 파일링한다.

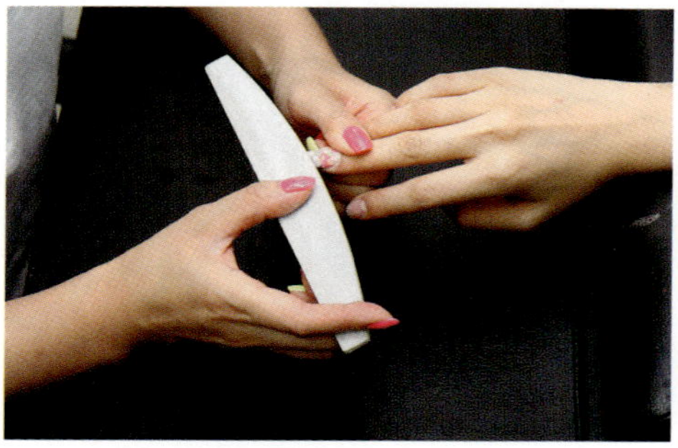

17. 표면을 파일링한다.

18. 화이트샌딩으로 표면을 매끄럽게 한다.

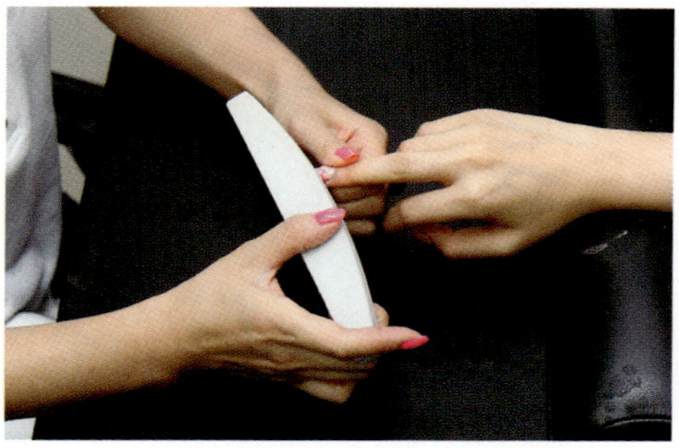

19. 피니싱버퍼로 표면을 부드럽게 정리한다.

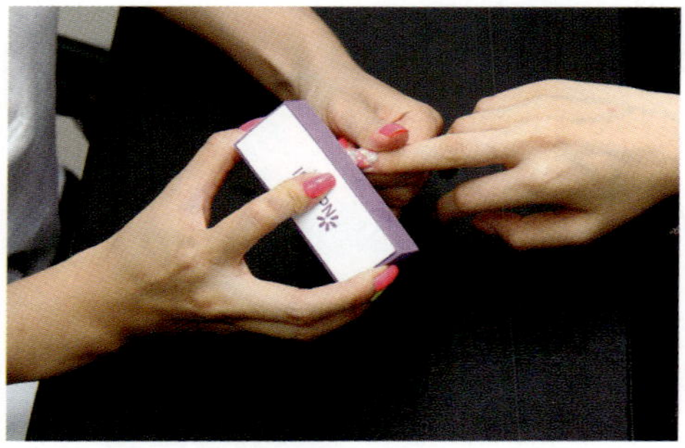

20. 광버퍼로 광을 낸다.

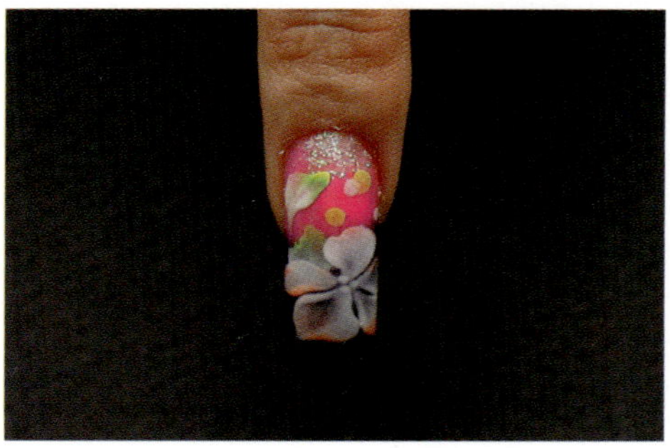

## 5. 젤 디자인 스컬프처

### (1) 손소독

### (2) 자연네일의 전처리(Preparation)

- 묵은 팔리쉬 제거
- 자연네일의 길이 정리(프리엣지 1mm 이내)
- 루즈스킨 제거
- 유·수분 및 광택제거
- 먼지제거
- Pre-primer도포

### (3) 네일 폼 부착

- 폼 부착 전 또는 후에 primer를 도포한다.
- 자연네일과 폼 사이가 벌어지면 안 된다.
- 자연네일과 폼이 수평이 되도록 부착한다.

### (4) 베이스 젤

- 자연 네일 부분에 베이스 젤을 도포한다.

### (5) 큐어링(램프)

- 제품과 램프에 따라 큐어링 시간을 지킨다.

### (6) 디자인에 맞춰 칼라젤을 도포한다.

### (7) 큐어링

### (8) 디자인 넣기

- 블랙 칼라젤을 이용해 장미문양을 그려넣는다.
- 장미를 그리고 사이드부분을 블랙으로 도포한다.

### (9) 큐어링

### (10) 미경화 젤 제거

- 젤 클린저를 사용하여 미경화 젤을 제거한다.

### (11) 파일링하기

- 아크릴릭보다 가볍게 파일링한다.
- 프리엣지의 길이가 일정하도록 한다.
- 인조 네일의 형태를 규정에 맞게 한다(스퀘어).
- 파일링 시 큐티클의 손상이 없도록 주의한다.
- 인조네일과 자연네일의 큐티클의 자연스러운 연결이 되도록 한다.
- C커브는 30~40% 정도로 한다.
- 측면의 스트레이트와 스트레스 포인트의 손상이 없도록 한다.
- 컨백스가 일정한 모양이 되도록 파일링한다.
- 규정에 맞는 두께로 프리엣지를 만든다.

### (12) 분진 제거

- 더스트 브러쉬로 먼지를 제거한다.
- 인조 네일 표면과 밑 부분까지 청결을 확인한다(젤은 특히 먼지에 취약하다).

### (13) 탑젤 도포

### (14) 큐어링

### (15) 미경화 젤 제거

## 젤 디자인 스컬프처

1. 자연네일 전처리 후 젤원톤스컬스처 위에 베이스칼라젤을 도포한다.

2. 칼라젤을 도포한다.

3. 디자인에 맞춰 칼라젤을 도포한다.

4. 디자인에 맞춰 칼라젤을 도포하고 그라데이션 시킨다.

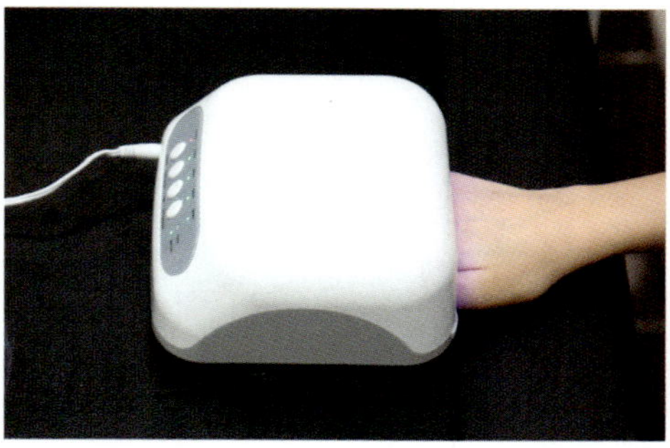

5. 큐어링한다.

6. 블랙칼라젤을 이용해 장미문양을 그려넣는다.

7. 장미를 그리고 사이드도 블랙으로 도포한다.

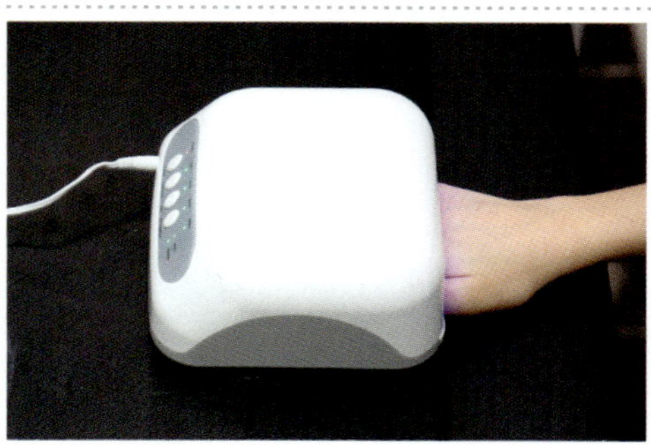

8. 큐어링한다.

9. 탑젤을 도포한다.

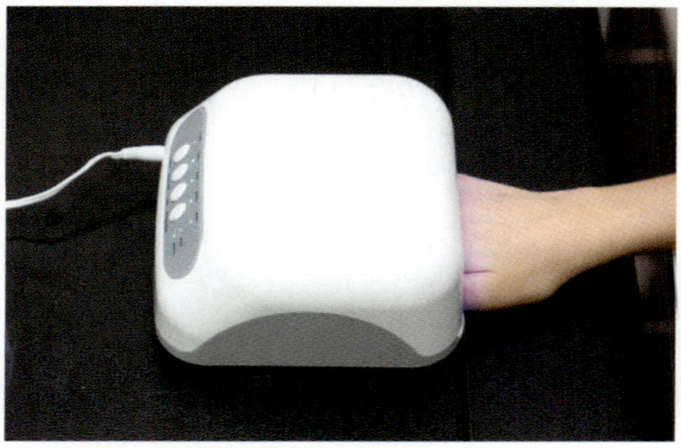

10. 큐어링하고 마무리한다.

# 04 네일 디자인

## 1. 데칼아트

### 1) 워터데칼(Water Decals)

이미 완성된 그림이 스티커로 나와 있는 것을 물에 불린 후 떼어서 손톱에 붙이는 기법이다.

### 2) 시술순서

(1) 폴리시를 바르고 적당히 마르게 한다.
(2) 원하는 데칼의 디자인을 잘라서 30-40초 정도 물에 넣어 둔다.
(3) 물에 넣어둔 데칼을 꺼내서 물기를 제거하고 문양을 떼어낸다.
(4) 손톱 위에 문양을 붙인다.
(5) 적당히 마르면 탑코트를 바른다.

## 2. 스톤아트(라인스톤-Linestone)

### 1) 스톤아트

인조보석으로 크고 작은 다양한 색상의 각종 스톤을 붙여주는 방법으로 고급스러운 이미지를 연출할 수 있다.

### 2) 시술순서

(1) 네일위에 탑코트를 묻히고 스톤을 올린다(글루를 바르기도 한다).

(2) 탑코트를 덧바른다.

## 3. 핸드페인팅(Hand Painting)

### 1) 핸드페인팅

네일 폴리시, 아크릴 물감을 이용하여 디자인 한다.

### 2) 포크아트

- 아크릴 물감을 이용하여 그림을 그리는 것을 말한다. 보통 플라워 패턴이 많으며 Tole Painting 이라고도 한다.
- 평면에 표현하여 유지기간이 길로 깊이감이 느껴지는 장점이 있다.

### 3) 시술순서

(1) 폴리시를 바른다.
(2) 원하는 디자인을 브러쉬를 이용하여 그려넣는다.
(3) 스톤, 아트펜을 이용하여 장식한다.
(4) 탑코트를 바른다.

## 4. 마블(Mable) · 워터마블(Water Marble)

### 1) 유성마블 시술순서

(1) 베이스코트를 바른다.
(2) 팔리쉬를 약간 두껍게 바른다.
(3) 두 번째 칼라가 마르기 전에 다른 칼라로 점을 찍듯 올려 놓는다.
(4) 아트봉으로 원하는 디자인을 긋듯이 표현한다.
(5) 스톤 등으로 장식한다.
(6) 탑코트를 발라 마무리한다.

### 2) 워터마블 시술순서

(1) 작은 종지에 물을 준비한다.
(2) 조금 묽은 팔리쉬를 떨어뜨린다.

(3) 다른 색 팔리쉬를 안쪽에 떨어뜨린다.
(4) 같은 방법으로 겹쳐서 떨어뜨린다.
(5) 아트봉을 사용하여 물위의 칼라를 섞어 디자인한다.
(6) 손톱에 베이스코트를 바른다.
(7) 손가락을 종지에 넣고 손톱위에 떠내듯이 묻혀준다.
(8) 손톱 주변의 팔리쉬를 제거한다.
(9) 탑코트를 바른다.

## 5. 엠보싱 아트(Embo Art)

### 1) 엠보싱 아트

아크릴릭 시스템을 활용하여 올록볼록한 느낌의 반입체적인 아트를 표현하는 기법

### 2) 특징

- 모노머와 아세톤의 비율을 1:1로 섞어 디자인 하면 입체적인 아트를 할 수 있다.
- 장미와 같은 경우는 바깥쪽 꽃잎부터 디자인 한다.

## 6. 3D 아트(3 Dimension)

### 1) 3D 아트

아크릴 파우더, 아크릴 리퀴드, 아세톤 등을 사용하여 여러 가지 장식물과 인형 등의 형태를 만들어 붙이는 기법을 말한다.

### 2) 시술순서

(1) 호일에 아크릴 믹스춰를 떠내 브러쉬를 이용해 모양을 만든다.
(2) 철사 등의 뼈대에 글루나 아크릴릭 파우더를 이용하여 모양을 만들거나 만들어진 장식물을 붙여 디자인한다.
(3) 원하는 색상을 칠하거나 탑코트 한다.

## 7. 스트라이핑 테이프(Striping Tape)

다양한 컬러의 테이프로 디자인 하는 기법을 말한다.

## 8. 프로트랜스(Pro-Trans)

잡지나 사진을 이용하는 기법을 말한다.

## 9. 에어브러쉬(Air Brush)

압축된 공기와 물감을 이용하여 디자인하는 평면 기법을 말한다.

## 10. 댕글(Dengle)

후리엣지 부분에 구멍을 뚫어 달랑거리는 장식 효과를 주는 기법을 말한다.

# 네일아트 작품사진

## 네일아트브로치

## 살롱 캐릭터 네일

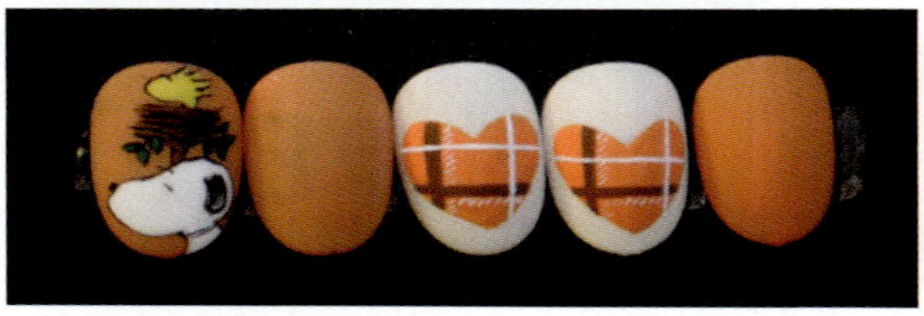

## 살롱 아트_ Designed 장지영

### 살롱 아트_ Designed 하진희

### 일러스트 네일_ Designed 장지영

### 수채화 네일_ Designed 하진희

### 매니 아트_ Designed 신혜수

### 매니 아트_ Designed 백정미

### 매니 아트_ Designed 남정옥

### 매니 아트_ Designed 백하나

### 매니 아트_ Designed 유미희

### 매니 아트_ Designed 이여진

### 매니 아트_ Designed 차연정

### 매니 아트_ Designed 권미정

### 매니 아트_ Designed 김정은

### 매니 아트_ Designed 김해선

### 매니 아트_ Designed 이지영

### 매니 아트_ Designed 정성헌

### 매니 아트_ Designed 채양명

### 매니 아트_ Designed 최유민

### 매니 아트_ Designed 박진주

### 매니 아트_ Designed 이정미

### 매니 아트_ Designed 이정민

### 매니 아트_ Designed 양아영

**패디 아트_ Designed 우은송**

**패디 아트_ Designed 조성아**

**평면 아트_ Designed 김민정**

**평면 아트_ Designed 하진희**

**평면 아트_ Designed 정영경**

# 네일기출문제

# 1 기출문제

**01 다음 중 이 · 미용실에서 사용하는 타월을 철저하게 소독하지 않았을 때 주로 발생할 수 있는 감염병은?**

① 장티푸스
② 트리코마
③ 페스트
④ 일본뇌염

**02 피부의 면역에 관한 설명으로 옳은 것은?**

① 세포성면역에는 보체, 항체 등이 있다.
② T림프구는 항원전달세포에 해당한다.
③ B림프구는 면역글로불린이라고 불리는 항체를 생성 한다.
④ 포피에 존재하는 각질형성세포는 면역조절에 작용하 지 않는다.

**03 다음 중 감염병 관리상 가장 중요하게 취급해야 할 대상자는?**

① 건강보균자
② 잠복기환자
③ 현성환자
④ 회복기보균자

**04 세계보건기구에서 규정한 보건행정의 범위에 속하지 않는 것은?**

① 보건관례기록의 보존
② 환경위생과 감염병 관리
③ 보건통계와 만성병 관리
④ 모자보건과 보건간호

**05 법정 감염병 중 제4군 감염병에 속하는 것은?**

① 콜레라
② 디프테리아
③ 황열
④ 말라리아

**06 석탄산 소독에 대한 설명으로 틀린 것은?**

① 단백질 응고작용이 있다.
② 저온에서는 살균효과가 떨어진다.
③ 금속기구 소독에 부적합하다.
④ 포자 및 바이러스에 효과적이다.

**07 멜라노사이트(Melanocyte)가 주로 분포되어 있는곳은?**

① 투명층
② 기저층
③ 각질층
④ 과립층

**08 소독용 승홍수의 희석 농도로 적합한 것은?**

① 10~20% ② 5~7%
③ 2~5% ④ 0.1~0.5%

**09 피부의 기능과 그 설명이 틀린 것은?**

① 보호기능 - 피부표면의 산성막은 박테리아의 감염과 미생물의 침입으로부터 피부를 보호한다.
② 흡수기능 - 피부는 외부의 온도를 흡수, 감지한다.
③ 영양분교환기능 - 프로비타민 D가 자외선을 받으면 비타민 D로 전환된다.
④ 저장기능 - 진피조직은 신체 중 가장 큰 저장기관으 로 각종 영양분과 수분을 보유하고 있다.

**10 공중위생영업소의 위생서비스 평가 계획을 수립하는 자는?**

① 시 · 도지사
② 안전행정부장관
③ 대통령
④ 시장 · 군수 · 구청장

**11 피부표면에 물리적인 장벽을 만들어 자외선을 반사하고 분산하는 자외선 차단 성분은?**

① 옥틸메톡시신나메이트
② 파라아미노안석향산(PABA)
③ 이산화티탄
④ 벤조페논

**12 다음 중 이 · 미용사 면허를 받을 수 없는 자는?**

① 교육부장관이 인정하는 고등기술학교에 6개월 이상 이 미용에 관한 소정의 과정을 이수한 자
② 전문대학에서 이 · 미용에 관한 학과를 졸업한 자
③ 국가기술자격법에 의한 이 · 미용사의 자격을 취득한 자
④ 고등학교에서 이 · 미용에 관한 학과를 졸업한 자

**13 다음 중 햇빛에 노출했을 때 색소침착의 우려가 있어사용 시 유의해야 하는 에센셀 오일은?**

① 라벤더 ② 티트리
③ 제라늄 ④ 레몬

**14 손톱의 생리적인 특성에 대한 설명으로 틀린 것은?**

① 일반적으로 1일 평균 0.1~0.15mm정도 자란다.
② 손톱의 성장은 조소피의 조직이 경화되면서 오래된 세포를 밀어내는 현상이다.
③ 손톱의 본체는 각질층이 변형된 것으로 얇은 층이 겹으로 이루어져 단단한 층을 이루고 있다.
④ 주로 경단백질인 케라틴과 이를 조성하는 아미노산 등으로 구성되어 있다.

**15** **고객을 위한 네일 미용인의 자세가 아닌 것은?**

① 고객의 경제상태 파악
② 고객의 네일상태 파악
③ 선택 가능한 시술방법 설명
④ 선택 가능한 관리방법 설명

**16** **세균증식에 가장 적합한 최적 수소이온 농도는?**

① pH 3.5~5.5
② pH 6.0~8.0
③ pH 8.5~10.0
④ pH 10.5~11.5

**17** **호기성 세균이 아닌 것은?**

① 결핵균 ② 백일해균
③ 파상풍균 ④ 녹농균

**18** **다음 기생충 중 송어, 연어 등의 생식으로 주로 감염될 수 있는 것은?**

① 유구낭충증 ② 유구조충증
③ 무구조충증 ④ 긴촌충증

**19** **공기의 자정작용현상이 아닌 것은?**

① 산소, 오존, 과산화수소 등에 의한 산화작용
② 태양관성 중 자외선에 의한 살균작용
③ 식품의 탄소동화작용에 의한 $CO_2$의 생산작용
④ 공기 자체의 희석작용

**20** **영아사망률의 계산공식으로 옳은 것은?**

① $\frac{\text{연간출생아수}}{\text{인구}} \times 1000$
② $\frac{\text{그해의 } 1\sim4\text{세 사망아수}}{\text{어느 해의 } 1\sim4\text{세 인구}} \times 1000$
③ $\frac{\text{그해의 1세 미만 사망아수}}{\text{어느 해의 연간 출생아수}} \times 1000$
④ $\frac{\text{그해의 생후 28일 이내의 사망아수}}{\text{어느 해의 연간 출생아수}} \times 1000$

**21** **다음 중 원발진(Primary lesions)에 해당하는 피부질환은?**

① 반흔 ② 미란
③ 가피 ④ 면포

**22** **공중위생관리법상 이.미용업자의 변경신고사항에 해당되지 않는 것은?**

① 업소의 소재지 변경
② 영업소의 명칭 또는 상호변경
③ 대표자의 성명(법인인 경우에 한함)
④ 신고한 영업장 면적의 4분의 1이하의 변경

**23** **다량의 유성 성분을 물에 일정기간 동안 안정한 상태로 균일하게 혼합시키는 화장품 제조기술은?**

① 유화 ② 경화
③ 분산 ④ 가용화

**24** **다음 중 화장품의 4대 요인이 아닌 것은?**

① 안전성 ② 안정성
③ 기능성 ④ 유효성

**25 손톱의 구저에 대한 설명으로 옳은 것은?**

① 매트릭스(조모) : 손톱의 성장이 진행되는 곳으로 이상이 생기면 손톱의 변형을 가져온다.
② 네일 베드(조상) : 손톱의 끝부분에 해당되며 손톱의 모양을 만들 수 있다.
③ 루눌라(반월) : 매트릭스와 네일 베드가 만나는 부분 으로 미생물 침입을 막는다.
④ 네일 바디(조체) : 손톱 측면으로 손톱과 피부를 밀착시킨다.

**26 젤 램프기기와 관련한 설명으로 틀린 것은?**

① LED램프는 400~700nm 정도의 파장을 사용한다.
② UV램프는 UV-A 파장 정도를 사용한다.
③ 젤 네일에 사용되는 광선은 자외선과 적외선이다.
④ 젤 네일의 광택이 떨어지거나 경화속도가 떨어지면 램프를 교체함이 바람직하다.

**27 화장품의 원료로써 알코올의 작용에 대한 설명으로 틀린 것은?**

① 다른 물질과 혼합해서 그것을 녹이는 성질이 있다.
② 소독작용이 있어 화장수, 양모제 등에 사용한다.
③ 흡수작용이 강하기 때문에 건조의 목적으로 사용한다.
④ 피부에 자극을 줄 수도 있다.

**28 몸쪽 손목뼈(근위 수근골)가 아닌 것은?**

① 손배뼈(주상골) ② 알머리뼈(유두골)
③ 세모뼈(삼각골) ④ 콩알뼈(두상골)

**29 오렌지 우드스틱의 사용용도로 적합하지 않은 것은?**

① 큐티클을 밀어 올릴 때
② 폴리시의 여분을 닦아 낼 때
③ 네일 주위의 굳은살을 정리할 때
④ 네일 주위의 이물질을 제거할 때

**30 바이러스성 피부질환은?**

① 모낭염 ② 절종
③ 용종 ④ 단순포진

**31 네일 관리의 유래와 역사에 대한 설명으로 틀린 것은?**

① 중국에서는 네일에도 연지를 발라 '조홍'이라 하였다.
② 기원전 기대에는 관목이나 음식물, 식물 등에서 색상을 추출하였다.
③ 고대 이집트에서는 왕족은 짙은 색으로 낮은 계층의 사람들은 옅은 색만을 사용하게 하였다.
④ 중세시대에는 rmatordsl나 은색 또는 검정이나 흑적색 등의 생상으로 특권층의 신분을 표시했다.

**32 석탄산 10%용액 200㎖를 2%용액으로 만들고자 할 때 첨가해야 하는 물의 양은?**

① 200㎖ ② 400㎖
③ 800㎖ ④ 1000㎖

**33** **큐티클이 과잉 성장하여 손톱 위로 자라는 질병은?**

① 표피조막(테리지움)
② 교조증(오니코파지)
③ 조갑비대증(오니콕시스)
④ 고랑 파진 손톱(휘로우네일)

**34** **절지동물에 의해 매개되는 감염병이 아닌 것은?**

① 유행성 일본뇌염 ② 발진티푸스
③ 탄저 ④ 페스트

**35** **손톱의 프리에지 부분을 유색 폴리시로 칠해주는 컬러링 테크닉은?**

① 프렌치 매니큐어(French manicure)
② 핫오일 매니큐어(Hot oil manicure)
③ 레귤러 매니큐어(Regular manicure)
④ 파라핀 매니큐어(Paraffin manicure)

**36** **다음 중 자외선B(UV-B)의 파장 범위는?**

① 100~190nm ② 200~280nm
③ 290~320nm ④ 400~470nm

**37** **건강한 손톱의 특성이 아닌 것은?**

① 매끄럽고 광택이 나며 반투명한 핑크빛을 띤다.
② 약 8~12%의 수분을 함유하고 있다.
③ 모양이 고르고 표면이 균일하다.
④ 탄력이 있고 단단하다.

**38** **자비 소독법시 일반적으로 사용하는 물의 온도와 시간은?**

① 150℃에서 15분간
② 135℃에서 20분간
③ 100℃에서 20분간
④ 80℃에서 30분간

**39** **손톱의 특징에 대한 설명으로 틀린 것은?**

① 네일 바디와 네일 루트는 산소를 필요로 한다.
② 지각 신경이 집중되어 있는 반투명의 각질판이다.
③ 손톱의 경도는 함유된 수분의 함량이나 각질의 조성에 따라 다르다
④ 네일 베드의 모세혈관으로부터 산소를 공급받는다.

**40** **비타민에 대한 설명 중 틀린 것은?**

① 비타민 A가 결핍되면 피부가 건조해지고 거칠어진다.
② 비타민 C는 교원질 형성에 중요한 역할을 한다.
③ 레티노이드는 비타민 A를 통칭하는 용어이다.
④ 비타민 A는 많은 양이 피부에서 합성된다.

**41 투톤 아크릴 스컬프처의 시술에 대한 설명으로 틀린 것은?**

① 프렌치 스컬프처(French Sculpture)라고도 한다.
② 화이트 파우더 특성상 프리에지가 퍼져 보일 수 있으므로 핀칭에 유의해야 한다.
③ 스트레스 포인트에 화이트 파우더가 얇게 시술되면 떨어지기 쉬우므로 주의한다.
④ 스퀘어 모양을 잡기 위해 파일은 30° 정도 살짝 기울여 파일링 한다.

**42 이 · 미용업소 내에 게시하지 않아도 되는 것은?**

① 이 · 미용업 신고증
② 개설자의 면허증 원본
③ 근무자의 면허증 원본
④ 이 · 미용 요금표

**43 네일 에나멜(Nail enamel)에 대한 설명으로 틀린 것은?**

① 손톱에 광택을 부여하고 아름답게 할 목적으로 사용 하는 화장품이다.
② 피막 형성제로 톨루엔이 함유되어 있다.
③ 대부분 니트로셀룰로오즈를 주성분으로 한다.
④ 안료가 배합되어 손톱에 아름다운 색채를 부여하기 때문에 네일컬러(Nail color)라고도 한다.

**44 이 · 미용업 영업과 관련하여 과태료 부과 대상이 아닌사람은?**

① 위생관리 의무를 위반한 자
② 위생교육을 받지 않은 자
③ 무신고 영업자
④ 관계공무원 출입, 검사 방해자

**45 기초 화장품을 사용하는 목적이 아닌 것은?**

① 세안 ② 피부정돈
③ 피부보호 ④ 피부결점 보완

**46 하이포니키움(하조피)에 대한 설명으로 옳은 것은?**

① 네일 매트릭스를 병원균으로부터 보호한다.
② 손톱아래 살과 연결된 끝부분으로 박테리아의 침입을 막아준다.
③ 손톱 측면의 피부로 네일 베드와 연결된다.
④ 매트릭스 윗부분으로 손톱을 성장시킨다.

**47 신경조직과 관련된 설명으로 옳은 것은?**

① 말초신경은 외부나 체내에 가해진 자극에 의해 감각기에 발생한 실경흥분을 중추신경에 전달한다.
② 중추신경계의 체성신경을 12쌍의 뇌신경과 31쌍의 척수신경으로 이루어져있다.
③ 중추신경계의 뇌신경, 척수 신경 및 자율신경으로 구성된다.
④ 말초신경은 교감신경과 부교감신경으로 구성된다.

**48 파고드는 발톱을 예방하기 위한 발톱모양으로 적합한 것은?**

① 라운드형 ② 스퀘어형
③ 포인트형 ④ 오발형

**49 매니큐어 시술에 관한 설명으로 옳은 것은?**

① 손톱모양을 만들 때 양쪽 방향으로 파일링한다.
② 큐티클은 상조피 바로 및 부분까지 깨끗하게 제거한다.
③ 네일 폴리시를 바르기 전에 유분기는 깨끗하게 제거한다.
④ 자연 네일이 약한 고객은 네일 컬러링 후 탑코트 (Top coat)를 2회 더 바른다.

**50 과징금을 기한 내에 납부하지 아니한 경우에 이를 징수하는 방법은?**

① 지방세외 수입금의 징수 등에 관한 법률에 따라 징수
② 부가가치세 체납처분에 예에 의하여 징수
③ 법인세 체납처분의 예에 의하여 징수
④ 소득세 체납처분의 예에 의하여 징수

**51 네일의 길이와 모양을 자유롭게 조절할 수 있는 것은?**

① 네일 폴드(조주름)
② 네일 그루브(조구)
③ 프리에지(자유연)
④ 에포니키움(조상피)

**52 변색된 손톱(Discolored nails)의 특성이 아닌 것은?**

① 네일 바디에 퍼런 멍이 반점처럼 나타난다.
② 혈액순환이나 심장이 좋지 못한 상태에서 나타날 수 있다.
③ 베이스코트를 바르지 않고 유색 네일 폴리시를 바를경우 나타날 수 있다.
④ 손톱의 색상이 청색, 황색, 검푸른색, 자색 등으로 나타난다.

**53 둘째~다섯째 손가락에 작용을 하여 손허리뼈의 사이를 메워주는 손의 근육은?**

① 엄지맞섬근(무지대립근)
② 위침근(회의근)
③ 손가락폄근(지신근)
④ 벌레근(충양근)

**54 매니큐어의 어원으로 손을 지칭하는 라틴어는?**

① 패디스(Pedis) ② 마누스(Manus)
③ 큐라(Cura) ④ 매니스(Manis)

**55 다음 중 공중위생감사원을 두는 곳을 모두 고른 것은?**

| ㉠ 특별시 ㉡ 광역시 ㉢ 도 ㉣ 군 |
|---|

① (ㄴ), (ㄷ)
② (ㄱ), (ㄷ)
③ (ㄱ), (ㄴ), (ㄷ)
④ (ㄱ), (ㄴ), (ㄷ), (ㄹ)

**56 그라데이션 기법의 컬러링에 대한 설명으로 틀린 것은?**

① 색상 사용의 제한이 없다.
② 스폰지를 사용하여 시술할 수 있다.
③ UV 젤의 적용 시에도 활용할 수 있다.
④ 일반적으로 큐티클 부분으로 갈수록 컬러링 색상이 자연스럽게 진해지는 기법이다.

**57 아크릴릭 네일의 시술과 보수에 관련한 내용으로 틀린 것은?**

① 공기방울이 생긴 인조 네일은 촉촉하게 젖은 브러시 의 사용으로 인해 나타날 수 있는 현상이다.
② 노랗게 변색되는 인조 네일은 제품과 시술하는 과정 에서 발생한 것으로 보수를 해야한다.
③ 적절한 온도 이하에서 시술했을 경우 인조네일에 금이 가거나 깨지는 현상이 나타날 수 있다.
④ 기존에 시술되어진 인조 네일과 새로 자라나온 자연 네일을 자연스럽게 연결해 주어야 한다.

**58 자연 제일의 형태 및 특성에 따른 네일 팁 적용 방법으로 옳은 것은?**

① 위로 솟아 올느 손톱(spoon nail)에는 옆선에 커브 가 없는 팁을 적용한다.
② 아래로 향한 손톱(Claw nail)에는 커브 팁을 적용한다.
③ 넓적한 손톱에는 끝이 좁아지는 내로우 팁을 적용한다.
④ 물어뜯는 손톱에는 팁 적용할 수 없다.

**59 젤 네일에 관한 설명으로 틀린 것은?**

① 아크릴릭에 비해 강한 냄새가 없다.
② 일반 네일 폴리시에 비해 광택이 오래 지속된다.
③ 소프트 젤(Soft gel)은 아세톤에 녹지 않는다.
④ 젤 네일은 하드 젤(Hard gel)과 소프트 젤(Soft gel)로 구분된다.

**60 아크릴 네일 재료인 프라이머에 대한 설명으로 틀린 것은?**

① 손톱 표면의 유 수분을 제거해 주고 건조시켜 주어 아크릴 의 접착력을 강하게 해준다.
② 인조 네일 전체에 사용하며 방부제 역할을 해준다.
③ 산성 제품으로 피부에 화상을 입힐 수 있으므로 최소량만을 사용한다.
④ 손톱 표면의 pH밸런스를 맞춰준다.

**정답**

| 1 | 2 | 3 | 4 | 5 | 6 | 7 | 8 | 9 | 10 |
|---|---|---|---|---|---|---|---|---|---|
| ② | ③ | ① | ③ | ③ | ④ | ② | ④ | ④ | ① |
| 11 | 12 | 13 | 14 | 15 | 16 | 17 | 18 | 19 | 20 |
| ③ | ① | ④ | ② | ① | ② | ③ | ④ | ③ | ③ |
| 21 | 22 | 23 | 24 | 25 | 26 | 27 | 28 | 29 | 30 |
| ④ | ④ | ① | ③ | ① | ③ | ③ | ② | ③ | ④ |
| 31 | 32 | 33 | 34 | 35 | 36 | 37 | 38 | 39 | 40 |
| ④ | ③ | ① | ③ | ① | ③ | ② | ③ | ① | ④ |
| 41 | 42 | 43 | 44 | 45 | 46 | 47 | 48 | 49 | 50 |
| ④ | ③ | ② | ③ | ④ | ② | ① | ② | ③ | ① |
| 51 | 52 | 53 | 54 | 55 | 56 | 57 | 58 | 59 | 60 |
| ③ | ① | ④ | ② | ④ | ④ | ① | ③ | ④ | ② |

# 2 기출문제

**01 다음 중 수인성 감염병에 속하는 것은?**

① 유행성 출혈열　② 성홍열
③ 세균성 이질　④ 탄저병

**02 인공조명을 할 때 고려 사항 중 틀린 것은?**

① 광색은 주광색에 가깝고, 유해 가스의 발생이 없어야 한다.
② 열의 발생이 적고, 폭발이나 발화의 위험이 없어야 한다.
③ 균등한 조도를 위해 직접조명이 되도록 해야 한다.
④ 충분한 조도를 위해 빛이 좌상방에서 비춰줘야 한다.

**03 공중보건학의 범위 중 보건 관리 분야에 속하지 않는 사업은?**

① 보건 통계
② 사회 보장 제도
③ 보건 행정
④ 산업 보건

**04 일반적으로 이·미용업소의 실내 쾌적 습도 범위로 가장 알맞은 것은?**

① 10~20%　② 20~40%
③ 40~70%　④ 70~90%

**05 솔라닌(solanin)이 원인이 되는 식중독과 관계가 깊은 것은?**

① 감자　② 복어
③ 버섯　④ 조개

**06 개달전염(介達傳染)과 무관한 것은?**

① 의복　② 식품
③ 책상　④ 장난감

**07 다음 중 원발진에 해당하는 피부변화는?**

① 가피　② 미란
③ 위축　④ 구진

**08** **물의 살균에 많이 이용되고 있으며 산화력이 강한 것은?**

① 포름알데히드(Formaldehyde)
② 오존(O3)
③ E.O(Ethylene Oxide)가스
④ 에탄올(Ethanol)

**09** **자외선으로부터 어느 정도 피부를 보호하며 진피조직에 투여하면 피부주름과 처짐 현상에 가장 효과적인 것은?**

① 콜라겐 ② 엘라스틴
③ 무코다당류 ④ 멜라닌

**10** **다음 중 감염병 유행의 3대 요소는?**

① 숙주, 유전, 환경
② 환경, 유전, 병원체
③ 병원체, 숙주, 환경
④ 감수성, 환경, 병원체

**11** **소독제를 사용할 때 주의 사항이 아닌 것은?**

① 취급 방법 ② 농도 표시
③ 소독제병의 세균오염 ④ 알코올 사용

**12** **다음 중 금속제품의 기구소독에 가장 적합하지 않는 것은?**

① 알코올 ② 역성비누
③ 승홍수 ④ 크레졸수

**13** **다음 중 하수도 주위에 흔히 사용되는 소독제는?**

① 생석회 ② 포르말린
③ 역성비누 ④ 과망간산칼륨

**14** **소독제를 수돗물로 희석하여 사용할 경우 가장 주의해야 할 점은?**

① 물의 경도 ② 물의 온도
③ 물의 취도 ④ 물의 탁도

**15** **미생물의 발육과 그 작용을 제거하거나 정지시켜 음식물의 부패나 발효를 방지하는 것은?**

① 방부 ② 소독
③ 살균 ④ 살충

**16** **자력으로 의료문제를 해결할 수 없는 생활무능력자 및 저소득층을 대상으로 공적으로 의료를 보장하는 제도는?**

① 의료보험 ② 의료보호
③ 실업보험 ④ 연금보험

**17** **다음 중 기미의 생성 유발 요인이 아닌 것은?**

① 유전적 요인
② 임신
③ 갱년기 장애
④ 갑상선 기능 저하

**18** **정상피부와 비교하여 점막으로 이루어진 피부의 특징으로 옳지 않는 것은?**

① 혀와 경구개를 제외한 입안의 점막은 과립층을 가지고 있다.
② 당김미세섬유사(tonofilament)의 발달이 미약하다.
③ 미세융기가 잘 발달되어 있다.
④ 세포에 다량의 글리코겐이 존재한다.

**19 이 · 미용업 영업장 안의 조명도 기준은?**

① 50룩스 이상 ② 75룩스 이상
③ 100룩스 이상 ④ 125룩스 이상

**20 에나멜을 바르는 방법으로 손톱을 가늘어 보이게 하는 것은?**

① 프리에지 ② 루눌라
③ 프렌치 ④ 프리 월

**21 식물의 꽃, 잎, 줄기, 뿌리, 씨, 과피, 수지 등에서 방향성이 높은 물질을 추출한 휘발성 오일은?**

① 동물성 오일 ② 에센셜 오일
③ 광물성 오일 ④ 밍크 오일

**22 다음 중 하지의 신경에 속하지 않는 것은?**

① 총비골 신경 ② 액와신경
③ 복재신경 ④ 배측신경

**23 이 · 미용업 영업신고를 하면서 신고인이 확인에 동의하지 아니하는 때에 첨부하여야 하는 서류가 아닌 것은?(단, 신고인이 전자정부 법에 따른 행정정보의 공동이용을 통한 확인에 동의하지 아니하는 경우임)**

① 영업시설 및 설비개요서
② 교육필증
③ 이 · 미용사 자격증
④ 면허증

**24 동물성 단백질의 일종으로 피부의 탄력 유지에 매우 중요한 역할을 하며 피부의 파열을 방지하는 스프링 역할을 하는 것은?**

① 아줄렌 ② 엘라스틴
③ 콜라겐 ④ DNA

**25 외인성 피부질환의 원인과 가장 거리가 먼 것은?**

① 자외선 ② 산화
③ 피부건조 ④ 유전인자

**26 화장품법상 기능성 화장품에 속하지 않는 것은?**

① 미백에 도움을 주는 제품
② 주름개선에 도움을 주는 제품
③ 여드름 완하에 도움을 주는 제품
④ 자외선으로부터 피부를 보호하는데 도움을 주는 제품

**27 손톱이 나빠지는 후천적 요인이 아닌 것은?**

① 잘못된 푸셔와 니퍼사용에 의한 손상
② 손톱 강화제 사용 빈도수
③ 과도한 스트레스
④ 잘못된 파일링에 의한 손상

**28 뼈의 기능이 아닌 것은?**

① 흡수기능 ② 지렛대 역할
③ 보호작용 ④ 무기질 저장

**29** **표피성진균증 중 네일 몰드는 습기, 열, 공기에 의해 균이 번식되어 발생한다. 이 때 몰드가 발생한 수분 함유율이 옳게 표기된 것은?**

① 2%~5% ② 7%~10%
③ 12%~18% ④ 23%~25%

**30** **여드름 피부에 맞는 화장품 성분으로 가장 거리가 먼 것은?**

① 캄퍼
② 로즈마리 추출물
③ 알부틴
④ 하마멜리스

**31** **큐티클 정리 및 제거 시 필요한 도구로 알맞은 것은?**

① 파일, 탑 코트
② 라운드 패드, 니퍼
③ 샌딩 블록, 핑거볼
④ 푸셔, 니퍼

**32** **고객을 응대할 때 네일 아티스트의 자세로 틀린 것은?**

① 고객에게 알맞은 서비스를 하여야 한다.
② 모든 고객은 공평하게 하여야 한다.
③ 진상고객은 단념해야 한다.
④ 안전규정을 준수하고 충실히 하여야 한다.

**33** **보습제가 갖추어야 할 조건으로 틀린 것은?**

① 다른 성분과 혼용성이 좋을 것
② 모공수축을 위해 휘발성이 있을 것
③ 적절한 보습능력이 있을 것
④ 응고점이 낮을 것

**34** **네일 재료에 대한 설명으로 적합하지 않은 것은?**

① 네일 에나멜 시너 - 에나멜을 묽게 해주기 위해 사용한다.
② 큐티클 오일 - 글리세린을 함유하고 있다.
③ 네일 블리치 - 20볼륨 과산하수소를 함유하고 있다.
④ 네일 보강제 - 자연 네일이 강한 고객에게 사용하면 효과적이다.

**35** **시 · 도지사 또는 시장 · 군수 · 구청장은 공중위생관리상 필요하다고 인정하는 때에 공중위생영업자 등에 대하여 필요한 조치를 취할 수 있다. 이 조치에 해당하는 것은?**

① 보고 ② 청문
③ 감독 ④ 협의

**36** **골격근에 대한 설명으로 틀린 것은?**

① 인체의 약 60%를 차지한다.
② 횡문근이라고도 한다.
③ 수의근이라고도 한다.
④ 대부분이 골격에 부착되어 있다.

**37** **발톱의 쉐입으로 가장 적절한 것은?**

① 라운드 쉐입 ② 오발 쉐입
③ 스퀘어 쉐입 ④ 아몬드 쉐입

**38 매니큐어의 유래에 관한 설명 중 틀린 것은?**

① 중국은 특권층의 신분을 드러내기 위해 홍화를 손톱에 바르기 시작했다.
② 매니큐어는 고대 희랍어에서 유래된 말로 마누와 큐라의 합성어이다.
③ 17세기 경 인도의 상류층 여성들은 손톱의 뿌리부분에 신분을 나타내는 목적으로 문신을 했다.
④ 건강을 기원하는 주술적 의미에서 손톱에 빨간색을 물들이게 되었다.

**39 다음( )안의 a와 b에 알맞은 단어를 바르게 짝지은 것은?**

| ( a )는 폴리쉬 리무버나 아세톤을 담아 펌프식으로 편리하게 사용할 수 있다.<br>( b )는 아크릴 리퀴드를 덜어 담아 사용할 수 있는 용기이다. |
|---|

① a-다크디쉬, b-작은종지
② a-디스펜서, b-다크디쉬
③ a-다크디쉬, b-디스펜서
④ a-디스펜서, b-디펜디쉬

**40 화장품의 피부흡수에 관한 설명으로 옳은 것은?**

① 분자량이 적을수록 피부흡수율이 높다.
② 수분이 많을수록 피부흡수율이 높다.
③ 동물성 오일 < 식물성 오일 < 광물성오일 순으로 피부흡수력이 높다.
④ 크림류 < 로션류 < 화장수류 순으로 피부흡수력이 높다.

**41 매니큐어 시술 시에 미관상 제거의 대상이 되는 손톱을 덮고 있는 각질세포는?**

① 네일 큐티클(Nail Cuticle)
② 네일 플레이트(Nail Plate)
③ 네일 프리에지(Nail Free edge)
④ 네일 그루브(Nail Groove)

**42 메이크업 화장품에 주로 사용되는 제조 방법은?**

① 유화 ② 가용화
③ 겔화 ④ 분산

**43 성장기 어린이의 대사성 질환으로 비타민D 결핍 시 뼈 발육에 변형을 일으키는 것은?**

① 석회결석 ② 골막파열증
③ 괴혈증 ④ 구루병

**44 법령상 위생교육에 대한 기준으로( )안에 적합한 것은?**

| 공중위생관리법령상 위생교육을 받은 자가 위생교육을 받은 날부터 ( ) 이내에 위생교육을 받은 업종과 같은 업종의 영업을 하려는 경우에는 해당 영업에 대한 위생교육을 받은 것으로 본다. |
|---|

① 2년 ② 2년6개월
③ 3년 ④ 3년6개월

**45 손님에게 음란행위를 알선한 사람에 대한 관계행정기관의 장의 요청이 있는 때, 1차 위반에 대하여 행할 수 있는 행정처분으로 영업소와 업주에 대한 행정 처분기준이 바르게 짝지어진 것은?**

① 영업정지 1월 - 면허정지 1월
② 영업정지 1월 - 면허정지 2월
③ 영업정지 2월 - 면허정지 2월
④ 영업정지 3월 - 면허정지 3월

**46 피부구조에서 지방세포가 주로 위치하고 있는 곳은?**

① 각질층 ② 진피
③ 피하조직 ④ 투명층

**47 미용사에게 금지되지 않는 업무는 무엇인가?**

① 얼굴의 손질 및 화장을 행하는 업무
② 의료기기를 사용하는 피부 관리 업무
③ 의약품을 사용하는 눈썹손질 업무
④ 의약품을 사용하는 제모

**48 손톱에 색소가 침착되거나 변색되는 것을 방지하고 네일 표면을 고르게 하여 폴리시의 밀착성을 높이는데 사용되는 네일 미용 화장품은?**

① 탑 코트 ② 베이스 코트
③ 폴리시 리무버 ④ 큐티클 오일

**49 다음 중 이·미용업에 있어서 과태료 부과 대상이 아닌 사람은?**

① 위생관리 의무를 지키지 아니한 자
② 영업소외의 장소에서 이용 또는 미용업무를 행한 자
③ 보건복지부령이 정하는 중요사항을 변경하고도 변경 신고를 하지 아니한 자
④ 관계 공무원의 출입·검사를 거부·기피 방해한 자

**50 손톱의 역할 및 기능과 가장 거리가 먼 것은?**

① 물건을 잡거나 성상을 구별하는 기능
② 작은 물건을 들어 올리는 기능
③ 방어와 공격의 기능
④ 몸을 지탱해주는 기능

**51 매니큐어를 가장 잘 설명한 것은?**

① 네일 에나멜을 바르는 것이다.
② 손톱모양을 다듬고 색깔을 칠하는 것이다.
③ 손 매뉴얼테크닉과 네일 에나멜을 바르는 것이다.
④ 손톱 모양을 다듬고 큐티클정리, 컬러링 등을 포함한 관리이다.

**52 다른 쉐입보다 강한느낌을 주며, 대회용으로 많이 사용되는 손톱모양은?**

① 오벌 쉐입 ② 라운드 쉐입
③ 스퀘어 쉐입 ④ 아몬드형 쉐입

**53 네일 팁 접착 방법의 설명으로 틀린 것은?**

① 네일 팁 접착 시 자연 네일의 1/2이상 덮지 않는다.
② 올바른 각도의 팁 접착으로 공기가 들어가지 않도록 유의한다.
③ 손톱과 네일 팁 전체에 프라이머를 도포한 후 접착한다.
④ 네일 팁 접착할 때 5-10초 동안 누르면서 기다린 후 팁의 양쪽 꼬리부분을 살짝 눌러준다.

**54 아크릴릭 스캅춰 시술 시 손톱에 부착해 길이를 연장하는데 받침대 역할을 하는 재료로 옳은 것은?**

① 네일 폼 ② 리퀴드
③ 모노머 ④ 아크릴파우더

**55 습식매니큐어 시술에 관한 설명 중 틀린 것은?**

① 베이스코트를 가능한 얇게 1회 전체에 바른다.
② 벗겨짐을 방지하기 위해 도포한 폴리쉬를 완전히 커버하여 탑 코트를 바른다.
③ 프리엣지 부분까지 깔끔하게 바른다.
④ 손톱의 길이 정리는 클리퍼를 사용할 수 없다.

**56 아크릴릭 보수 과정 중 옳지 않은 것은?**

① 심하게 들뜬 부분은 파일과 니퍼를 적절히 사용하여 세심히 잘라내고 경계가 없도록 파일링 한다.
② 새로 자라난 손톱 부분에 에칭을 주고 프라이머를 바른다.
③ 적절한 양의 비드로 큐티클 부분에 자연스러운 라인을 만든다.
④ 새로 비드를 얹은 부위는 파일링이 필요하지 않다.

**57 페디큐어 시술 과정에서 베이스코트를 바르기 전 발가락이 서로 닿지 않게 하기 위해 사용하는 도구는?**

① 엑티베이터 ② 콘 커터
③ 클리퍼 ④ 토우세퍼레이터

**58 UV젤 네일 시술 시 리프팅이 일어나는 이유로 적절하지 않은 것은?**

① 네일의 유·수분기를 제거하지 않고 시술했다.
② 젤을 프리 에지까지 시술하지 않았다.
③ 젤을 큐티클라인에 닿지 않게 시술했다.
④ 큐어링 시간을 잘 지키지 않았다.

**59 아크릴릭 네일의 설명으로 맞는 것은?**

① 네일 폼을 사용하여 다양한 형태로 조형이 가능하다.
② 투톤 스캅춰인 프렌치 스캅춰에 적용할 수 없다.
③ 물어뜯는 손톱에 사용하여서는 안된다.
④ 두꺼운 손톱 구조로만 완성되며 다양한 형태로 만들 수 없다.

**60 손톱의 특성이 아닌 것은?**

① 손톱은 피부의 일종이며, 머리카락과 같은 케라틴과 칼슘으로 만들어져 있다.
② 손톱의 손상으로 조갑이 탈락되고 회복되는 데는 6개월 정도 걸린다.
③ 손톱의 성장은 겨울보다 여름이 잘 자란다.
④ 엄지손톱의 성장이 가장 느리며, 중지손톱이 가장 빠르다.

**정답**

| 1 | 2 | 3 | 4 | 5 | 6 | 7 | 8 | 9 | 10 |
|---|---|---|---|---|---|---|---|---|---|
| ③ | ③ | ④ | ③ | ① | ② | ④ | ② | ① | ③ |
| 11 | 12 | 13 | 14 | 15 | 16 | 17 | 18 | 19 | 20 |
| ④ | ③ | ① | ① | ① | ② | ④ | ① | ② | ④ |
| 21 | 22 | 23 | 24 | 25 | 26 | 27 | 28 | 29 | 30 |
| ② | ② | ③ | ② | ④ | ③ | ② | ① | ④ | ③ |
| 31 | 32 | 33 | 34 | 35 | 36 | 37 | 38 | 39 | 40 |
| ④ | ③ | ② | ④ | ① | ① | ③ | ② | ④ | ① |
| 41 | 42 | 43 | 44 | 45 | 46 | 47 | 48 | 49 | 50 |
| ① | ④ | ④ | ① | ③ | ③ | ① | ② | ③ | ④ |
| 51 | 52 | 53 | 54 | 55 | 56 | 57 | 58 | 59 | 60 |
| ④ | ③ | ③ | ① | ④ | ④ | ④ | ③ | ① | ④ |

# 3 기출문제

**01 세계보건기구에서 정의하는 보건행정의 범위에 속하지 않는 것은?**

① 산업행정 ② 모자보건
③ 환경위생 ④ 감염병 관리

**02 질병발생의 3대 요소는?**

① 숙주, 환경, 병명
② 병인, 숙주, 환경
③ 숙주, 체력, 환경
④ 감정, 체력, 숙주

**03 상수(上水)에서 대장균 검출의 주된 의의는?**

① 소독상태가 불량하다
② 환경위생의 상태가 불량하다
③ 오염의 지표가 된다
④ 전염병 발생의우려가 있다

**04 결핵예방접종으로 사용하는 것은?**

① DPT ② MMR
③ PPD ④ BCG

**05 폐흡충 감염이 발생할 수 있는 경우는?**

① 가재를 생식했을 때
② 우렁이를 생식했을 때
③ 은어를 생식했을 때
④ 소고기를 생식했을 때

**06 한 나라의 건강수준을 다른 국가들과 비교할 수 있는 지표로 세계보건기구가 제시한 것은?**

① 인구증가율, 평균수명, 비례사망지수
② 비례사망지수, 조사망율, 평균수명
③ 평균수명, 조사망율, 국민소득
④ 의료시설, 평균수명, 주거상태

**07 장티푸스, 결핵, 파상풍 등의 예방접종으로 얻어지는 면역은?**

① 인공 능동면역 ② 인공 수동면역
③ 자연 능동면역 ④ 자동 수동면역

**08 계면활성제 중 가장 살균력이 강한 것은?**

① 음이온성 ② 양이온성
③ 비이온성 ④ 양쪽이온성

**09** **미생물의 증식을 억제하는 영양의 고갈과 건조등이 불리한 환경 속에서 생존하기 위하여 세균이 생성하는 것은?**

① 아포 ② 협막
③ 세포벽 ④ 점질층

**10** **물리적 소독법에 속하지 않는 것은?**

① 건열 멸균법 ② 고압증기 멸균법
③ 크레졸 소독법 ④ 자비 소독법

**11** **소독제인 석탄산의 단점이라 할 수 없는 것은?**

① 유기물 접촉 시 소독력이 약화된다
② 피부에 자극성이 있다
③ 금속에 부식성이 있다
④ 독성과 취기가 강하다

**12** **소독제의 구비조건에 해당하지 않는 것은?**

① 높은 살균력을 가질 것
② 인체에 해가 없을 것
③ 저렴하고 구입과 사용이 간편할 것
④ 용해성이 낮을 것

**13** **미생물의 종류에 해당하지 않는 것은?**

① 벼룩 ② 효모
③ 곰팡이 ④ 세균

**14** **재질에 관계없이 빗이나 브러시 등의 소독방법으로 가장 적합한 것은?**

① 70%알코올 솜으로 닦는다
② 고압증기 멸균기에 넣어 소독한다
③ 락스액에 담근 후 씻어낸다
④ 세제를 풀어 세척한 후 자외선 소독기에 넣는다

**15** **표피와 진피의 경계선의 형태는?**

① 직선 ② 사선
③ 물결상 ④ 점선

**16** **건강한 피부를 유지하기 위한 방법이 아닌 것은?**

① 적당한 수분을 항상 유지해 주어야 한다
② 두꺼운 각질층은 제거해 주어야 한다
③ 일광욕을 많이 해야 건강한 피부가 된다
④ 충분한 수면과 영양을 공급해 주어야 한다

**17** **다음 중 영양소와 그 최종 분해로 연결이 옳은 것은?**

① 탄수화물-지방산 ② 단백질-아미노산
③ 지방-포도당 ④ 비타민-미네랄

**18** **자외선차단지수의 설명으로 옳지 않은 것은?**

① SPF라 한다
② SPF 1이란 대략 1시간을 의미한다
③ 자외선의 강약에 따라 차단제의 효과시간이 변한다
④ 색소침착부위에는 가능하면 1년 내내 차단제를 사용하는 것이 좋다

**19** **백반증에 관한 내용 중 틀린 것은?**

① 멜라닌 세포의 과다한 증식으로 일어난다
② 백색반점이 피부에 나타난다
③ 후천적 탈색소 질환이다
④ 원형, 타원형 또는 부정형의 흰색반점이 나타난다

**20** **기계적 손상에 의한 피부질환이 아닌 것은?**

① 굳은살 ② 티눈
③ 종양 ④ 욕창

**21** **사람의 피부 표면은 주로 어떤 형태인가?**

① 삼각 도는 마름모꼴의 다각형
② 삼각 또는 사각형
③ 삼각 또는 오각형
④ 사각 또는 오각형

**22** **이·미용업 영업신고를 하지 않고 영업을 한 자에 해당하는 벌칙기준은?**

① 6월 이하의 징역 또는 100만원 이하의 벌금
② 6월 이하의 징역 또는 300만원 이하의 벌금
③ 1년 이하의 징역 또는 500만원 이하의 벌금
④ 1년 이하의 징역 또는 1천만원 이하의 벌금

**23** **공중위생관리법상 위생교육에 관한 설명으로 틀린 것은?**

① 위생교육은 교육부장관이 허가한 단체가 실시할 수 있다
② 공중위생영업의 신고를 하고자 하는 자는 원칙적으로 미리 위생교육을 받아야 한다
③ 공중위생영업자는 매년 위생교육을 받아야 한다
④ 위생교육을 받아야 하는 자 중 영업에 직접 종사하지 아니하거나 2이상의 장소에서 영업을 하는 자는 종업원 중 영업장별로 공중위생에 관한 책임자를 지정하고 그 책임자로 하여금 위생교육을 받게 하여야 한다.

**24** **과태료처분에 불복이 있는 자는 그 처분의 고지를 받은 날부터 얼마의 기간 이내에 처분권자에게 이의를 제기 할 수 있는가?**

① 10일 ② 20일
③ 30일 ④ 3개월

**25** **이·미용업자는 신고한 영업장 면적을 얼마이상 증감하였을 때 변경신고를 하여야 하는가?**

① 5분의 1 ② 4분의 1
③ 3분의 1 ④ 2분의 1

**26 공중위생영업자가 영업소 폐쇄명령을 받고도 계속하여 영업을 하는 때에 대한 조치사항으로 옳은 것은?**

① 당해 영업소가 위법한 영업소임을 알리는 게시물 등을 부착
② 당해 영업소의 출입자 통제
③ 당해 영업소의 출입금지구역 설정
④ 당해 영업소의 강제 폐쇄 집행

**27 공중위생관리법상 이·미용업 영업장안의 조명도는 얼마 이상이어야 하는가?**

① 50룩스 ② 75룩스
③ 100룩스 ④ 125룩스

**28 다음 중 이·미용사면허를 발급할 수 있는 사람만으로 짝지어진 것은?**

| (ㄱ) 특별·광역시장 | | (ㄴ) 도지사 |
|---|---|---|
| (ㄷ)시장 | (ㄹ) 구청장 | (ㅁ) 군수 |

① (ㄱ),(ㄴ)
② (ㄱ), (ㄴ), (ㄷ)
③ (ㄱ),(ㄴ),(ㄷ),(ㄹ)
④ (ㄷ), (ㄹ), (ㅁ)

**29 일반적으로 많이 사용하고 있는 화장수의 알코올 함유량은?**

① 70% 전후 ② 10% 전후
③ 30% 전후 ④ 50% 전후

**30 화장품의 분류에 관한 설명 중 틀린 것은?**

① 샴푸, 헤어린스는 모발용 화장품에 속한다
② 팩, 마사지 크림은 스페셜 화장품에 속한다
③ 퍼퓸(perfume), 오데코롱(eau de Cologne)은 방향 화장품에 속한다
④ 자외선차단제나 태닝제품은 기능성 화장품에 속한다

**31 AHA에 대한 설명으로 옳은 것은?**

① 물리적으로 각질을 제거하는 기능을 한다
② 글리콜산은 사탕수수에 함유된 것으로 침투력이 좋다
③ pH 3.5이상에서 15% 농도가 각질제거의 가장 효과적이다
④ AHA보다 안전성은 떨어지나 효과가 좋은 BHA가 많이 사용된다

**32 손을 대상으로 하는 제품 중 알콜을 주베이스로 하며, 청결 및 소독을 주된 목적으로 하는 제품은?**

① 핸드워서 (hand wash)
② 새니타이저 (sanitizer)
③ 비누 (soap)
④ 핸드크림 (hand cream)

**33 피부의 미백을 돕는데 사용되는 화장품 성분이 아닌 것은?**

① 플라센타, 비타민C
② 레몬추출물, 감초추출물
③ 코직산, 구연산
④ 캄퍼, 카모마일

**34** **라벤터 에센셜 오일의 효능에 대한 설명으로 가장 거리가 먼 것은?**

① 재생작용 ② 화상치유작용
③ 이완작용 ④ 모유생성작용

**35** **SPF에 대한 설명으로 틀린 것은?**

① Sun Protection Factor의 약자로써 자외선 차단지수라 불리어진다
② 엄밀히 말하면 UV-B 방어효과를 나타내는 지수라고 볼 수 있다
③ 오존층으로부터 자외선이 차단되는 정보를 알아보기 위한 목적으로 이용된다
④ 자외선 차단제를 바른 피부에 최소한의 홍반을 일어나게 하는데 필요한 자외선 양을 바르지 않는 피부에 최소한의 홍반을 일어나게 하는데 필요한 자외선 양으로 나눈 값이다

**36** **마누스(Manus)와 큐라(Cura)라는 말에서 유래된 용어는?**

① 네일 팁 (Nail Tip)
② 매니큐어 (Manicure)
③ 페티큐어 (Pedicure)
④ 아크릴릭 (Acrylic)

**37** **손목을 굽히고 손가락을 구부리는데 작용하는 근육은?**

① 회내근 ② 회외근
③ 장근 ④ 굴근

**38** **네일 역사에 대한 설명으로 잘못 연결된 것은?**

① 1930년대 - 인조네일 개발
② 1950년대 - 패티큐어 등장
③ 1970년대 - 아몬드형 네일 유행
④ 1990년대 - 네일시장의 급성장

**39** **에포니키움과 관련한 설명으로 틀린 것은?**

① 네일 메트릭스를 보호한다
② 에포니키움 위에는 큐티클이 존재한다
③ 에포니키움 아래편은 끈적한 형질로 되어 있다
④ 에포니키움의 부상은 영구적인 손상을 초래한다

**40** **자율 신경에 대한 설명으로 틀린 것은?**

① 복재신경 - 종아리 뒤 바깥쪽을 내려와 발뒤꿈치의 바깥쪽 뒤에 분포
② 배측신경 - 발등에 분포
③ 요골신경 - 손등에 외측과 요골에 분포
④ 수지골신경 - 손가락에 분포

**41** **네일 샵에서 시술이 불가능한 손톱 병변에 해당하는 것은?**

① 조갑박리증(오니코리시스)
② 조갑위측증(오니케트로피아)
③ 조갑비대증(오니콕시스)
④ 조갑익상편(테리지움)

**42** **다음 중 손톱 밑의 구조에 포함되지 않는 것은?**

① 반월(루눌라) ② 조모(매트릭스)
③ 조근(네일루트) ④ 조상(네일 베드)

**43** **손톱의 구조에 대한 설명으로 가장 거리가 먼 것은?**

① 네일 플레이트(조판)는 단단한 각질 구조물로 신경과 혈관이 없다
② 네일 루트(조근)는 손톱이 자라나기 시작하는 곳이다
③ 프리엣지(자유연)는 손톱의 끝부분으로 네일베드와 분리되어 있다
④ 네일 베드(조상)는 네일 플레이트(조판) 위에 위치하며 손톱의 신진대사를 돕는다

**44** **다음 중 고객관리카드의 작성 시 기록해야 할 내용과 가장 거리가 먼 것은?**

① 손발의 질병 및 이상증상
② 시술시 주의사항
③ 고객이 원하는 서비스의 종류 및 시술내용
④ 고객의 학력여부 및 가족사항

**45** **네일의 구조에서 모세혈관, 림프 및 신경조직이 있는 것은?**

① 메트릭스 ② 에포니키움
③ 큐티클 ④ 네일바디

**46** **네일 큐티클에 대한 설명으로 옳은 것은?**

① 살아있는 각질 세포이다
② 완전히 제거가 가능하다
③ 네일 베드에서 자라나온다
④ 손톱주위를 덮고 있다

**47** **손과 발의 뼈구조에 대한 설명으로 틀린 것은?**

① 한 손은 손목뼈 8개, 손바닥뼈 5개, 손가락뼈 14개로 총 27개의 뼈로 구성되어 있다
② 한 발은 발목뼈 7개, 발바닥뼈 5개, 발가락뼈 14개로 총 26개의 뼈로 구성되어 있다
③ 손목뼈는 손목을 구성하는 뼈로 8개의 작고 다른 뼈들이 두 줄로 손목에 위치하고 있다
④ 발목뼈는 몸의 무게를 지탱하는 5개의 길고 가는 뼈로 체중을 지탱하기 위해 튼튼하고 길다

**48** **건강한 네일의 조건에 대한 설명으로 틀린 것은?**

① 건강한 네일은 유연하고 탄력성이 좋아서 튼튼하다
② 건강한 네일은 네일베드에 단단하 잘 부착되어야 한다
③ 건강한 네일은 연한 핑크빛을 띄며 내구력이 좋아야 한다
④ 건강한 네일은 25~30%의 수분과 10%의 유분을 함유해야 한다

**49** **다음 중 네일 팁의 재질이 아닌 것은?**

① 아세테이트 ② 플라스틱
③ 아크릴 ④ 나일론

**50 다음은 조갑종렬증(오니코렉시스)의 관한 설명으로 옳은 것은?**

① 손톱의 색이 푸르스름하게 변하는 증상이다
② 멜라닌색소가 착색되어 일어나는 증상이다
③ 손톱이 갈라지거나 부서지는 증상이다
④ 큐티클이 과잉성장하여 네일 플레이트 위로 자라는 증상이다.

**51 아크릴릭 네일의 제거 방법으로 가장 적합한 것은?**

① 드릴머신으로 갈아준다
② 솜에 아세톤을 적혀 호일로 감싸 30분 정도 불린 후 오렌지 우드스틱으로 밀어서 떼어준다
③ 100그릿 파일로 파일링하여 제거한다
④ 솜에 알코올을 적셔 호일로 감싸 30분 정도 불린 후 오렌지 우드스틱으로 밀어서 떼어준다

**52 프렌치 컬러링에 대한 설명으로 옳은 것은?**

① 엘로우 라인에 맞추어 완만한 U자 형태로 컬러링 한다
② 프리에지의 컬러링의 너비는 규격화되어 있다
③ 프리에지의 컬러링 색상은 흰색으로 규정되어 있다
④ 프리에지 부분만을 제외하고 컬러링한다

**53 아크릴릭 시술에서 핀칭(Pinching)을 하는 주된 이유는?**

① 리프팅(Lifting)방지에 도움이 된다
② C커브에 도움이 된다
③ 하이 포인트 형성에 도움이 된다
④ 에칭(Etching)에 도움이 된다

**54 네일 종이 폼의 적용 설명으로 틀린 것은?**

① 다양한 스컬프쳐 네일 시술 시에 사용한다
② 자연스런 네일의 연장을 만들 수 있다
③ 디자인 UV젤 팁 오버레이 시에 사용한다
④ 일회용이며 프렌치 스컬프처에 적용한다

**55 네일 종이 폼의 적용 설명으로 틀린 것은?**

① 소독하기 - 폴리시지우기 - 발톱 모양 만들기 - 큐티클 오일 바르기 - 큐티클 정리하기
② 폴리시 지우기 - 소독하기 - 발톱 표면 정리하기 - 큐티클 오일 바르기 - 큐티클 정리하기
③ 소독하기 - 발톱 표면 정리하기 - 폴리시 지우기 - 발톱 모양 만들기 - 큐티클 정리하기
④ 폴리시 지우기 - 소독하기 - 발톱 모양 만들기 - 큐티클 오일 바르기 - 큐티클 정리하기

**56 패티큐어 시술 시 굳은살을 제거하는 도구의 명칭은?**

① 푸셔 ② 토우 세퍼레이터
③ 콘커터 ④ 클리퍼

**57 푸셔로 큐티클을 밀어 올릴 때 가장 적합한 각도는?**

① 15도 ② 30도
③ 45도 ④ 60도

**58 팁 위드 랩 시술 시 사용하지 않는 재료는?**

① 글루 드라이 ② 실크
③ 젤 글루 ④ 아크릴 파우더

**59 UV젤의 특징이 아닌 것은?**

① 올리고머 형태의 분자구조를 가지고 있다
② 탑 젤의 광택은 인조 네일 중 가장 좋다
③ 젤은 농도에 따라 묽기가 약간씩 다르다
④ UV젤은 상온에서 경화가 가능하다

**60 컬러링의 설명으로 틀린 것은?**

① 베이스 코트는 폴리시의 착색을 방지한다
② 폴리시 브러시의 각도는 90도 로 잡는 것이 가장 적합하다
③ 폴리시는 얇게 바르는 것이 빨리 건조하고 색상이 오래 유지된다
④ 탑코트는 폴리시의 광택을 더해주고 지속력을 높인다

**정답**

| 1 | 2 | 3 | 4 | 5 | 6 | 7 | 8 | 9 | 10 |
|---|---|---|---|---|---|---|---|---|---|
| ① | ② | ③ | ④ | ① | ② | ① | ② | ① | ③ |
| 11 | 12 | 13 | 14 | 15 | 16 | 17 | 18 | 19 | 20 |
| ① | ④ | ① | ④ | ③ | ③ | ② | ② | ① | ③ |
| 21 | 22 | 23 | 24 | 25 | 26 | 27 | 28 | 29 | 30 |
| ① | ④ | ① | ③ | ③ | ① | ② | ④ | ② | ② |
| 31 | 32 | 33 | 34 | 35 | 36 | 37 | 38 | 39 | 40 |
| ② | ② | ④ | ④ | ③ | ② | ④ | ③ | ② | ① |
| 41 | 42 | 43 | 44 | 45 | 46 | 47 | 48 | 49 | 50 |
| ① | ③ | ④ | ④ | ① | ④ | ④ | ④ | ③ | ③ |
| 51 | 52 | 53 | 54 | 55 | 56 | 57 | 58 | 59 | 60 |
| ② | ① | ② | ③ | ① | ③ | ③ | ④ | ④ | ② |

# 4 기출문제

**01 일명 도시형, 유입형이라고도 하며 생산층 인구가 전체 인구의 50% 이상이되는 인구 구성의 유형은?**

① 별형 (star form)
② 항아리형 (pot form)
③ 농촌형 (guitar form)
④ 종형 (bell form)

**02 다음 중 식물에게 가장 피해를 많이 줄 수 있는 기체는?**

① 일산화탄소　② 이산화탄소
③ 탄화수소　④ 이산화황

**03 다음 감염병 중 호흡기계 전염병에 속하는 것은?**

① 발진티푸스　② 파라티푸스
③ 디프테리아　④ 황열

**04 사회보장의 종류에 따른 내용의 연결이 옳은 것은?**

① 사회보험 - 기초생활보장, 의료보장
② 사회보험 - 소득보장, 의료보장
③ 공적부조 - 기초생활보장, 보건의료서비스
④ 공적부조 - 의료보장, 사회복지서비스

**05 ( )안에 들어갈 알맞은 것은?**

> (　　)(이)란 감염병 유행지역의 입국자에 대하여 감염병 감염이 의심되는 사람의 강제격리로 "건강격리"라고도 한다.

① 검역　② 감금
③ 감시　④ 전파예방

**06 감염병을 옮기는 질병과 그 매개곤충을 연결한 것으로 옳은 것은?**

① 말라리아 - 진드기
② 발진티푸스 - 모기
③ 양충병(쯔쯔가무시) - 진드기
④ 일본뇌염 - 체체파리

**07 영양송의 3대 작용으로 틀린 것은?**

① 신체의 생리기능 조절
② 에너지 열량 감소
③ 신체의 조직 구성
④ 열량공급 작용

**08 다음 소독 방법 중 완전 멸균으로 가장 빠르고 효과적인 방법은?**

① 유통증기법 ② 간헐살균법
③ 고압증기법 ④ 건열소독

**09 인체에 질병을 일으키는 병원체 중 대체로 살아있는 세포에서만 증식하고 크기가 가장 작아 전자현미경으로만 관찰할 수 있는 것은**

① 구균 ② 간균
③ 바이러스 ④ 원생동물

**10 이·미용업소 쓰레기통, 하수구 소독으로 효과적인 것은?**

① 역성비누액, 승홍수
② 승홍수, 포르말린수
③ 생석회, 석회유
④ 역성비누액, 생석회

**11 이·미용업소에서 공기 중 비말전염으로 가장 쉽게 옮겨질 수 있는 감염병은?**

① 인플루엔자 ② 대장균
③ 뇌염 ④ 장티푸스

**12 소독약의 살균력 지표로 가장 많이 이용되는 것은?**

① 알코올 ② 크레졸
③ 석탄산 ④ 포름알데히

**13 다음 중 아포(포자)까지도 사멸시킬 수 있는 멸균 방법은?**

① 자외선조사법
② 고압증기멸균법
③ P.O. (Propylene Oxide) 가스 멸균법
④ 자비소독법

**14 소독제의 구비조건과 가장 거리가 먼 것은?**

① 높은 살균력을 가질 것
② 인축에 해가 없어야 할 것
③ 저렴하고 구입과 사용이 간편할 것
④ 냄새가 강할 것

**15 여드름을 유발하는 호르몬은?**

① 인슐린 (insulin)
② 안드로겐 (androgen)
③ 에스트로겐 (estrogen)
④ 티록신 (thyroxine)

**16 멜라닌 세포가 주로 위치하는 곳은?**

① 각질층 ② 기저층
③ 유극층 ④ 망상층

**17 피지, 각질세포, 박테리아가 서로 엉겨서 모공이 막힌 상태를 무엇이라 하는가?**

① 구진 ② 면포
③ 반점 ④ 결절

**18 사춘기 이후 성호르몬의 영향을 받아 분비되기 시작하는 땀샘으로 체취선이라고 하는 것은?**

① 소한선 ② 대한선
③ 갑상선 ④ 피지선

**19 일광화상의 주된 원인이 되는 자외선은?**

① UV-A ② UV-B
③ UV-C ④ 가시광선

**20 다음 중 뼈와 치아의 주성분이며, 결핍되면 혈액의 응고현상이 나타나는 영양소는?**

① 인(P) ② 요오드(I)
③ 칼슘(Ca) ④ 철분(Fe)

**21 노화 피부에 대한 전형적인 증세는?**

① 피지가 과다 분비되어 번들거린다.
② 항상 촉촉하고 매끈하다
③ 수분이 80% 이상이다
④ 유분과 수분이 부족하다

**22 공중위생관리법상 이·미용 기구의 소독기준 및 방법으로 틀린 것은?**

① 건열멸균소독 : 섭씨 100℃ 이상의 건조한 열에 10분 이상 쐬어준다
② 증기소독 : 섭씨 100℃ 이상의 습한 열에 20분 이상 쐬어준다
③ 열탕소독 : 섭씨 100℃ 이상의 물속에 10분 이상 끓여준다
④ 석탄산수소독 : 석탄산수 (석탄산 3%, 물 97%의 수용액)에 10분 이상 담가둔다

**23 공중위생업자가 매년 받아야 하는 위생교육 시간은?**

① 5시간 ② 4시간
③ 3시간 ④ 2시간

**24 면허의 정지명령을 받은 자가 반납한 면허증은 정지기간 동안 누가 보관하는가?**

① 관할 시 · 도지사
② 관할 시장 · 군수 · 구청장
③ 보건복지부장관
④ 관할 경찰서장

**25 과태료의 부과 · 징수 절차에 관한 설명으로 틀린 것은?**

① 시장 · 군수 · 구청장이 부과 · 징수한다
② 과태료 처분의 고지를 받은 날 부터 30일 이내에 이의를 제기할 수 있다
③ 과태료 처분을 받은 자가 이의를 제기한 경우 처분권자는 보건복지부장관에게 이를 통보한다
④ 기간 내 이의가 없이 과태료를 납부하지 아니한 때에는 지방세 체납 처분의 예에 따른다

**26 다음 중 청문의 대상이 아닌 때는?**

① 면허취소 처분을 하고자 하는 때
② 면허정지 처분을 하고자 하는 때
③ 영업소폐쇄명령의 처분을 하고자 하는 때
④ 벌금으로 처벌하고자 하는 때

**27** **신고를 하지 아니하고 영업소의 소재지를 변경한 때에 대한 1차 위반 시 행정처분 기준은?**

① 영업장 폐쇄명령 ② 영업정지 6월
③ 영업정지 3월 ④ 영업정이 2월

**28** **이·미용업 영업신고 신청 시 필요한 구비서류에 해당하는 것은?**

① 이·미용사 자격증 원본
② 면허증 원본
③ 호적등본 및 주민증록등본
④ 건축물 대장

**29** **화장수에 대한 설명 중 올바르지 않은 것은?**

① 수렴화장수는 아스트린젠트라고 불린다
② 수렴화장수는 지성, 복합성 피부에 효과적으로 사용된다
③ 유연화장수는 건성 또는 노화피부에 효과적으로 사용된다
④ 유연화장수는 모공을 수축시켜 피부결을 섬세하게 정리해 준다

**30** **아줄렌(Azulene)은 어디에서 얻어지는가?**

① 카모마일(Camomile)
② 로얄젤리(Royal Jelly)
③ 아르니카(Armica)
④ 조류(Algae)

**31** **향수에 대한 설명으로 옳은 것은?**

① 퍼퓸(perfume extract) - 알코올 70%와 향수원액을 30% 포함하며, 향이 3일 정도 지속된다
② 오드 퍼퓸(eau de perfume) - 알코올 95%이상, 향수원액 2~3%로 30분 정도 향이 지속된다
③ 샤워 코롱(shower cologne) - 알코올 80%와 물 및 향수원액 15%가 함유된 것으로 5시간 정도 향이 지속된다
④ 헤어 토닉(hair tonic) - 알코올 85~95%와 향수원액 8%가량이 함유된 것으로 향이 2~3시간 정도 지속된다

**32** **린스의 기능으로 틀린 것은?**

① 정전기를 방지한다
② 모발 표면을 보호한다
③ 자연스러운 광택을 준다
④ 세정력이 강하다

**33** **화장품 성분 중 기초화장품이나 메이크업 화장품에 널리 사용되는 고형의 유성성분으로 화학적으로는 고급지방산에 고급알코올이 결합된 에스테르이며, 화장품의 굳기를 증가시켜 주는 원료에 속하는 것은?**

① 왁스(wax)
② 폴리에틸렌글리콜(polyethylene glycol)
③ 피마자유(caaster oil)
④ 바셀린(vaseline)

**34 화장품의 4대 요건에 속하지 않는 것은?**

① 안전성 ② 안정성
③ 치유성 ④ 유효성

**35 다음 중 미백 기능과 가장 거리가 먼 것은?**

① 비타민C ② 코직산
③ 캠퍼 ④ 감초

**36 네일미용의 역사에 대한 설명으로 틀린 것은?**

① 최초의 미용네일은 기원전 3000년 경에 이집트에서 시작되었다
② 고대 이집트에서는 헤나를 이용하여 붉은 오렌지색으로 손톱을 물들였다
③ 그리스에서는 계란 흰자와 아라비아산 고무나무 수액을 섞어 손톱에 칠하였따
④ 15세기 중국의 명 왕조에서는 흑색과 적색으로 손톱에 칠하여 장식하였다

**37 손톱의 구조 중 조근에 대한 설명으로 가장 적합한 것은?**

① 손톱 모양을 만든다
② 연분홍의 반달모양이다
③ 손톱이 자라기 시작하는 곳이다
④ 손톱의 수분공급을 담당한다

**38 네일 샵(shop)의 안전관리를 위한 대처방법으로 가장 적합하지 않은 것은?**

① 화학물질을 사용할 때에는 반드시 뚜껑이 있는 용기를 이용한다
② 작업 시 마스크를 착용하여 가루의 흡입을 막는다
③ 작업공간에서는 음식물이나 음료, 흡연을 금한다
④ 가능하면 스프레이 형태의 화학물질을 사용한다

**39 손톱의 구조에서 자유연(프리에지) 밑부분의 피부를 무엇이라고 하는가?**

① 하조피 (하이포니키움)
② 조구 (네일 그루부)
③ 큐티클
④ 조상연 (페리오니키움)

**40 다음 중 손톱의 역할과 가장 거리가 먼 것은?**

① 손끝과 발끝을 외부자걱으로 부터 보호한다
② 미적 · 장식적 기능이 있다
③ 방어와 공격의 기능이 있다
④ 분비기능이 있다

**41 다음 중 손가락의 수지골 뼈의 명칭이 아닌 것은?**

① 기절골 ② 말절골
③ 중절골 ④ 요골

**42** **다음 중 네일미용 시술이 가능한 경우는?**

① 사상균증 ② 조갑구만증
③ 조갑탈락증 ④ 행네일

**43** **네일도구의 설명으로 틀린 것은?**

① 큐티클 니퍼 : 손톱 위에 거스러미가 생긴 살을 제거할 때 사용한다
② 아크릴릭 브러시 : 아크릴릭 파우더로 볼을 만들어 인조손톱을 만들 때 사용한다
③ 클리퍼 : 인조팁을 잘라 길이를 조절할 때 사용한다
④ 아클릴릭 폼지 : 팁 없이 아크릴릭 파우더만을 가지고 네일을 연장할 때 사용하는 일종의 받침대 역할을 한다

**44** **손가락과 손가락 사이가 붙지 않고 벌어지게 하는 외향에 작용하는 손등의 근육은?**

① 외전근 ② 내전근
③ 대립근 ④ 회외근

**45** **네일미용 관리 중 고객관리에 대한 응대로 지켜야 할 사항이 아닌 것은?**

① 시술의 우선 순위에 대한 논쟁을 막기 위해서 예약 고객을 우선으로 한다
② 고객이 도착하기 전에는 필요한 물건과 도구를 준비해야 한다
③ 관리 중에는 고객과 대화를 나누지 않는다
④ 고객에게 소지품과 옷 보관함을 제공하고 바뀌는 일이 없도록 한다

**46** **고객관리에 대한 설명으로 옳은 것은?**

① 피부 습진이 있는 고객은 처치를 하면서 서비스한다
② 진한 메이크업을 하고 고객을 응대한다
③ 네일제품으로인한 알레르기 반응이 생길 수 있으므로 원인이 되는 제품의 사용을 멈추도록 한다
④ 문제성 피부를 지닌 고객에게 주어진 업무수행을 자유롭게 한다

**47** **다음 중 발의 근육에 해당하는 것은?**

① 비복근 ② 대퇴근
③ 장골근 ④ 족배근

**48** **화학물질로부터 자신과 고객을 보호하는 방법으로 틀린 것은?**

① 화학물질은 피부에 닿아도 되기 때문에 신경쓰지 않아도 된다
② 통풍이 잘 되는 작업장에서 작업을 한다
③ 공중 스프레이 제품보다 찍어 바르거나 솔로 바르는 제품을 선택한다
④ 콘택트 렌즈의 사용을 제한한다

**49 한국의 네일미용의 역사에 관한 설명 중 틀린 것은?**

① 우리나라 네일 장식의 시작은 봉선화 꽃물을 들이는 것이라 할 수 있다
② 한국의 네일 산업이 본격화되지 시작한 것은 1960년대 중반으로 미국과 일본의 영향으로 네일산업이 급성장하면서 대중화되기 시작했다
③ 1990년대부터 대중화 되어 왔고 1998년에는 민간자격증이 도입되었다
④ 화장품 회사에서 다양한 색상의 팔리시를 판매하면서 일반인들이 네일에 대해 관심을 갖기 시작했다

**50 네일 질환 중 교조증(오니포파지, Onychophagy)의 원인과 관리방법 중 가장 적합한 것은?**

① 유전에 의하여 손톱의 끝이 두껍게 자라는 것이 원인으로 매니큐어나 페디큐어가 증상을 완화시킨다
② 멜라닌 색소가 착색되어 일어나는 증상이 원인이며 손톱이 자라면서 없어지기도 한다
③ 손톱을 심하게 물어뜯을 경우 원인이 되며 인조손톱을 붙여서 교정할 수 있다
④ 식습관이나 질병에서 비롯된 증상이 원인이며 부드러운 파일을 사용하여 관리한다

**51 습식매니큐어 시술에 관한 설명으로 틀린 것은?**

① 고객의 취향과 기호에 맞게 손톱 모양을 잡는다
② 자연손톱 파일링 시 한 방향으로 시술한다
③ 손톱 질환이 심각할 경우 의사의 진료를 권한다
④ 큐티클을 죽은 각질피부이므로 반드시 모두 제거하는 것이 좋다

**52 폴리시를 바르는 방법 중 손톱이 길고 가늘게 보이도록 하기 위해 양쪽 사이드 부위를 남겨두는 컬러링 방법은?**

① 프리에지 (free edge)
② 풀코트 (full coat)
③ 슬림 라인 (slim line)
④ 루눌라 (lunula)

**53 UV-젤 네일의 설명으로 옳지 않은 것은?**

① 젤은 끈끈한 점성을 가지고 있다
② 파우더와 믹스되었을 때 단단해진다
③ 네일 리무버로 제거되지 않는다
④ 투명도와 광택이 뛰어나다

**54 아크릴릭 시술 시 바르는 프라이머에 대한 설명으로 틀린 것은?**

① 단백질을 화학작용으로 녹여준다
② 아크릴릭 네일이 손톱에 잘 부착되도록 도와 준다
③ 피부에 닿으면 화상을 입힐 수 있다
④ 충분한 양으로 여러 번 도포해야 한다

**55 네일 팁 오버레이의 시술과정에 대한 설명으로 틀린 것은?**

① 네일 팁 접착 시 자연손톱 길이의 1/2 이상 덮지 않는다
② 자연 손톱이 넓은 경우 좁게 보이게 하기 위하여 작은 사이즈의 네일 팁을 붙인다
③ 네일 팁의 접착력을 높여주기 위해 자연손톱의 에칭작업을 한다
④ 프리프라이머를 자연손톱에만 도포한다

**56 아크릴릭 네일의 보수 과정에 대한 설명으로 가장 거리가 먼 것은?**

① 들뜬 부분의 경계를 파일링 한다
② 아크릴릭 표면이 단단하게 굳은 후에 파일링 한다
③ 세로 자라난 자연 손톱 부분에 프라이머를 바른다
④ 들뜬 부분에 오일 도포 후 큐티클을 정리한다

**57 페디파일의 사용 방향으로 가장 적합한 것은?**

① 바깥쪽에서 안쪽으로
② 왼쪽에서 오른쪽으로
③ 족문 방향으로
④ 사선 방향으로

**58 큐티클을 정리하는 도구의 명칭으로 가장 적합한 것은?**

① 핑거볼 ② 니퍼
③ 핀셋 ④ 클리퍼

**59 페디큐어의 시술방법으로 맞는 것은?**

① 파고드는 발톱의 예방을 위하여 발톱의 모양(shape)은 일자형으로 한다
② 혈압이 높거나 심장병이 있는 고객은 마사지를 더 강하게 해 준다
③ 모든 각질 제거에는 콘커터를 사용하여 완벽하게 제거한다
④ 발톱의 모양은 무조건 고객이 원하는 형태로 잡아준다

**60 네일 팁에 대한 설명으로 틀린 것은?**

① 네일 팁 접착 시 손톱의 1/2 이상 커버해서는 안된다
② 네일 팁은 손톱의 크기에 너무 크거나 작지 않은 가장 잘 맞는 사이즈의 팁을 사용한다
③ 웰 부분의 형태에 따라 풀 웰(full well)과 하프 웰(half well)이 있다.
④ 자연 손톱이 크고 납작한 경우 커브타입의 팁이 좋다

**정답**

| 1 | 2 | 3 | 4 | 5 | 6 | 7 | 8 | 9 | 10 |
|---|---|---|---|---|---|---|---|---|---|
| ① | ④ | ③ | ② | ① | ③ | ② | ③ | ③ | ③ |
| 11 | 12 | 13 | 14 | 15 | 16 | 17 | 18 | 19 | 20 |
| ① | ③ | ② | ④ | ② | ② | ② | ② | ② | ③ |
| 21 | 22 | 23 | 24 | 25 | 26 | 27 | 28 | 29 | 30 |
| ④ | ① | ③ | ② | ③ | ④ | ① | ② | ④ | ① |
| 31 | 32 | 33 | 34 | 35 | 36 | 37 | 38 | 39 | 40 |
| ① | ④ | ① | ③ | ③ | ③ | ③ | ④ | ① | ④ |
| 41 | 42 | 43 | 44 | 45 | 46 | 47 | 48 | 49 | 50 |
| ④ | ④ | ③ | ① | ③ | ③ | ④ | ① | ② | ③ |
| 51 | 52 | 53 | 54 | 55 | 56 | 57 | 58 | 59 | 60 |
| ④ | ③ | ③ | ④ | ② | ④ | ③ | ② | ① | ④ |

# 5 기출문제

**01 야채를 고온에서 요리할 때 가장 파괴되기 쉬운 비타민은?**

① 비타민 A　② 비타민 C
③ 비타민 D　④ 비타민 K

**02 다음 중 병원소에 해당하지 않는 것은?**

① 흙　② 물
③ 가축　④ 보균자

**03 일반폐기물 처리방법 중 가장 위생적인 방법은?**

① 매립법　② 소각법
③ 투기법　④ 비료화법

**04 인구통계에서 5~9세 인구란?**

① 만4세 이상 ~ 만8세 미만 인구
② 만5세 이상 ~ 만10세 미만 인구
③ 만4세 이상 ~ 만9세 미만 인구
④ 4세 이상 ~ 9세 이하 인구

**05 모유수유에 대한 설명으로 옳지 않은 것은?**

① 수유 전 산모의 손을 씻어 감염을 예방하여야 한다.
② 모유수유를 하면 배란을 촉진시켜 임신을 예방 하는 효과가 없다.
③ 모유에는 림프구, 대식세포 등의 백혈구가 들어 있어 각종 감염으로부터 장을 보호하고 설사를 예방하는 데 큰 효과를 갖고 있다.
④ 초유는 영양가가 높고 면역체가 있으므로 아기 에게 반드시 먹이도록 한다.

**06 감염병 감염 후 얻어지는 면역의 종류는?**

① 인공능동면역　② 인공수동면역
③ 자연능동면역　④ 자연수동면역

**07 다음 중 출생 후 아기에게 가장 먼저 실시하게 되는 예방접종은?**

① 파상풍　② B형 간염
③ 홍역　④ 폴리오

**08 바이러스의 특성으로 가장 거리가 먼 것은?**

① 생체 내에서만 증식이 가능하다.
② 일반적으로 병원체 중에서 가장 작다.
③ 황열바이러스가 인간질병 최초의 바이러스이다.
④ 항생제에 감수성이 있다.

**09 소독제의 적정 농도로 틀린 것은?**

① 석탄산 1~3%　② 승홍수 0.1%
③ 크레졸수 1~3%　④ 알코올 1~3%

**10 병원성·비병원성 미생물 및 포자를 가진 미생물 모두를 사멸 또는 제거하는 것은?**

① 소독　② 멸균
③ 방부　④ 정균

**11 다음 중 이·미용업소에서 가장 쉽게 옮겨질 수 있는 질병은?**

① 소아마비　② 뇌염
③ 비활동성 결핵　④ 전염성 안질

**12 다음 중 음용수 소독에 사용되는 소독제는?**

① 석탄산　② 액체염소
③ 승홍　④ 알코올

**13 다음 중 미생물학의 대상에 속하지 않는 것은?**

① 세균　② 바이러스
③ 원충　④ 원시동물

**14 소독제의 사용 및 보존상의 주의 점으로 틀린 것은?**

① 일반적으로 소독제는 밀폐시켜 일광이 직사되지 않는 곳에 보존해야 한다.
② 부식과 상관이 없으므로 보관 장소의 제한이 없다.
③ 승홍이나 석탄산 같은 것은 인체에 유해하므로 특별히 주의 취급하여야 한다.
④ 염소제는 일광과 열에 의해 분해되지 않도록 냉암소에 보존하는 것이 좋다.

**15 리보플라빈이라고도 하며, 녹색 채소류, 밀의 배아, 효모, 계란, 우유 등에 함유되어 있고 결핍되면 피부염을 일으키는 것은?**

① 비타민 B2　② 비타민 E
③ 비타민 K　④ 비타민 A

**16 다음 태양광선 중 파장이 가장 짧은 것은?**

① UV - A　② UV - B
③ UV - C　④ 가시광선

**17 멜라닌 색소 결핍의 선천적 질환으로 쉽게 일광화상을 입는 피부병변은?**

① 주근깨　② 기미
③ 백색증　④ 노인성 반점(검버섯)

**18 진균에 의한 피부병변이 아닌 것은?**

① 족부백선　② 대상포진
③ 무좀　④ 두부백선

**19 피부에 대한 자외선의 영향으로 피부의 급성반응과 가장 거리가 먼 것은?**

① 홍반반응 ② 화상
③ 비타민 D 합성 ④ 광노화

**20 얼굴에서 피지선이 가장 발달된 곳은?**

① 이마 부분 ② 코 옆 부분
③ 턱 부분 ④ 뺨 부분

**21 에크린 땀샘(소한선)이 가장 많이 분포된 곳은?**

① 발바닥 ② 입술
③ 음부 ④ 유두

**22 이·미용업소 내에 반드시 게시하지 않아도 무방한 것은?**

① 이·미용업 신고증
② 개설자의 면허증 원본
③ 최종지불요금표
④ 이·미용사 자격증

**23 다음 중 이·미용업의 시설 및 설비기준으로 옳은 것은?**

① 소독기, 자외선 살균기 등의 소독장비를 갖추어야 한다.
② 영업소 안에는 별실, 기타 이와 유사한 시설을 설치할 수 있다.
③ 응접장소와 작업장소를 구획하는 경우에는 커튼, 칸막이 기타 이와 유사한 장애물의 설치가 가능 하며 외부에서 내부를 확인할 수 없어야 한다.
④ 탈의실, 욕실, 욕조 및 샤워기를 설치하여야 한다.

**24 풍속관련법령 등 다른 법령에 의하여 관계행정기관의 장의 요청이 있을 때 공중위생영업자를 처벌할 수 있는 자는?**

① 시·도지사
② 시장·군수·구청장
③ 보건복지부장관
④ 행정자치부장관

**25 1차 위반 시의 행정처분이 면허취소가 아닌 것은?**

① 국가기술자격법에 따라 이·미용사 자격이 취소된 때
② 이중으로 면허를 취득한 때
③ 면허정지처분을 받고 그 정지 기간 중 업무를 행 한 때
④ 국가기술자격법에 의하여 이·미용사 자격정지 처분을 받을 때

**26 다음 중 영업소 외에서 이용 또는 미용 업무를 할 수 있는 경우는?**

| |
|---|
| ㉠ 중병에 걸려 영업소에 나올 수 없는 자의 경우<br>㉡ 혼례 기타 의식에 참여하는 자에 대한 경우<br>㉢ 이용장의 감독의 받은 보조원이 업무를 하는 경우<br>㉣ 미용사가 손님 유치를 위하여 통행이 빈번한 장소에서 업무를 하는 경우 |

① ㄷ ② ㄱ, ㄴ
③ ㄱ, ㄴ, ㄷ ④ ㄱ, ㄴ, ㄷ, ㄹ

**27 공중위생영업의 승계에 대한 설명으로 틀린 것은?**

① 공중위생영업자가 그 공중위생영업을 양도하거나 사망한 때 또는 법인의 합병이 있는 때에는 그 양수인·상속인 또는 합병 후 존속하는 법인이나 합병에 의하여 설립되는 법인은 그 공중위생영업자의 지위를 승계한다.
② 이용업 또는 미용업의 경우에는 규정에 의한 면허를 소지한 자에 한하여 공중위생영업자의 지위를 승계할 수 있다.
③ 민사집행법에 의한 경매, 채무자 회생 및 파산에 관한 법률에 의한 환가나 국제징수법·관세법 또는 지방세기본법에 의한 압류재산의 매각, 그 밖에 이에 준하는 절차에 따라 공중위생영업 관련시설 및 설비의 전부를 인수한 자는 이 법에 의한 그 공중위생영업자의 지위를 승계한다.
④ 공중위생영업자의 지위를 승계한 자는 1월 이내에 보건복지부령이 정하는 바에 따라 보건복지부장관에게 신고하여야 한다.

**28 처분기준이 2백만 원 이하의 과태료가 아닌 것은?**

① 규정을 위반하여 영업소 이외 장소에서 이·미용 업무를 행한 자
② 위생교육을 받지 아니한 자
③ 위생 관리 의무를 지키지 아니한 자
④ 관계 공무원의 출입·검사·기타 조치를 거부· 방해 또는 기피한 자

**29 향수의 부향률이 높은 순에서 낮은 순으로 바르게 정렬된 것은?**

① 퍼퓸(Perfume) 〉오데 퍼퓸(Eau de Perfume) 〉오데 토일렛(Eau de Toilet) 〉오데 코롱(Eau de Cologne)
② 퍼퓸(Perfume) 〉오데 토일렛(Eau de Toilet) 〉오데 퍼퓸(Eau de Perfume) 〉오데 코롱(Eau de Cologne)
③ 오데 코롱(Eau de Cologne) 〉오데 퍼퓸(Eau de Perfume) 〉오데 토일렛(Eau de Toilet) 〉퍼퓸 (Perfume)
④ 오데 코롱(Eau de Cologne) 〉오데 토일렛(Eau de Toilet) 〉오데 퍼퓸(Eau de Perfume) 〉퍼퓸 (Perfume)

**30 화장품의 요건 중 제품이 일정기간 동안 변질되거나 분리되지 않는 것을 의미하는 것은 무엇인가?**

① 안전성 ② 안정성
③ 사용성 ④ 유효성

**31 자외선 차단 성분의 기능이 아닌 것은?**

① 노화를 막는다.
② 과색소를 막는다.
③ 일광화상을 막는다.
④ 미백작용을 한다.

**32 다음 중 화장수의 역할이 아닌 것은?**

① 피부의 수렴작용을 한다.
② 피부 노폐물의 분비를 촉진시킨다.
③ 각질층에 수분을 공급한다.
④ 피부의 pH 균형을 유지시킨다.

**33 양모에서 추출한 동물성 왁스는?**

① 라놀린 ② 스쿠알렌
③ 레시틴 ④ 리바이탈

**34 세정제에 대한 설명으로 옳지 않은 것은?**

① 가능한 한 피부의 생리적 균형에 영향을 미치지 않는 제품을 사용하는 것이 바람직하다.
② 대부분의 비누는 알칼리성의 성질을 가지고 있어서 피부의 산, 염기 균형에 영향을 미치게 된다.
③ 피부노화를 일으키는 활성산소로부터 피부를 보호하기 위해 비타민 C, 비타민 E를 사용한 기능성 세정제를 사용할 수도 있다.
④ 세정제는 피지선에서 분비되는 피지와 피부장벽의 구성요소인 지질성분을 제거하기 위하여 사용된다.

**35 바디샴푸가 갖추어야 할 이상적인 성질과 거리가 먼 것은?**

① 각질의 제거 능력
② 적절한 세정력
③ 풍부한 거품과 거품의 지속성
④ 피부에 대한 높은 안정성

**36 파일의 거칠기 정도를 구분하는 기준은?**

① 파일의 두께 ② 그릿 숫자
③ 소프트 숫자 ④ 파일의 길이

**37 부드럽고 가늘며 하얗게 되어 네일 끝이 굴곡진 상태의 증상으로 질병, 다이어트, 신경성 등에서 기인되는 네일 병변으로 옳은 것은?**

① 위축된 네일(onychatrophia)
② 파란 네일(onychocyanosis)
③ 계란껍질 네일(onychomalacia)
④ 거스러미 네일(hang nail)

**38 인체를 구성하는 생태학적 단계로 바르게 나열한 것은?**

① 세포 - 조직 - 기관 - 계통 - 인체
② 세포 - 기관 - 조직 - 계통 - 인체
③ 세포 - 계통 - 조직 - 기관 - 인체
④ 인체 - 계통 - 기관 - 세포 - 조직

**39 네일의 역사에 대한 설명으로 틀린 것은?**

① 최초의 네일관리는 기원전 3,000년경에 이집트와 중국의 상류층에서 시작되었다.
② 고대 이집트에서는 헤나라는 관목에서 빨간색과 오렌지색을 추출하였다.
③ 고대 이집트에서는 남자들도 네일관리를 하였다.
④ 네일관리는 지금까지 5,000년에 걸쳐 변화되어 왔다.

**40 고객의 홈케어 용도로 큐티클 오일을 사용 시 주된 사용 목적으로 옳은 것은?**

① 네일 표면에 광택을 주기 위해서
② 네일과 네일 주변의 피부에 트리트먼트 효과를 주기 위해서
③ 네일 표면에 변색과 오염을 방지하기 위해서
④ 찢어진 손톱을 보강하기 위해서

**41** **폴리시 바르는 방법 중 네일을 가늘어 보이게 하는 것은?**

① 프리에지 ② 루눌라
③ 프렌치 ④ 프리월

**42** **다음 중 네일의 병변과 그 원인의 연결이 잘못된 것은?**

① 모반점(니버스) - 네일의 멜라닌 색소 작용
② 과잉성장으로 두꺼운 네일 - 유전, 질병, 감염
③ 고랑 파진 네일 - 아연 결핍, 과도한 푸셔링, 순환계 이상
④ 붉거나 검붉은 네일 - 비타민, 레시틴 부족, 만성질환 등

**43** **네일 매트릭스에 대한 설명 중 틀린 것은?**

① 손·발톱의 세포가 생성되는 곳이다.
② 네일 매트릭스의 세로 길이는 네일 플레이트의 두께를 결정한다.
③ 네일 매트릭스의 가로 길이는 네일 베드의 길이를 결정한다.
④ 네일 매트릭스는 네일 세포를 생성시키는 데 필요한 산소를 모세혈관을 통해서 공급받는다.

**44** **다음 중 손의 중간근(중수근)에 속하는 것은?**

① 엄지맞섬근(무지대립근)
② 엄지모음근(무지내전근)
③ 벌레근(충양근)
④ 작은원근(소원근)

**45** **다음 중 뼈의 구조가 아닌 것은?**

① 골막 ② 골질
③ 골수 ④ 골조직

**46** **건강한 손톱의 조건으로 틀린 것은?**

① 12~18%의 수분을 함유하여야 한다.
② 네일 베드에 단단히 부착되어 있어야 한다.
③ 루눌라(반월) 가 선명하고 커야 한다.
④ 유연성과 강도가 있어야 한다.

**47** **일반적인 손·발톱의 성장에 관한 설명 중 틀린 것은?**

① 소지 손톱이 가장 빠르게 자란다.
② 여성보다 남성의 경우 성장 속도가 빠르다.
③ 여름철에 더 빨리 자란다.
④ 발톱의 성장 속도는 손톱의 성장 속도보다 1/2 정도 늦다.

**48** **다음 중 소독방법에 대한 설명으로 틀린 것은?**

① 과산화수소 3% 용액을 피부 상처의 소독에 사용한다.
② 포르말린 1~1.5% 수용액을 도구 소독에 사용한다.
③ 크레졸 3% 물 97% 수용액을 도구 소독에 사용 한다.
④ 알코올 30%의 용액을 손, 피부 상처에 사용한다.

**49 한국 네일미용의 역사와 가장 거리가 먼 것은?**

① 고려시대부터 주술적 의미로 시작하였다.
② 1990년대부터 네일산업이 점차 대중화되어 갔다.
③ 1998년 민간자격시험 제도가 도입 및 시행되었다.
④ 상류층 여성들은 손톱 뿌리부분에 문신 바늘로 색소를 주입하여 상류층임을 과시하였다.

**50 네일 도구를 제대로 위생처리하지 않고 사용했을 때 생기는 질병으로 시술할 수 없는 손톱의 병변은?**

① 오니코렉시스(조갑종렬증)
② 오니키아(조갑염)
③ 에그쉘 네일(조갑연화증)
④ 니버스(모반점)

**51 젤 큐어링 시 발생하는 히팅 현상과 관련한 내용으로 가장 거리가 먼 것은?**

① 손톱이 얇거나 상처가 있을 경우에 히팅 현상이 나타날 수 있다.
② 젤 시술이 두껍게 되었을 경우에 히팅 현상이 나타날 수 있다.
③ 히팅 현상 발생 시 경화가 잘 되도록 잠시 참는다.
④ 젤 시술 시 얇게 여러 번 발라 큐어링하여 히팅 현상에 대처한다.

**52 스마일 라인에 대한 설명 중 틀린 것은?**

① 손톱의 상태에 따라 라인의 깊이를 조절할 수 있다.
② 깨끗하고 선명한 라인을 만들어야 한다.
③ 좌우 대칭의 밸런스보다 자연스러움을 강조해야 한다.
④ 빠른 시간에 시술해서 얼룩지지 않도록 해야 한다.

**53 프라이머의 특징이 아닌 것은?**

① 아크릴릭 시술 시 자연손톱에 잘 부착되도록 돕는다.
② 피부에 닿으면 화상을 입힐 수 있다.
③ 자연손톱 표면의 단백질을 녹인다.
④ 알칼리 성분으로 자연손톱을 강하게 한다.

**54 가장 기본적인 네일 관리법으로 손톱모양 만들기, 큐티클 정리, 마사지, 컬러링 등을 포함하는 네일 관리법은?**

① 습식매니큐어 ② 페디아트
③ UV 젤네일 ④ 아크릴 오버레이

**55 다음 중 원톤 스캅춰 제거에 대한 설명으로 틀린 것은?**

① 니퍼로 뜯는 행위는 자연손톱에 손상을 주므로 피한다.
② 표면에 에칭을 주어 아크릴 제거가 수월하도록 한다.
③ 100% 아세톤을 사용하여 아크릴을 녹여준다.
④ 파일링만으로 제거하는 것이 원칙이다.

**56 페디큐어 과정에서 필요한 재료로 가장 거리가 먼 것은?**

① 니퍼 ② 콘커터
③ 액티베이터 ④ 토우 세퍼레이터

**57 자연손톱에 인조 팁을 붙일 때 유지하는 가장 적합한 각도는?**

① 35° ② 45°
③ 90° ④ 95°

**58 원톤 스컬프처의 완성 시 인조네일의 아름다운 구조 설명으로 틀린 것은?**

① 옆선이 네일의 사이드 월 부분과 자연스럽게 연결되어야 한다.
② 컨벡스와 컨케이브의 균형이 균일해야 한다.
③ 하이포인트의 위치가 스트레스 포인트 부근에 위치해야 한다.
④ 인조네일의 길이는 길어야 아름답다.

**59 네일 폼의 사용에 관한 설명으로 옳지 않은 것은?**

① 측면에서 볼 때 네일 폼은 항상 20° 하향하도록 장착한다.
② 자연 네일과 네일 폼 사이가 멀어지지 않도록 장착한다.
③ 하이포니키움이 손상되지 않도록 주의하며 장착한다.
④ 네일 폼이 틀어지지 않도록 균형을 잘 조절하여 장착한다.

**60 페디큐어의 정의로 옳은 것은?**

① 발톱을 관리하는 것을 말한다.
② 발과 발톱을 관리, 손질하는 것을 말한다.
③ 발을 관리하는 것을 말한다.
④ 손상된 발톱을 교정하는 것을 말한다.

**정답**

| 1 | 2 | 3 | 4 | 5 | 6 | 7 | 8 | 9 | 10 |
|---|---|---|---|---|---|---|---|---|---|
| ② | ② | ② | ② | ② | ③ | ② | ④ | ④ | ② |
| 11 | 12 | 13 | 14 | 15 | 16 | 17 | 18 | 19 | 20 |
| ④ | ② | ④ | ② | ① | ③ | ③ | ② | ④ | ② |
| 21 | 22 | 23 | 24 | 25 | 26 | 27 | 28 | 29 | 30 |
| ① | ④ | ① | ② | ④ | ② | ④ | ④ | ① | ② |
| 31 | 32 | 33 | 34 | 35 | 36 | 37 | 38 | 39 | 40 |
| ④ | ② | ① | ④ | ① | ② | ③ | ① | ③ | ② |
| 41 | 42 | 43 | 44 | 45 | 46 | 47 | 48 | 49 | 50 |
| ④ | ④ | ③ | ③ | ② | ③ | ① | ④ | ④ | ② |
| 51 | 52 | 53 | 54 | 55 | 56 | 57 | 58 | 59 | 60 |
| ③ | ③ | ④ | ① | ④ | ③ | ② | ④ | ① | ② |

# 6 기출문제

**01 자연적 환경요소에 속하지 않는 것은?**

① 기온 ② 기습
③ 소음 ④ 위생시설

**02 역학에 대한 내용으로 옳은 것은?**

① 인간 개인을 대상으로 질병 발생 현상을 설명하는 학문 분야이다.
② 원인과 경과보다 결과 중심으로 해석하여 질병 발생을 예방한다.
③ 질병 발생 현상을 생물학과 환경적으로 이분하여 설명한다.
④ 인간 집단을 대상으로 질병 발생과 그 원인을 탐구하는 학문이다.

**03 파리가 매개할 수 있는 질병과 거리가 먼 것은?**

① 아메바성 이질 ② 장티푸스
③ 발진티푸스 ④ 콜레라

**04 인구구성 중 14세 이하가 65세 이상 인구의 2배 정도이며 출생률과 사망률이 모두 낮은 형은?**

① 피라미드형 ② 종형
③ 항아리형 ④ 별형

**05 식생활이 탄수화물이 주가 되며, 단백질과 무기질이 부족한 음식물을 장기적으로 섭취함으로써 발생되는 단백질 결핍증은?**

① 펠라그라(pellagra)
② 각기병
③ 콰시오르코르증(kwashiorkor)
④ 괴혈병

**06 제1군 감염병에 해당하는 것은?**

① 콜레라, 장티푸스
② 파라티푸스, 홍역
③ 세균성 이질, 폴리오
④ A형 간염, 결핵

**07 흡연이 인체에 미치는 영향으로 가장 적합한 것은?**

① 구강암, 식도암 등의 원인이 된다.
② 피부 혈관을 이완시켜서 피부 온도를 상승시킨다.
③ 소화촉진, 식욕증진 등에 영향을 미친다.
④ 폐기종에는 영향이 없다.

**08 대장균이 사멸되지 않는 경우는?**

① 고압증기멸균　② 저온소독
③ 방사선멸균　④ 건열멸균

**09 다음 중 자외선 소독기의 사용으로 소독효과를 기대할 수 없는 경우는?**

① 여려 개의 머리빗
② 날이 열린 가위
③ 염색용 볼
④ 여러 장의 겹쳐진 타월

**10 다음 중 가위를 끓이거나 증기소독한 후 처리방법 으로 가장 적합하지 않은 것은?**

① 소독 후 수분을 잘 닦아낸다.
② 수분 제거 후 엷게 기름칠을 한다.
③ 자외선 소독기에 넣어 보관한다.
④ 소독 후 탄산나트륨을 발라둔다.

**11 다음 중 미생물의 종류에 해당하지 않는 것은?**

① 진균　② 바이러스
③ 박테리아　④ 편모

**12 금속성 식기, 면 종류의 의류, 도자기의 소독에 적합한 소독방법은?**

① 화염멸균법　② 건열멸균법
③ 소각소독법　④ 자비소독법

**13 100℃에서 30분간 가열하는 처리를 24시간마다 3회 반복하는 멸균법은?**

① 고압증기멸균법　② 건열멸균법
③ 고온멸균법　④ 간헐멸균법

**14 여러 가지 물리화학적 방법으로 병원성 미생물을 가능한 한 제거하여 사람에게 감염의 위험이 없도록 하는 것은?**

① 멸균　② 소독
③ 방부　④ 살충

**15 피지선에 대한 설명으로 틀린 것은?**

① 피지를 분비하는 선으로 진피 중에 위치한다.
② 피지선은 손바닥에는 없다.
③ 피지의 1일 분비량은 10~20g 정도이다
④ 피지선이 많은 부위는 코 주위이다.

**16 다음 중 입모근과 가장 관련 있는 것은?**

① 수분 조절　② 체온 조절
③ 피지 조절　④ 호르몬 조절

**17 적외선이 피부에 미치는 작용이 아닌 것은?**

① 온열 작용
② 비타민 D 형성 작용
③ 세포증식 작용
④ 모세혈관 확장 작용

**18** **얼굴에 있어 T존 부위는 번들거리고, 볼 부위는 당기는 피부 유형은?**

① 건성피부 ② 정상(중성) 피부
③ 지성피부 ④ 복합성피부

**19** **다음 중 기미의 유형이 아닌 것은?**

① 표피형 기미 ② 진피형 기미
③ 피하조직형 기미 ④ 혼합형 기미

**20** **지용성 비타민이 아닌 것은?**

① Vitamin D ② Vitamin A
③ Vitamin E ④ Vitamin B

**21** **단순포진이 나타나는 증상으로 가장 거리가 먼 것은?**

① 통증이 심하여 다른 부위로 통증이 퍼진다.
② 홍반이 나타나고 곧이어 수포가 생긴다.
③ 상체에 나타나는 경우 얼굴과 손가락에 잘 나타난다.
④ 하체에 나타나는 경우 성기와 둔부에 잘 나타난다.

**22** **공중위생관리법에서 사용하는 용어의 정의로 틀린 것은?**

① "공중위생영업"이라 함은 다수인을 대상으로 위생관리서비스를 제공하는 영업으로서 숙박업, 목욕장업, 이용업, 미용업, 세탁업, 위생관리용 역업을 말한다.
② "숙박업"이라 함은 손님이 잠을 자고 머물 수 있도록 시설 및 설비 등의 서비스를 제공하는 영업을 말한다.
③ "위생관리용역업"이라 함은 공중이 이용하는 건축물, 시설물 등의 청결유지와 실내공기정화를 위한 청소 등을 대행하는 영업을 말한다.
④ "미용업"이라 함은 손님의 머리카락 또는 수염을 깎거나 다듬는 등의 방법으로 손님의 용모를 단정하게 하는 영업을 말한다.

**23** **공중위생관리법상의 규정에 위반하여 위생교육을 받지 아니한 때 부과되는 과태료의 기준은?**

① 300만 원 이하 ② 500만 원 이하
③ 400만 원 이하 ④ 200만 원 이하

**24** **이·미용사의 면허가 취소되거나 면허의 정지명령을 받은 자는 누구에게 면허증을 반납하여야 하는가?**

① 보건복지부장관 ② 시·도지사
③ 시장·군수·구청장 ④ 보건소장

**25** **개선을 명할 수 있는 경우에 해당하지 않는 사람은?**

① 공중위생영업의 종류별 시설 및 설비기준을 위반한 공중위생영업자
② 위생관리의무 등을 위반한 공중위생영업자
③ 공중위생영업자의 지위를 승계한 자로서 이에 관한 신고를 하지 아니한 자
④ 위생관리의무를 위반한 공중위생시설의 소유자 등

**26** **이·미용업자의 위생관리 기준에 대한 내용 중 틀린 것은?**

① 요금표 외의 요금을 받지 않을 것
② 의료행위를 하지 않을 것
③ 의료용구를 사용하지 않을 것
④ 1회용 면도날은 손님 1인에 한하여 사용할 것

**27** **위생서비스 평가 결과 위생서비스의 수준이 우수하다고 인정되는 영업소에 대하여 포상을 실시할 수 있는 자에 해당하지 않는 것은?**

① 구청장 ② 시·도지사
③ 군수 ④ 보건소장

**28** **손님에게 도박 그 밖에 사행행위를 하게 한 때에 대한 1차 위반 시 행정처분 기준은?**

① 영업정지 1월
② 영업정지 2월
③ 영업정지 3월
④ 영업장 폐쇄명령

**29** **에멀전의 형태를 가장 잘 설명한 것은?**

① 지방과 물이 불균일하게 섞인 것이다
② 두 가지 액체가 같은 농도의 한 액체로 섞여있다.
③ 고형의 물질이 아주 곱게 혼합되어 균일한 것처럼 보인다.
④ 두 가지 또는 그 이상의 액상물질이 균일하게 혼합되어 있는 것이다.

**30** **다음 중 피부 상재균의 증식을 억제하는 항균기능을 가지고 있고, 발생한 체취를 억제하는 기능을 가진 것은?**

① 바디샴푸 ② 데오도란트
③ 샤워코롱 ④ 오데토일렛

**31** **기능성화장품에 사용되는 원료와 그 기능의 연결이 틀린 것은?**

① 비타민 C - 미백효과
② AHA(Alpha - hydroxy acid) - 각질제거
③ DHA(dihydroxy acetone) - 자외선차단
④ 레티노이드(retinoid) - 콜라겐과 엘라스틴의 회복을 촉진

**32** **방부제가 갖추어야 할 조건이 아닌 것은?**

① 독특한 색상과 냄새를 지녀야 한다.
② 적용 농도에서 피부에 자극을 주어서는 안 된다.
③ 방부제로 인하여 효과가 상실되거나 변해서는 안 된다.
④ 일정 기간 동안 효과가 있어야 한다.

33 **화장품법상 화장품이 인체에 사용되는 목적 중 틀린 것은?**

① 인체를 청결하게 한다.
② 인체를 미화한다.
③ 인체의 매력을 증진시킨다.
④ 인체의 용모를 치료한다.

34 **에센셜 오일의 보관 방법에 관한 내용으로 틀린 것은?**

① 뚜껑을 닫아 보관해야 한다.
② 직사광선을 피하는 것이 좋다.
③ 통풍이 잘되는 곳에 보관해야 한다.
④ 투명하고 공기가 통할 수 있는 용기에 보관해 여야 한다.

35 **기초화장품의 기능이 아닌 것은?**

① 피부 세정　② 피부 정돈
③ 피부 보호　④ 피부결점 커버

36 **발허리뼈(중족골) 관절을 굴곡 시키고, 외측 4개 발가락의 지골간관절을 신전 시키는 발의 근육은?**

① 벌레근(충양근)
② 새끼벌림근(소지외전근)
③ 짧은새끼굽힘근(단소지굴근)
④ 짧은엄지굽힘근(단무지굴근)

37 **한국네일미용에서 부녀자와 처녀들 사이에서 염지갑화라고 하는 봉선화 물들이기 풍습이 이루어졌던 시기로 옳은 것은?**

① 신라시대　② 고구려시대
③ 고려시대　④ 조선시대

38 **네일 매트릭스에 대한 설명으로 옳은 것은?**

① 네일 베드를 보호하는 기능을 한다.
② 네일 바디를 받쳐주는 역할을 한다.
③ 모세혈관, 림프, 신경조직이 있다.
④ 손톱이 자라기 시작하는 곳이다.

39 **손톱의 성장과 관련한 내용 중 틀린 것은?**

① 겨울보다 여름이 빨리 자란다.
② 임신기간 동안에는 호르몬의 변화로 손톱이 빨리 자란다.
③ 피부유형 중 지성피부의 손톱이 더 빨리 자란다.
④ 연령이 젊을수록 손톱이 더 빨리 자란다.

40 **손톱의 특성에 대한 설명으로 가장 거리가 먼 것은?**

① 조체(네일 바디)는 약 5% 수분을 함유하고 있다.
② 아미노산과 시스테인이 많이 함유되어 있다.
③ 조상(네일 베드)은 혈관에서 산소를 공급받는다.
④ 피부의 부속물로 신경, 혈관, 털이 없으며 반투명의 각질판이다.

41 **손톱과 발톱을 너무 짧게 자를 경우 발생할 수 있는 것은?**

① 오니코렉시스
② 오니코아트로피
③ 오니코파이마
④ 오니코크립토시스

**42 다음 중 손의 근육이 아닌 것은?**

① 바깥쪽뼈사이근(장측골간근)
② 등쪽뼈사이근(배측골간근)
③ 새끼맞섬근(소지대립근)
④ 반힘줄근(반건양근)

**43 자연네일이 매끄럽게 되도록 손톱 표면의 거칠음과 기복을 제거하는 데 사용하는 도구로 가장 적합한 것은?**

① 100그릿 네일 파일
② 에머리 보드
③ 네일 클리퍼
④ 샌딩 파일

**44 네일 미용관리 후 고객이 불만족할 경우 네일 미용인이 우선적으로 해야 할 대처 방법으로 가장 적합한 것은?**

① 만족할 수 있는 주변의 네일 샵 소개
② 불만족 부분을 파악하고 해결방안 모색
③ 샵 입장에서의 불만족 해소
④ 할인이나 서비스 티켓으로 상황 마무리

**45 손톱의 주요한 기능 및 역할과 가장 거리가 먼 것은?**

① 물건을 잡거나 긁을 때 또는 성상을 구별하는 기능이 있다.
② 방어와 공격의 기능이 있다.
③ 노폐물의 분비기능이 있다.
④ 손끝을 보호한다.

**46 외국의 네일미용 변천과 관련하여 그 시기와 내용의 연결이 옳은 것은?**

① 1885년 : 폴리시의 필름형성제인 니트로셀룰로즈가 개발되었다.
② 1892년 : 손톱 끝이 뾰족한 아몬드형 네일이 유행하였다.
③ 1917년 : 도구를 이용한 케어가 시작되었으며 유럽에서 네일관리가 본격적으로 시작되었다.
④ 1960년 : 인조손톱 시술이 본격적으로 시작되었으며 네일관리와 아트가 유행하기 시작하였다.

**47 손톱 밑의 구조가 아닌 것은?**

① 조근(네일 루트)
② 반월(루눌라)
③ 조모(매트릭스)
④ 조상(네일 베드)

**48 손톱의 이상증상 중 손톱을 심하게 물어뜯어 생기는 증상으로 인조손톱 관리나 매니큐어를 통해 습관을 개선할 수 있는 것은?**

① 고랑진 손톱 ② 교조증
③ 조갑위축증 ④ 조내성증

**49 손가락 마디에 있는 뼈로서 총 14개로 구성되어 있는 뼈는?**

① 손가락뼈(수지골) ② 손목뼈(수근골)
③ 노뼈(요골) ④ 자뼈(척골)

**50 손톱에 대한 설명 중 옳은 것은?**

① 손톱에는 혈관이 있다.
② 손톱의 주성분은 인이다.
③ 손톱의 주성분은 단백질이며, 죽은 세포로 구성 되어 있다.
④ 손톱에는 신경과 근육이 존재한다.

**51 인조네일을 보수하는 이유로 틀린 것은?**

① 깨끗한 네일 미용의 유지
② 녹황색균의 방지
③ 인조네일의 견고성 유지
④ 인조네일의 원활한 제거

**52 페디큐어 컬러링 시 작업 공간 확보를 위해 발가락 사이에 끼워주는 도구는?**

① 페디파일 ② 푸셔
③ 토우세퍼레이터 ④ 콘커터

**53 자연 네일을 오버레이하여 보강할 때 사용할 수 없는 재료는?**

① 실크 ② 아크릴
③ 젤 ④ 파일

**54 남성 매니큐어 시 자연 네일의 손톱모양 중 가장 적합한 형태는?**

① 오발형 ② 아몬드형
③ 둥근형 ④ 사각형

**55 페디큐어 작업과정 중 ( )에 해당하는 것은?**

| 손·발 소독 - 폴리시 제거 - 길이 및 모양 잡기 - (  ) - 큐티클 정리 - 각질 제거하기 |
|---|

① 매뉴얼테크닉
② 족욕기에 발 담그기
③ 페디파일링
④ 탑코트 바르기

**56 라이트 큐어드 젤에 대한 설명이 옳은 것은?**

① 공기 중에 노출되면 자연스럽게 응고된다.
② 특수한 빛에 노출시켜 젤을 응고시키는 방법이다.
③ 경화 시 실내온도와 습도에 민감하게 반응한다.
④ 글루 사용 후 글루드라이를 분사시켜 말리는 방법이다.

**57 네일 팁 작업에서 팁을 접착하는 올바른 방법은?**

① 자연네일보다 한 사이즈 정도 작은 팁을 접착 한다.
② 큐티클에 최대한 가깝게 부착한다.
③ 45° 각도로 네일 팁을 접착한다.
④ 자연네일의 절반 이상을 덮도록 한다.

**58 베이스코트와 탑코트의 주된 기능에 대한 설명으로 가장 거리가 먼 것은?**

① 베이스코트는 손톱에 색소가 착색되는 것을 방지한다.
② 베이스코트는 폴리시가 곱게 발리는 것을 도와준다.
③ 탑코트는 폴리시에 광택을 더하여 컬러를 돋보이게 한다.
④ 탑코트는 손톱에 영양을 주어 손톱을 튼튼하게 해준다.

**59 습식매니큐어 작업 과정에서 가장 먼저 해야 할 절차는?**

① 컬러 지우기
② 손톱 모양 만들기
③ 손 소독하기
④ 핑거볼에 손 담그기

**60 아크릴 프렌치 스컬프처 시술 시 형성되는 스마일 라인의 설명으로 틀린 것은?**

① 선명한 라인 형성
② 일자 라인 형성
③ 균일한 라인 형성
④ 좌우 라인 대칭

**정답**

| 1 | 2 | 3 | 4 | 5 | 6 | 7 | 8 | 9 | 10 |
|---|---|---|---|---|---|---|---|---|---|
| ④ | ④ | ③ | ② | ③ | ① | ① | ② | ④ | ④ |
| 11 | 12 | 13 | 14 | 15 | 16 | 17 | 18 | 19 | 20 |
| ④ | ④ | ④ | ② | ③ | ② | ② | ④ | ③ | ④ |
| 21 | 22 | 23 | 24 | 25 | 26 | 27 | 28 | 29 | 30 |
| ① | ④ | ④ | ③ | ③ | ① | ④ | ① | ④ | ② |
| 31 | 32 | 33 | 34 | 35 | 36 | 37 | 38 | 39 | 40 |
| ③ | ① | ④ | ④ | ④ | ① | ③ | ③ | ③ | ① |
| 41 | 42 | 43 | 44 | 45 | 46 | 47 | 48 | 49 | 50 |
| ④ | ④ | ④ | ② | ③ | ① | ① | ② | ① | ③ |
| 51 | 52 | 53 | 54 | 55 | 56 | 57 | 58 | 59 | 60 |
| ④ | ③ | ④ | ③ | ② | ② | ③ | ④ | ③ | ② |

# 7 기출문제

**01 다음 중 제2군 감염병이 아닌 것은?**

① 홍역 ② 성홍열
③ 폴리오 ④ 디프테리아

**02 다음 5대 영양소 중 신체의 생리기능조절에 주로 작용하는 것은?**

① 단백질, 지방
② 비타민, 무기질
③ 지방, 비타민
④ 탄수화물, 무기질

**03 다음 중 감염병이 아닌 것은?**

① 폴리오 ② 풍진
③ 성병 ④ 당뇨병

**04 다음 중 실내공기 오염의 지표로 널리 사용되는 것은?**

① $CO_2$ ② CO
③ Ne ④ NO

**05 보건행정의 특성과 거리가 먼 것은?**

① 공공성과 사회성
② 과학성과 기술성
③ 조장성과 교육
④ 독립성과 독창성

**06 출생 시 모체로부터 받는 면역은?**

① 인공능동면역 ② 인공수동면역
③ 자연능동면역 ④ 자연수동면역

**07 오늘날 인류의 생존을 위협하는 대표적인 3요소는?**

① 인구 - 환경오염 - 교통문제
② 인구 - 환경오염 - 인간관계
③ 인구 - 환경오염 - 빈곤
④ 인구 - 환경오염 - 전쟁

**08 다음 중 이학적(물리적) 소독법에 속하는 것은?**

① 크레졸 소독 ② 생석회 소독
③ 열탕 소독 ④ 포르말린 소독

**09 다음 중 살균효과가 가장 높은 소독 방법은?**

① 염소소독 ② 일광소독
③ 저온소독 ④ 고압증기멸균

**10 이·미용 작업 시 시술자의 손 소독 방법으로 가장 거리가 먼 것은?**

① 흐르는 물에 비누로 깨끗이 씻는다.
② 락스액에 충분히 담갔다가 깨끗이 헹군다.
③ 시술 전 70% 농도의 알코올을 적신 솜으로 깨끗이 씻는다.
④ 세척액을 넣은 미온수와 솔을 이용하여 깨끗하게 닦는다.

**11 소독용 과산화수소($H_2O_2$) 수용액의 적당한 농도는?**

① 2.5 ~ 3.5% ② 3.5 ~ 5.0%
③ 5.0 ~ 6.0% ④ 6.5 ~ 7.5%

**12 세균의 단백질 변성과 응고작용에 의한 기전을 이용 하여 살균하고자 할 때 주로 이용하는 방법은?**

① 가열 ② 희석
③ 냉각 ④ 여과

**13 이·미용실의 기구(가위, 레이저) 소독으로 가장 적합한 소독제는?**

① 70~80%의 알코올
② 100~200배 희석 역성비누
③ 5% 크레졸비누액
④ 50%의 페놀액

**14 살균작용의 기전 중 산화에 의하지 않는 소독제는?**

① 오존 ② 알코올
③ 과망간산칼륨 ④ 과산화수소

**15 흡연이 인체에 미치는 영향에 대한 설명으로 적절하지 않은 것은?**

① 간접흡연은 인체에 해롭지 않다.
② 흡연은 암을 유발할 수 있다.
③ 흡연은 피부의 표피를 얇아지게 해서 피부의 잔주름 생성을 증가시킨다.
④ 흡연은 비타민C를 파괴한다.

**16 피부 관리가 가능한 여드름의 단계로 가장 적절한 것은?**

① 결정 ② 구진
③ 흰면포 ④ 농포

**17 다음 중 체모의 색상을 좌우하는 멜라닌이 가장 많이 함유되어 있는 곳은?**

① 모표피 ② 모피질
③ 모수질 ④ 모유두

**18 다음에서 설명하는 피부병변은?**

| 신진대사의 저조가 원인으로 중년 여성 피부의 유핵 층에 자리하며, 안면의 상반부에 위치한 기름샘과 땀구멍에 주로 생성하며 팰알 크기의 각질세포로서 특히 눈 아래 부분에 생긴다. |
|---|

① 매상 혈관종 ② 비립종
③ 섬망성 혈관종 ④ 섬유종

**19 피부 상피세포조직의 성장과 유지 및 점막손상방지에 필수적인 비타민은?**

① 비타민 A ② 비타민 B
③ 비타민 E ④ 비타민 K

**20 다한증과 관련한 설명으로 가장 거리가 먼 것은?**

① 더위에 견디기 어렵다.
② 땀이 지나치게 많이 분비된다.
③ 스트레스가 악화요인이 될 수 있다.
④ 손바닥의 다한증은 악수 등의 일상생활에서 불편함을 초래한다.

**21 인체에 있어 피지선이 존재하지 않는 곳은?**

① 이마 ② 코
③ 귀 ④ 손바닥

**22 이·미용업 영업자가 시설 및 설비기준을 위반한 경우 1차 위반에 대한 행정처분 기준은?**

① 경고 ② 개선명령
③ 영업정지5일 ④ 영업정지 10일

**23 공중위생감시원의 업무에 해당하지 않는 것은?**

① 공중위생영업 신고 시 시설 및 설비의 확인에 관한사항
② 공중위생영업자 준수사항 이행 여부의 확인에 관한사항
③ 위생지도 및 개선명령 이행 여부의 확인에 관한사항
④ 세금납부 적정 여부의 확인에 관한사항

**24 법에 따라 이·미용업 영업소 안에 게시하여야 하는 게시물에 해당하지 않는 것은?**

① 이·미용업 신고증
② 개설자의 면허증 원본
③ 최종 지불 요금표
④ 이·미용사 국가기술자격증

**25 과태료 처분에 불복이 있는 자는 그 처분의 고지를 받은 날부터 며칠 이내에 처분권자에게 이의를 제기할 수 있는가?**

① 7일 이내 ② 10일 이내
③ 15일 이내 ④ 30일 이내

**26 이·미용업 위생교육에 관한 내용이 맞는 것은?**

① 위생교육 대상자는 이·미용업 영업자이다.
② 이·미용사의 면허를 받은 사람은 모두 위행교육을 받아야한다.
③ 위생교육은 시·군·구청장이 실시한다.
④ 위생교육 시간은 매년 4시간으로 한다.

**27 이·미용사의 면허를 받을 수 없는 자는?**

① 전문대학에서 이용 또는 미용에 관한 학과를 졸업한자
② 교육부장관이 인정하는 이·미용 고등학교에서 이용 또는 미용에 관한 학과를 졸업한자
③ 교육부장관이 인정하는 고등기술학교에서 6개월 과정의 이용 또는 미용에 관한 소정의 과정을 이수한 자
④ 국가기술자격법에 의한 이·미용사의 자격을 취득한자

**28 영업정지처분을 받고 그 영업정지기간 중 영업을 한때, 1차 위반 시 행정처분 기준은?**

① 경고 또는 개선명령 ② 영업정지 1월
③ 영업장 폐쇄명령 ④ 영업정지 2월

**29 다음 중 립스틱의 성분으로 가장 거리가 먼 것은?**

① 색소 ② 라놀린
③ 알란토인 ④ 알코올

**30 화장품 제조와 판매 시 품질의 특성으로 틀린 것은?**

① 효과성 ② 유효성
③ 안정성 ④ 안정성

**31 다음에서 설명하는 것은?**

| 비타민 A 유도체로 콜라겐 생성을 촉진, 케라티로사이트의 증식 촉진, 표피의 두께 증기, 히아루론산 생성을 촉진하여 피부 주름을 개선시키고 탄력을 증대시키는 성분이다. |
|---|

① 코엔자임Q10 ② 레티놀
③ 알부틴 ④ 세라마이트

**32 화장품의 사용목적과 가장 거리가 먼 것은?**

① 인체를 청결, 미화하기 위하여 사용한다.
② 용모를 변화시키기 위하여 사용한다.
③ 피부, 모발의 건강을 유지하기 위하여 사용한다.
④ 인체에 대한 약리적인 효과를 주기 위해 사용한다.

**33 향수의 구비 요건으로 가장 거리가 먼 것은?**

① 향에 특징이 있어야 한다.
② 향은 적당히 강하고 지속성이 좋아야 한다.
③ 향은 확산성이 낮아야 한다.
④ 시대성에 부합되는 향이어야 한다.

**34 계면활성제에 대한 설명으로 옳은 것은?**

① 계면활성제는 일반적으로 둥근 머리모양의 소수성기와 막대꼬리모양의 친수성기를 가진다.
② 계면활성제의 피부에 대한 자극은 양쪽성 > 양이온성 > 음이온성 > 비이온성의 순으로 감소한다.
③ 비이온성 계면활성제는 피부에 대한 안전성이 높고 유화력이 우수하여 에멀전의 유화제로 사용된다.
④ 양이온성 계면활성제는 세정작용이 우수하여 비누, 샴푸 등에 사용 된다.

**35 자외선 차단제의 올바른 사용법은?**

① 자외선 차단제는 아침에 한 번만 바르는 것이 중요하다.
② 자외선 차단제는 도포 후 시간이 경과되면 덧바르는 것이 좋다.
③ 자외선 차단제는 피부에 자극이 됨으로 되도록 사용 하지 않는다.
④ 자외선 차단제는 자외선이 강한 여름에만 사용하면 된다.

**36 마누스(Manus)와 큐라(Cura)라는 단어에서 유래된 용어는?**

① 네일 팁(Nail Tip)
② 매니큐어(Manicure)
③ 페디큐어(Pedicure)
④ 아크릴(Arcylic)

**37 각 나라 네일 미용 역사의 설명으로 틀리게 연결된 것은?**

① 그리스, 로마 - 네일 관리로써 '마누스 큐라' 라는 단어가 시작 되었다.
② 미국 - 노크 행위는 예의에 어긋난 행동으로 여겨 손톱을 길게 길러 문을 긁도록 하였다.
③ 인도 - 상류 여성들은 손톱의 뿌리 부분에 문신바늘로 색소를 주입하여 상류층임을 과시하였다.
④ 중국 - 특권층의 신분을 드러내기 위해 '홍화' 의 재배가 유행하였고, 손톱에도 바르며 이를 '홍조'라 하였다.

**38 네일미용 작업 시 실내 공기 환기 방법으로 틀린 것은?**

① 작업장 내에 설치된 커튼은 장기적으로 관리한다.
② 자연환기와 신선한 공기의 유입을 고려하여 창문을 설치한다.
③ 공기보다 무거운 성분이 있으므로 환기구를 아래쪽에도 설치한다.
④ 겨울과 여름에는 냉·난방을 고려하여 공기청정기를 준비한다.

**39 손, 발톱 함유량이 가장 높은 성분은?**

① 칼슘 ② 철분
③ 케라틴 ④ 콜라겐

**40 네일 기본 관리 작업과정으로 옳은 것은?**

① 손 소독 → 프리에지 모양 만들기 → 네일 폴리시 제거 → 큐티클 정리하기 → 컬러도포하기 → 마무리하기
② 손 소독 → 네일 폴리시 제거 → 프리에지모양 만들 기→ 큐티클 정리하기→ 컬러도포하기→ 마무리하기
③ 손 소독 → 프리에지모양 만들기 → 큐티클 정리하기 → 네일 폴리시 제거 → 컬러도포하기 → 마무리하기
④ 프리에지모양 만들기 → 네일 폴리시 제거 → 마무리하기 → 손 소독

**41 손의 근육과 가장 거리가 먼 것은?**

① 벌림근(외전근)
② 모음근(내전근)
③ 맞섬근(대립근)
④ 엎침근(회내근)

**42 매니큐어 작업 시 알코올 소독 용기에 담가 소독하는 기구로 적절하지 못한 것은?**

① 네일파일
② 네일 클리퍼
③ 오렌지 우드스틱
④ 네일 더스트 브러시

**43 네일숍에서의 감염 예방 방법으로 가장 거리가 먼 것은?**

① 작업 장소에서 음식을 먹을 때는 환기에 유의해야 한다.
② 네일 서비스를 할 때는 상처를 내지 않도록 항상 조심해야 한다.
③ 감기 등 감염 가능성이 있거나 감염이 된 상태에서는 시술하지 않는다.
④ 작업 전, 후에는 70% 알코올이나 소독용액으로 작업자와 고객의 손을 닦는다.

**44 손 근육의 역할에 대한 설명으로 틀린 것은?**

① 물건을 잡는 역할을 한다.
② 손으로 세밀하고 복잡한 작업을 한다.
③ 손가락을 벌리거나 모으는 역할을 한다.
④ 자세를 유지하기 위해 지지대 역할을 한다.

**45 잘못된 습관으로 손톱을 물어뜯어 손톱이 자라지 못하는 증상은?**

① 교조증(Onychophagy)
② 조갑비대증(Onychauxis)
③ 조갑위축증(Onychatrophy)
④ 조내생증(Onyshocryptosis)

**46 건강한 손톱에 대한 조건으로 틀린 것은?**

① 반투명하며 아치형을 이루고 있어야 한다.
② 반월(루눌라)이 크고 두께가 두꺼워야 한다.
③ 표면이 굴곡이 없고 매끈하며 윤기가 나야 한다.
④ 단단하고 탄력 있어야 하며 끝이 갈라지지 않아야 한다.

**47 네일 기기 및 도구류의 위생관리로 틀린 것은?**

① 타월은 1회 사용 후 세탁·소독 한다.
② 소독 및 세제용 화학제품은 서늘한 곳에 밀폐 보관한 다.
③ 큐티클 니퍼 및 네일 푸셔는 자외선 소독기에 소독할 수 있다.
④ 모든 도구는 70% 알코올을 이용하며 20분 동안 담근 후 건조시켜 사용한다.

**48 네일숍 고객관리 방법으로 틀린 것은?**

① 고객의 질문에 경청하며 성의 있게 대답한다.
② 고객의 잘못된 관리방법을 제품판매로 연결한다.
③ 고객의 대화를 바탕으로 고객 요구사항을 파악한다.
④ 고객의 직무와 취향 등을 파악하여 관리방법을 제시한다.

**49 손가락 뼈의 기능으로 틀린 것은?**

① 지지기능 ② 흡수기능
③ 보호작용 ④ 운동기능

**50 네일서비스 고객관리카드에 기재하지 않아도 되는 것은?**

① 예약 가능한 날짜와 시간
② 손톱의 상태와 선호하는 색상
③ 은행 계좌정보와 고객의 월수입
④ 고객의 기본인적 사항

**51 큐티클 정리 시 유의사항으로 가장 적합한 것은?**

① 큐티클 푸셔는 90°의 각도를 유지해 준다.
② 에포니키움의 밑 부분까지 깨끗하게 정리한다.
③ 큐티클은 외관상 지저분한 부분만을 정리한다.
④ 에포니키움과 큐티클 부분은 힘을 주어 밀어준다.

**52 UV 젤 스컬프쳐 보수 방법으로 가장 적합하지 않은 것은?**

① UV젤과 자연네일의 경계 부분을 파일링 한다.
② 투웨이 젤을 이용하여 두께를 만들고 큐어링 한다.
③ 파일링 시 너무 부드럽지 않은 파일을 사용 한다.
④ 거친 네일 표면 위에 UV젤 탑코트를 바른다.

**53 네일 탑의 사용과 관련하여 가장 적합한 것은?**

① 팁 접착부분에 공기가 들어갈수록 손톱의 손상을 줄일 수 있다.
② 팁을 부착할 시 유지력을 높이기 위해 모든 네일에 하프웰팁을 적용 한다.
③ 팁을 부착할 시 네일팁이 자연손톱의 1/2 이상 덮어야 유지력을 높이는 기준이다.
④ 팁을 선택할 때에는 자연손톱의 사이즈와 동일하거나한 사이즈 큰 것을 선택한다.

**54 내추럴 프렌치 스컬프처의 설명으로 틀린 것은?**

① 자연스러운 스마일라인을 형성한다.
② 네일 프리에지가 내추럴 파우더로 조형된다.
③ 네일 바디 전체가 내추럴 파우더로 오버레이 된다.
④ 네일 베드는 핑크 파우더 또는 클리어 파우더로 작업 한다.

**55 손톱에 네일 폴리시가 착색 되었을 때 착색을 제거 하는 제품은?**

① 네일 화이트너 ② 네일 표백제
③ 네일 보강제 ④ 폴리시리무버

**56 자외선램프 기기에 조사해야만 경화되는 네일 재료 는?**

① 아크릴릭 모노머
② 아크릴릭 폴리머
③ 아크릴릭 올리고머
④ UV젤

**57 세로 성장한 손톱과 아크릴 네일 사이의 공간을 보수하는 방법으로 옳은 것은?**

① 들뜬 부분은 니퍼나 다른 도구를 이용하여 강하게 뜯어낸다.
② 손톱과 아크릴 네일 사이의 턱을 거친 파일로 강하게 파일링 한다.
③ 아크릴 네일 보수 시 프라이머를 손톱과 인조 네일 전체에 바른다.
④ 들뜬 부분을 파일로 갈아내고 손톱 표면에 프라이머를 바른 후 아크릴 화장물을 올려준다.

**58 매니큐어 과정으로 ( ) 안에 들어 갈 가장 적합한 작업과정은?**

| 소독하기 - 네일 폴리시 지우기 - ( ) - 샌딩파일 사용하기 - 핑거볼 담그기 - 큐티클 정리하기 |
|---|

① 손톱 모양 만들기
② 큐티클 오일 바르기
③ 거스러미 제거하기
④ 네일 표백하기

**59 네일 폴리시 작업 방법으로 가장 적합한 것은?**

① 네일 폴리시는 1회 도포가 이상적이다.
② 네일 폴리시를 섞을 때는 위, 아래로 흔들어준다.
③ 네일 폴리시가 굳었을 때는 네일 리무버를 혼합한다.
④ 네일 폴리시는 손톱 가장자리 피부에 최대한 가깝게 도포한다.

**60 매니큐어와 관련한 설명으로 틀린 것은?**

① 일반 매니큐어와 파라핀 매니큐어는 함께 병행할 수 없다.
② 큐티클 니퍼와 네일 푸셔는 하루에 한 번 오전에 소독해서 사용한다.
③ 손톱의 파일링은 한 방향으로 해야 자연 네일의 손상을 줄일 수 있다.
④ 과도한 큐티클 정리는 고객에게 통증을 유발하거나 출혈이 발생함으로 주의 한다.

**정답**

| 1 | 2 | 3 | 4 | 5 | 6 | 7 | 8 | 9 | 10 |
|---|---|---|---|---|---|---|---|---|---|
| ② | ② | ④ | ① | ④ | ④ | ③ | ③ | ④ | ② |
| 11 | 12 | 13 | 14 | 15 | 16 | 17 | 18 | 19 | 20 |
| ① | ① | ① | ② | ① | ③ | ② | ② | ① | ① |
| 21 | 22 | 23 | 24 | 25 | 26 | 27 | 28 | 29 | 30 |
| ④ | ② | ④ | ④ | ④ | ① | ③ | ③ | ④ | ① |
| 31 | 32 | 33 | 34 | 35 | 36 | 37 | 38 | 39 | 40 |
| ② | ④ | ③ | ③ | ② | ② | ② | ① | ③ | ② |
| 41 | 42 | 43 | 44 | 45 | 46 | 47 | 48 | 49 | 50 |
| ④ | ① | ① | ④ | ① | ② | ③ | ② | ② | ③ |
| 51 | 52 | 53 | 54 | 55 | 56 | 57 | 58 | 59 | 60 |
| ③ | ② | ④ | ③ | ② | ④ | ④ | ① | ④ | ② |

# 참고문헌


권태일 외 2인(2014). 네일(미용사)필기편. 지구문화사

(사)한국네일지식서비스협회 학술위원회(2014). 네일미용 필기. (사)한국네일지식서비스협회

네일미용디자인학회(2014). 미용사네일 필기. 현문사

노희영 외 1인(2014). 미용사네일 필기시험총정리문제. 크라운출판사

김미원 외 13인(2006). 네일 테크놀로지. 도서출판성화

한국네일기술진흥원(2004). 네일레슨. 한국네일기술진흥원

서동균(2003). 네일스타일북. 도서출판 예림

이숙연 외 4인(2002). 네일케어 & 디자인. 청구문화사

박은주(2011). 네일 케어. 정담미디어

김명숙(2009). 피부관리학 -이론과 실제-. 현문사

이손(2014). 2·3주 완성 네일미용사 스피드 합격하기. 학진북스

# 찾아보기

ㄹ



ㅁ



ㅂ



ㅅ

## ㅇ



## ㅈ

## ㅊ



## ㅋ



## ㅌ



## ㅍ

ㅎ

# INDEX

## A



## B



## C



## D



## E



## F



## G



## H



## I



## K



## L



## M



## N

# 저자약력

**김효정** 수성대학교 뷰티스타일리스트과 교수
(사)한국뷰티산업진흥협회 회장
계명대학교 패션·뷰티전공 이학박사
France Paris Christian chauveau 수료

**김미영** 수성대학교 뷰티스타일리스트과 조교수
인제대학교 보건학 박사
한국네일협회 8기 기술강사
한국미용학회·한국인체미용예술학회 이사 및 논문심사위원

**강미영** 수성대학교 뷰티스타일리스트과 부교수
국가자격시험 실기감독위원
전국기능경기대회 심사위원

**김연우** 파리클라라네일전문학원 대구, 울산캠퍼스 대표
전국기능경기대회 네일부분 심사위원
수성대학교 겸임교수 역임
(전)봉숭아네일전문학원 대구점 원장

**이소흔** 소흔네일샵 원장
파리크라라네일전문학원 울산캠퍼스 원장
아이즈미 수석에듀케이터
대경대학교 외래교수

**김민정** 대경대학교 뷰티디자인학부 출강
대만 중화배 전국 미용·미발·미의 기술경연대회 젤원톤스캅춰 은상
경북도지사배 미용경기대회 네일부문 심사위원

네일(미용사) 국가자격증 대비

# 네일케어 & 아트

2015년 3월 10일 초판발행
2019년 1월 30일 개정판발행

**지은이** / 김효정 · 김미영 · 강미영 · 김연우 · 이소흔 · 김민정
**펴낸이** / 이상태
**펴낸곳** / 청구문화사
**주 소** / (03706) 서울특별시 서대문구 성산로11길 15
**전 화** / 02) 332-0541(代) **팩 스** / 02) 337-9577
**등 록** / 1990년 11월 2일 제9-247호

**정가 30,000원**

ISBN 978-89-5616-788-6 93590